安徽师范大学出版基金资助项目
安徽师范大学重点扶持课程资助项目

高等院校通识教育课程系列教材

绿色化学

LüSE HUAXUE

张继红◆主编

安徽师范大学出版社

内容简介:本教材介绍了绿色化学的基础知识与应用,绿色化学引发的绿色产业革命与其发展趋势,绿色化学品对当代人类生活的影响以及绿色化学给人类带来的思考等内容。因此,本教材本教材既可作为高等院校化学专业学生的参考读物,又可作为高等院校文理科以及艺术类专业学生通识课程的教材。

责任编辑:马乃玉　孔令清　　装帧设计:丁奕奕　孙若琼　　责任印制:郭行洲

图书在版编目(CIP)数据

绿色化学/张继红主编. —芜湖:安徽师范大学出版社,2012.8(2014.1重印)
ISBN 978-7-81141-820-0
Ⅰ.①绿…　Ⅱ.①张…　Ⅲ.①化学工业—无污染技术　Ⅳ.①X78

中国版本图书馆CIP数据核字(2012)第181217号

绿色化学
张继红　主编

出版发行:安徽师范大学出版社
芜湖市九华南路189号安徽师范大学花津校区　邮政编码:241002
网　址:http://www.ahnupress.com/
发行部:0553-3883578　5910327　5910310(传真)　E-mail:asdcbsfxb@126.com
经　销:全国新华书店
印　刷:安徽芜湖新华印务有限责任公司
版　次:2012年8月第1次修订
印　次:2014年1月第2次印刷
规　格:700×1000　1/16
印　张:17.25
字　数:290千
书　号:ISBN 978-7-81141-820-0
定　价:38.00元

前 言

绿色化学是20世纪90年代兴起的、具有明确社会需求和科学目标的一门新兴交叉学科，其宗旨是利用化学原理和方法从源头上减少或消除化学品生产过程中有毒有害物质的使用和产生。绿色化学以新的科学的理念引领21世纪化学工业的发展方向。

绿色化学是环境友好化学，其内涵的基本思想体现了当代新的绿色理念，不仅对今天的化学家应该做什么，不应该做什么都给予了科学的理论指导，也让离不开化学品的当代人懂得，如何来科学选择自己的衣食住行才是健康安全的、才是有利于生态环境的。

本书着眼化学的“绿色化”，沿着化学的“绿色化”到产业的“绿色化”直至生活“绿色化”这条线索，介绍了绿色化学基础知识与应用、绿色化学引发的绿色产业革命的发展态势、化学品“绿色化”对人类日常生活的影响以及绿色化学给人类带来的思考等内容。

全书共分六章：第一章、第四章由胡培亮（副主编）编写，第二章和第三章由张继红编写，第五章、第六章由孔德新（副主编）编写，全书由张继红统稿和定稿。

本书编写过程中，得到了谢筱娟老师的指导和帮助。此外，还参考了大量相关书籍与研究论文，在引用时已尽可能注明出处，实在查无出处的或引用不当的，敬请谅解。在此向他们表示深深的感谢。

由于绿色化学涉及诸多学科，所需的知识面较广，加上编者水平所限、时间仓促，难免有不妥之处，敬请批评指正。

本书2007年由安徽人民出版社出版以来，在教学中收到了良好的效果，得到了读者的广泛好评。此次借安徽师范大学出版社重新出版之机会，由孙礼林老师负责修订，同时更新了书中部分内容。

编 者

2013年10月

目 录

第一章 绪 论

化学是一门古老的科学，也是一门最贴近人类生活的科学。远古时期，人类因为火的诞生而走出了原始的生活，人类把火奉为神灵顶礼膜拜。后来化学药物的发现、发明，使人类在温饱及医疗方面的需求得到了前所未有的满足，人类为化学带来的福祉而感到惊喜。随着化学科学的飞速发展，纤维、塑料和橡胶三大高分子材料的发明，大大提升了人类生活质量，也有力地推动了科技的发展。化学利用自然资源为人类创造了巨大的物质财富，可谓功不可没，人类不禁为化学的创造性而感到惊叹。然而，当人类社会进入到科技高度发达的今天，环境危机、健康危机以及资源危机接踵而至，各种恶劣气候的多次发生、各类怪病的频繁出现、为争夺石油不断挑起的战争等，使人类对化学的发展产生了疑虑，甚至开始对化学产生了恐惧感，“化学品”三个字在一些广告中也常被误解为危害健康的祸首。

不可否认化学为人类作出了卓越贡献，但也无法回避传统化学工业发展所带来的一系列环境问题，这些问题不解决，人类将无法可持续发展。这些问题是化学发展过程中出现的，因此必须依靠发展化学来解决。“绿色化学”正是在这一背景下诞生的一门新兴交叉学科，它是化学学科的一门分支，其宗旨是让化学在为人类服务的同时减少其危害或不产生危害。

绿色化学倡导环境友好，主张不设计、不生产、不使用对环境和人类健康有害的化学品，注重生态环境的保护，被誉为是更高层次上的、可持续发展的化学。

第一节 化学相关知识介绍

绿色化学是一门交叉学科，涉及多门学科的相关知识，为便于不同专业读者的学习，本节将对与绿色化学学习有关的化学基本知识作简单介绍。

一、什么是化学

化学是研究物质化学运动的科学。它的研究对象包括物质的组成、结构、性质、化学变化规律及其伴随的能量效应与应用。化学运动不涉及原子核内物质的变化与能量效应。

化学所研究的物质既包括所有天然物质，如地球上的矿物、空气，海洋里的水和盐，所有动植物等；又包括所有人造物质，如塑料、人造纤维等。可以说，世界万物皆由化学物质构成。

化学所研究的变化，包括自然界中物质间自发的相互作用与转化。如煤的自燃、铁的生锈；涉及与生命有关的化学过程，如淀粉在人体内经化学变化分解成葡萄糖为人体所吸收；以及那些自然界中并不存在的，由人类自己发明和创造的新的物质变化，如化学家将氮气和氢气合成为氨气等。总之，化学研究首先是了解自然，然后在了解自然的基础上去改造自然，合成自然界中存在的物质，制造自然界中不存在的新物质，最终为满足人类社会的各种需求，实现人类的文明进步。

有观点认为，化学是一门中心科学，这种中心科学地位表现在以下三个方面。

对于传统科学而言，化学的中心科学地位表现为承上启下的中心作用。通常认为传统科学有六门，分别是数学、物理、化学、天文学、地理学、生物学。一般而言，科学可按照它的研究对象由简单到复杂的程度划分。位于前面的科学如数学和物理，研究对象简单，理论性强也不缺乏深度，对后面的科学研究有着指导意义。后面科学研究的对象相对要复杂得多，多要借用前面科学的理论和方法才得以更好地发展。而化学处于中间位置，既要用到其前面科学的研究理论，又为后面科学的发展提供理论依据。

对于当代新兴科学而言，化学的中心科学地位体现在与多学科的交叉和渗透中，并为许多学科领域服务。诸如，信息、生命、材料、环境、能源、地球、空间和核科学堪称当代之八大新兴学科或朝阳学科，其研究和发展无不与化学相关。如在“生物化学”基础上形成的“分子生物学”，新兴的环境、材料、能源和核科学，都需要化学理论和方法的指导；此外，与化学息息相关的信息、地球、空间科学、农业、物理学、生物学、地质学、计算机科学、电子学、药学、工程学、冶金学以及其他众多的学科领域，化学也都是不可或缺的。

对于人类社会而言，化学的中心科学地位体现在我们的生活以及社会发展的方方面面。化学研究不仅满足了人类基本的生存需求，还对人类生活质量的提升乃至人类未来的发展产生重大影响。因此，从科学为人类服务角度去看，我们有理由说化学以其实用性和创造性奠定了其中心科学的地位。可以毫不夸张地说，我们生活在一个化学的世界里。诺贝尔奖获得者伍德沃德和西博格对化学的作用分别作出了这样的评价："化学家为人类在古老的自然界旁边建立了一个新自然界"，"化学是人类进步的关键"。

二、化学反应速率

化学反应速率是指化学反应的快慢。有些化学反应进行得很快，几乎在一瞬间就能完成，例如炸药爆炸、酸碱中和反应等；也有一些化学反应进行得很慢，例如煤炭和空气中的氧在室温下可以长期共存而不发生显著的变化。即使同一反应，在不同的条件下，反应速率也不相同。例如钢铁处于常温和干燥的环境中氧化较慢，如果环境温度高、湿度大就会加快其氧化速率。

反应速率通常是用单位时间内反应物或生成物浓度的变化值(减少或增加)来表示，如果这个速率是一段时间内的平均速度，可以表示为：

$$\bar{v} = \frac{\Delta c}{\Delta t} \tag{1-1}$$

如果确切地描述某一时刻的反应快慢，那么必须将时间间隔尽量减小，此时的反应速率就是这一瞬间反应的真实速率，称为瞬时速率，可用下式来表示：

$$v = \lim_{\Delta t \to 0} \frac{\Delta c}{\Delta t} \tag{1-2}$$

式中Δc是$\Delta t \to 0$时参加反应某物质浓度的变化量。

在人类的生产和生活中，常会碰到需要加快或减慢反应速率的情况。因此，人们只有了解化学反应速率的一般规律以及影响化学反应速率的各种因素，才能去控制或改变化学反应速率。那么哪些外界条件会对反应速率产生影响呢？它们又是怎样影响的呢？首先我们来考察一下分子的微观运动与宏观运动所表现出的反应速率有什么关系，进而再来讨论外界条件是如何通过影响分子的微观运动而对反应速率产生影响的。

化学反应的实质是旧化学键的断裂和新化学键的形成。按照化学反应动力学理论原理，参与反应的分子必须具备足够的能量，才能够克服反应所需要的能垒、发生"有效碰撞"，化学反应才得以进行。这种达到一定能量发生有效碰撞的分子我们称之为"活化分子"，反应所需要克服的能垒我们称之为"活化能"(见图1-1)。

图1-1中E_1、E_2分别代表正反应、逆反应的活化能，ΔE是正、逆反应体系

分子的平均能量之差或是正、逆反应的活化能之差，在数值上等于反应前后体系热力学能（又称内能）的变化值。如果反应是在封闭体系中、恒压条件下进行，且与环境无任何形式的功的交换，则ΔE在数值上也等于该反应的热效应Q。这种情况下，当$E_1>E_2$时，反应吸热，当$E_1<E_2$时，反应放热。所以，即便一个化学反应是放热的，如使反应能够进行，仍要为反 应物提供必需的能量，以克服反应所需要的活化能。如果某反应所需的活化能很低，则这类反应也就很容易发生，很多时候反应体系可能仅靠从环境中吸收少量的能量（如热或光）就可使反应进行。而对于一个所需要的活化能很高的反应，即便该反应是强放热的，如果不对其提供足够的额外的能量，则反应也不会发生。煤炭可以长期放置在空气中而不发生明显的氧化反应，就是这个道理。

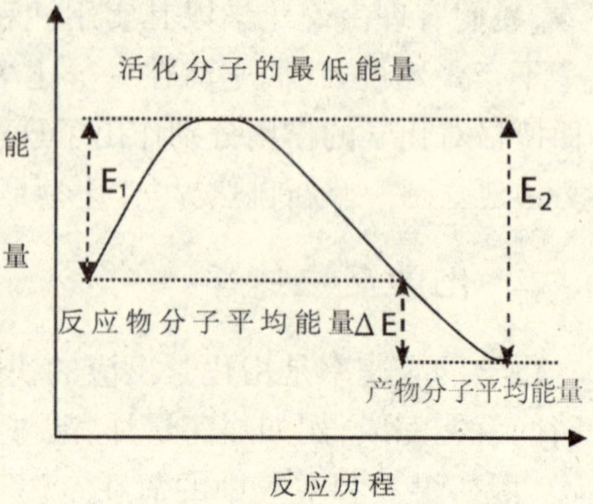

图1-1 活化能示意图

由此可见，反应体系的活化能和活化分子数是影响该反应速率的两个内在要素，在外界条件一定的情况下，这两个要素与反应物的本性有关，我们不妨把它们看做是影响反应速率的内因。影响反应速率的不仅取决于内因，还有外因，这就是外界条件，诸如温度、浓度以及催化剂等。化学反应速率的变化是内因和外因共同起作用的结果，而内因是事物变化的根据，外因是事物变化的条件，外因通过内因起作用。因此，我们可以通过控制外界条件来影响反应内在的微观运动，从而达到控制反应速率的目的。下面我们就来讨论外界条件是如何通过内因来影响化学反应速率的。

为使讨论简单并不失一般性，现以基元反应（反应物一步直接生成产物）或简单反应为例进行讨论。对于如下：

$$a\mathrm{A} + b\mathrm{B} \longrightarrow g\mathrm{G} + h\mathrm{H} \tag{1-3}$$

的简单反应，其化学反应的速率方程服从质量作用定律，即基元反应的速率与反应物浓度的乘积成正比，可表达为：

$$v = kc_{\mathrm{A}}^{a} \cdot c_{\mathrm{B}}^{b} \tag{1-4}$$

又根据阿累利乌斯公式：

$$k = k_0 \mathrm{e}^{-\frac{\mathrm{E}}{\mathrm{R}T}} \tag{1-5}$$

可得：

$$v = kc_{\mathrm{A}}^{a} \cdot c_{\mathrm{B}}^{b} = k_0 \mathrm{e}^{-\frac{\mathrm{E}}{\mathrm{R}T}} c_{\mathrm{A}}^{a} \cdot c_{\mathrm{B}}^{b} \tag{1-6}$$

ν表示反应速率；

k表示反应速率常数，其大小由反应物的本性决定，不随反应物浓度的改变而改变。当$c_A = c_B$ =1 mol/L时，$\nu = k$，故速率常数k是某反应在一定温度下，反应物为单位浓度时的反应速率。在相同条件下，不同反应的速率常数不同。k值越大，反应速率越快。同一反应k随温度的改变而改变，一般情况下，温度升高，k值增大；

k_0为频率因子，是给定反应的特征常数，它与反应物分子的碰撞频率、反应物分子定向碰撞的空间因素均有关，与温度无关；

E 表示实验活化能，是与温度无关的经验常数；

c_A、c_B分别表示反应物A、B的浓度；

a、b分别表示初始反应物A、B的计量系数。

显然，凡是能对式(1–6)中各因素产生影响的外界条件，都能直接影响化学反应的速率。诸如温度、压力(气相反应)、反应体系中参与反应的物质的浓度及催化剂等。在此，我们重点介绍温度、浓度和催化剂对反应速率的影响。

关于温度对反应速率的影响，由式(1–5)可见，温度主要影响反应的速率常数。温度不仅对化学反应速率有影响，而且影响非常显著，由于温度影响是指数级的，其微小的变化就会对反应速率产生很大影响。根据范德霍夫规则，温度每上升10℃，化学反应速率增大约2~4倍。温度为什么会对反应速率产生影响呢？因为温度的升高，反应体系的能量就会升高，体系中分子的能量分布状态将发生相应变化。一些能量较低的分子吸收能量就会成为活化分子，结果是活化分子在体系分子中占的比率会大大提高。由于化学反应速率取决于体系活化分子的有效碰撞频率，活化分子数的增加，必然使有效碰撞频率增加，从而也就使反应速率加快，反之亦然。反应速率一般随温度的升高而增大，但对不同的反应，增大的程度不同。

关于浓度对反应速率的影响。浓度对反应速率的影响会因反应机理的不同而异，除基元反应与简单反应外，关系较为复杂，但总体上有着类似于式(1–4)的关系趋势，即反应物浓度增加，正反应速率随之提高，同理，如果提高生成物的浓度，那么逆反应速率就会加快。因此，当一个化学反应进行时，在其他条件不变的情况下，随着反应的不断进行，正反应速率会不断下降，逆反应速率则不断提高，最终正反两个反应的速率相等，体系中各种化合物的浓度不再发生变化，达到了宏观上的平衡。

关于催化剂对化学反应速率的影响。所谓催化剂是指能改变化学反应速率，而本身的组成、物质的量及化学性质在反应前后保持不变的物质。例如在工业合成氨过程中采用的铁系催化剂，在实验室分解$KClO_3$的反应中用MnO_2作为催化剂，植物叶子只有借助叶绿素才能发生光合作用，叶绿素在这里就起到了催化的作用。人体的代谢过程，也少不了各种酶的催化作用。催化剂能使反应速率改变而本身在反应前后保持不变，这种作用称为催化作用。在催化过程中，很多催化剂与反应物形成中间体(形成中间化合物)，该中间体转化为最终产物时，催化剂又重新被释放出来，继续参与下一轮反应循环。整个反应完成后，催化剂除物理形态可能发生变化外(如变粗糙或膨胀)，仍保持与反应前一样的组成与化学性质。

催化剂为什么会改变反应速率呢，这是由于催化剂的加入改变了化学反应的历程，从而使反应活化能也发生了变化，所以改变了反应速率。催化剂能降低反应活化能，提高反应的速率，同样道理也能提高反应的活化能而降低反应速率，这种使化学反应速率减慢的物质，可称为负催化剂。它们在生产上和科研中也有特殊的用途，例如在塑料或橡胶制品中需要加入一些负催化剂，以减缓其老化的进程，这种负催化剂通常称为防老化剂，而建筑塑料或化纤织物中常要添加一些减缓着火燃烧的负催化剂，常称为阻燃剂等。

有催化剂参与的反应，我们称之为催化反应，通常可分为均相催化和多相催化。均相催化指催化剂和反应底物为同一相，例如催化剂和反应物都是气相；多相催化指催化剂和反应底物为不同相，例如反应底物是气相，催化剂是液相或固相。就催化剂与反应底物的分离而言，多相催化要比均相催化简单得多，因而更有利于化工生产的节能。事实上，催化过程是一个较为复杂的过程，也一直是许多化学家探索的热门课题之一，化学家们提出了多种不同的模型，试图说明各种不同类型催化剂的作用机理，这是化学动力学研究的一个十分重要的方面。对催化机理的探索有利于我们设计更好的催化剂，为工业生产服务。

需要指出的是，催化剂虽然对正逆反应速率均产生影响，但一个按热力学规律不能自发发生的化学反应，添加任何催化剂，这个化学反应也不会自发发生，即催化剂无法改变反应的热力学命运。

三、化学平衡

化学平衡是对可逆反应而言的，但事实上，绝大多数的化学反应在微观上都是可逆的，只是程度不同而已。当反应朝某一方向进行的趋势远大于其逆向反应的趋势，在宏观上就表现出反应进行的单向性。在这种情况下，我们就称其为实际上的不可逆反应。而从微观本质上说，每个反应都具有可逆性，随时存在着向两个相反方向进行的反应，只是在给定的条件下，同一反应体系中正反应的速率与逆反应的速率往往是不相等的，因而其表现出的宏观实际效果(即我们观察到的体系变化总的结果)是反应不可逆地向某一方向进行。一般而言，当反应进行的程度离其平衡态越远，反应表现出的宏观不可逆性就越大，这种不可逆性随着反应对于其平衡态的接近而逐渐变小。

那么什么是化学平衡呢，化学平衡是指反应达到的一种状态。当一个化学反应向正方向进行时，反应物不断转化为产物，反应物的量或浓度在不断减少，产物的量或浓度在不断增加，因而正反应的速率逐渐降低，逆反应的速率则不断增加，直到反应进行到某一程度时，其正反应速率等于逆反应速率。此时，有多少反应物转化为产物，同时就有相应量的产物转化为反应物。因此，体系中所有组分物质，包括反应物与产物的量或浓度都不再随时间变化，只要外界条件不变，这种状态就一直保持不变，这种运动状态就称之为宏观的化学平衡状态(见图1-2)。

化学平衡和一切平衡状态一样，总是相对的、有条件的。一个化学反应，在一定的条件下达到了平衡，一旦构成平衡的条件被打破，化学平衡就会发生移动，反应会向某个方向(正反应方向或逆反应方向)进行，然后建立起新条件下的平衡。这个平衡移动对我们的实际生产是非常有意义的。我们关心一个化学反应在一定外界条件下达到平衡时，反应物平衡转化率或反应的最高产率究竟有多大，这是一个反应的限度问题；如果我们通过改变温度、压力、浓度等因素后，平衡会向我们所希望的方向移动吗，这是一个反应方向问题。我们可以通过控制影响平衡的因素来达到反应向着我们希望的方向进行的目的，也就是人为控制反应进行的方向和程度。显然，反应方向和限度这两个问题的解决可为我们的生产实践提供科学根据，减少盲目性，从而达到增产节约的目的。这无疑对减少环境污染、有效利用资源是极为有利的。

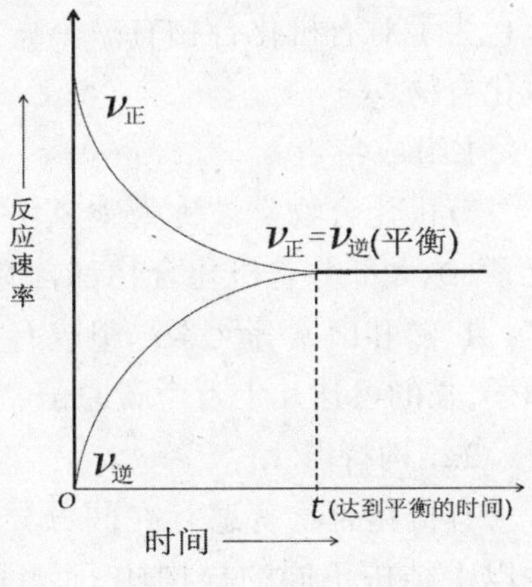

图1-2 化学平衡示意图

外界条件是如何影响化学平衡的呢？法国科学家勒沙特列提出了著名的勒沙特列原理：当体系达到平衡后，如果改变体系平衡的条件之一(如浓度、压力或温度），平衡就向减弱这个改变的方向移动。根据这一原理，我们不难推断，当一个化学反应达到平衡后，若增加反应物浓度或者减少生成物浓度，平衡就向反应的正方向移动；相反，增加生成物浓度或者减少反应物浓度，平衡就向反应的逆方向移动。对于有气态物质参加的化学平衡体系来说，如果增加体系压力，平衡会向气体分子总数减少的方向移动；降低体系压力，平衡则向气体分子总数增加的方向移动。如果反应前后气态物质的分子总数相同，则改变体系压力对平衡没有影响。

温度对化学平衡的影响与浓度和压力的影响有质的区别，后两个因素只影响了化学反应的平衡点，而温度变化不仅会影响平衡点，还会改变平衡常数，从而使化学平衡移动。如果正反应是吸热反应，温度升高会使平衡常数增大，则平衡向正反应方向移动；如果正反应是放热反应，温度升高使平衡常数减小，则平衡向逆反应方向移动。

值得注意的是，由于催化剂改变的是反应的活化能，同等程度地加快正、逆反应的速率，因此催化剂能使反应尽快到达平衡状态，缩短化学平衡实现的时间，但不会使化学平衡发生移动。

四、有机化学相关知识

（一）有机化合物特点

为了对有机化合物有一个概括性的认识，我们可从以下四个方面认识有机化合物。

1.组成特点

有机化合物常被称为碳氢化合物，这是因为所有的有机化合物都含有碳元素，绝大部分有机化合物都含有氢元素。此外，很多有机化合物还含有氧、硫、氮、磷和卤素等元素。组成有机化合物的碳链可长可短，短的只有一个碳原子，长的可达几十万个碳原子。

2.结构特点

有机化合物普遍存在同分异构体现象，即相同的分子式，可有两种或两种以上结构不同的异构体，而且随着碳原子数目的增大其同分异构体的数目急剧增加，这也是导致组成元素并不复杂的有机化合物，其种类却十分庞大的原因之一。

3.性质特点

相对于无机化合物而言，有机化合物有以下特点：

（1）易燃。绝大多数有机化合物容易燃烧，燃烧的最终产物是二氧化碳和水；

(2)热稳定性较差。绝大多数有机化合物熔点和沸点较低,表现为易挥发、易分解,这也是有机化合物容易造成污染的重要原因;

(3)水溶性差。有机化合物分子大部分极性较差,而水是极性分子,所以其在水中的溶解度较差,一般溶于有机溶剂。

4.反应特点

有机化合物的反应主要表现为两方面特点:

(1) 反应速率慢。有机化合物大多属非极性分子,反应是在分子间进行,碳键的结合力较强,分子内部化学键的断裂需要较高的能量,通常需要给予一定的外界条件如加热、加催化剂或在光照下才能使反应进行,因而需要一定的时间;

(2) 副反应多。有机化合物间的反应,除主反应外通常还有副反应发生。这是因为有机化合物分子较为复杂,反应常常可能在几个部位同时发生,而生成的副产物又可能和反应物或试剂再次发生反应,这样所得到的产物通常是混合物,为得到所需要的目标产物,还需要认真仔细地分离和提纯。

(二)有机化合物的分类

有机化合物通常有两种分类方式,一种是按碳架分类(见图1–3),另一种是按官能团分类(见表1–1)。

开链化合物:也称脂肪族化合物。分子中的碳原子连接成链状。

乙烷 CH_3-CH_3 乙醇 $HO-CH_2-CH_3$

脂环化合物:也称脂环族化合物。分子中的碳原子连接成环状,其性质与脂肪族化合物相似。

环己烷 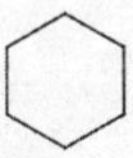 环己烯 

芳香族化合物:分子中至少含有一个苯环结构的化合物。

苯  萘 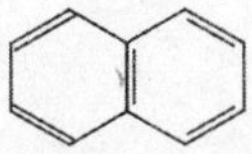

杂环族化合物:分子中含有由碳原子和至少一个其他原子 (如 O、S、N 等,通常称之为杂原子)连接成环的一类化合物。

呋喃  吡咯 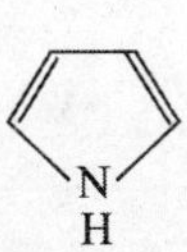

图1–3 按碳架分类的有机化合物

有机化合物的主要性质由其官能团决定。所谓官能团是指有机化合物分子结构中能反映出特殊性质的原子或基团。含有相同官能团的化合物具有相似的性质。有机化合物官能团种类很多,常见的如表1-1所列。

表1-1 有机化合物按官能团分类

官能团结构	官能团名称	所属类别	例	
$\rangle C=C \langle$	双键	烯烃	$CH_2=CH_2$	乙烯
$—C\equiv C—$	三键	炔烃	$CH\equiv CH$	乙炔
$—OH$	羟基	醇和酚	$\underset{OH}{\underset{\vert}{CH_2}}—CH_3$ 乙醇; 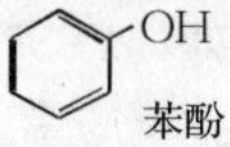 苯酚	
$—X$	卤基 F、Cl、Br、I	卤代烃	$\underset{Cl}{\underset{\vert}{CH_2}}—CH_3$	氯乙烷
$—NO_2$	硝基	硝基化合物	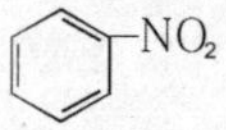	硝基苯
$H—\overset{O}{\overset{\Vert}{C}}—$	醛基	醛	$CH_3\underset{Cl}{\underset{\vert}{CH_2}}—\overset{O}{\overset{\Vert}{C}}—H$	2-氯丙醛
$—\overset{O}{\overset{\Vert}{C}}—$	酮基	酮	$CH_3—\overset{O}{\overset{\Vert}{C}}—CH_3$	丙酮
$—NH_2$	氨基	胺	$\underset{NH_2}{\underset{\vert}{CH_2}}—CH_3$	乙胺
$—\overset{O}{\overset{\Vert}{C}}—OH$	羧基	羧酸	$CH_3—\overset{O}{\overset{\Vert}{C}}—OH$	乙酸
$—\overset{O}{\overset{\Vert}{C}}—NH_2$	酰胺基	羧酸衍生物	$CH_3—\overset{O}{\overset{\Vert}{C}}—NH_2$	乙酰胺
$CH_3—\overset{O}{\overset{\Vert}{C}}—X$	酰卤基	羧酸衍生物	$CH_3—\overset{O}{\overset{\Vert}{C}}—Cl$	乙酰氯
$—\overset{O}{\overset{\Vert}{C}}—OR$	酯基	酯	$CH_3—\overset{O}{\overset{\Vert}{C}}—O—CH_3$	乙酸甲酯
$—SO_3H$	磺酸基	磺酸类	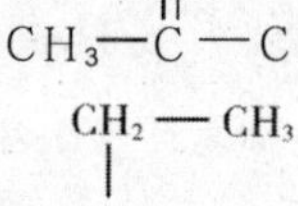	苯磺酸

(三)对映异构体与手性化合物

有机化合物同分异构现象,可由官能团的位置不同(见①式、②式)或碳骨架不同(见③式、④式)所致的构造异构,也可由分子中原子在空间排列方式不同所引起,属立体异构。顺反异构体(见⑤式、⑥式)和对映异构体属于立体异构(见⑦式、⑧式)。

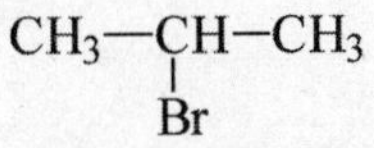

① 2-溴丙烷

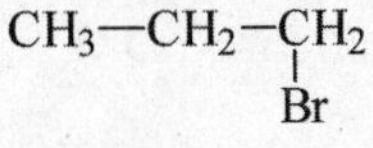

② 1-溴丙烷

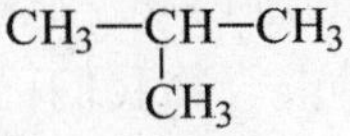

③ 异丁烷

$CH_3-CH_2-CH_2-CH_3$

④ 正丁烷

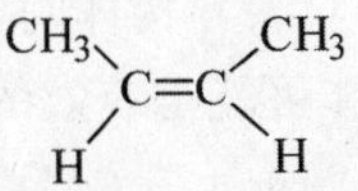

⑤ 顺-2-丁烯

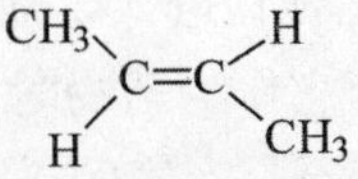

⑥ 反-2-丁烯

⑦ S-乳酸　　镜面　　⑧ R-乳酸

所谓对映异构体就是指具有相同分子式而其结构呈镜像对映关系的异构体,如上式中的S-乳酸和R-乳酸就是乳酸(也称α-羟基丙酸)的两种对映异构体,它们两者之间就像人的左手和右手一样表现为镜像对映关系。在这类异构体中常常存在一种特殊的碳原子,与之相联的四个原子或基团均不相同,这种特殊位置的碳原子我们就称之为手性碳原子,如位于乳酸分子中心的带“*”号的碳原子就是手性碳原子。围绕在手性碳原子周围的原子或基团可形成两种不同的空间排列方式,两者互为镜像但不能重叠,呈现出手性的特点。具有手性的化合物我们称之为手性化合物,乳酸就是手性化合物。

手性化合物的对映异构体表现出不同的光学活性,所以也称之为光学异构体。如上述的乳酸，人们通过测定发现，乳酸有两种异构体，一种能使偏振光振动面右旋，而另一种却使偏振光振动面左旋，两种合在一起则对偏振光不产生影响（见图1–4）。

肌肉运动产生的乳酸
乳糖发酵产生的乳酸 —偏振光→ 偏振光右旋
酸牛乳产生的乳酸 偏振光左旋
偏振光无影响

图1–4　不同来源乳酸的旋光效果

我们称这种能使偏振光振动面右旋的物质叫右旋体，用d或(+)表示；能使偏振光振动面左旋的物质叫左旋体，用l或(–)。当右旋体和左旋体等量混合，对旋光的作用就会相互抵消，不产生旋光作用，这种混合物我们称之为外消旋体，用dl或(±)表示。上述酸牛乳产生的乳酸就是外消旋体。

对映异构体所表现出的差异不仅是在光学活性上，在生物活性上也会有差异。当一个手性化合物进入生命体时，它的两个对映异构体时常会表现出不同的生物活性。当它作为药物时，其中一个异构体可能是有效的，而另一个异构体可能是无效甚至是有害的。如(+)抗坏血酸（即维生素C）具有抗坏血病的作用，而(–)抗坏血酸则没有抗坏血病的作用；氯胺酮(+)异构体有麻醉作用，现用为静脉麻醉药，而其(–)异构体则产生兴奋和精神紊乱作用；(–)肾上腺素收缩血管的作用比其对映体强12~15倍。

“反应停”即萨立多胺（Thalidomide）更是一个典型的例子。这是一种用于减轻孕妇在妊娠期间恶心和呕吐等症状的药物，其结构式如下：

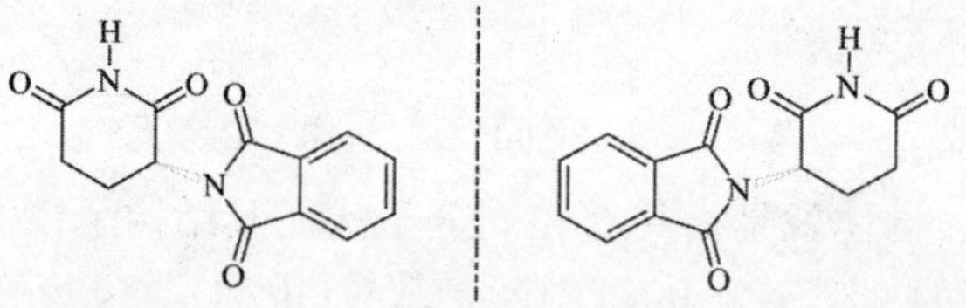

S–异构体　　R–异构体

由上图可见，这种药物有两个对映异构体，其中R–异构体能够产生正常的药效，而另一个S–异构体却对胎儿有致畸作用。由于人类一开始对此并不了解，以至于在20世纪60年代，造成全世界约万名婴儿出现畸形这样的悲剧。

手性化合物对映异构体所表现出这种不同的生物活性对药物的研究和制备有着重要的意义。事实上，手性化合物所表现出来的性质上的差异还有其他物理或化学性质。因此,如何设计生产更安全的药物(化学品),是绿色化学的主要研究内容。

(四)有机化学反应常见类型

有机化学反应是一种有机物演变成其他物质的过程,可以看成是有机物分子中原子和电子的重新排列与组合。有机化学反应大致可分为以下六类:

1.分子重排反应

指化合物分子中某些基团的转移或分子内碳原子骨架改变的反应。重排的结果有两种可能,其一是生成原来化合物的同分异构体,例:

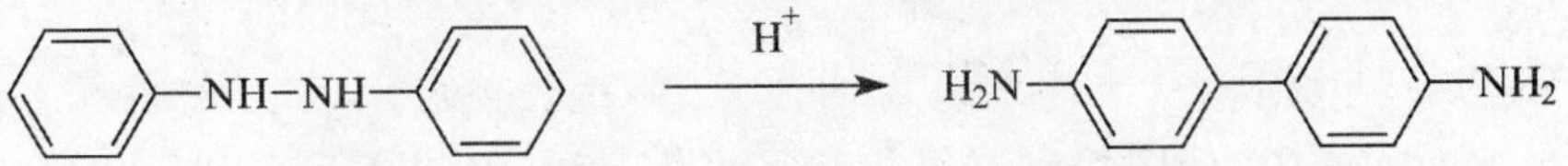

氢化偶氮苯　　　　联苯胺

其二是失去某些简单分子(如水等)而生成另一种化合物。例:

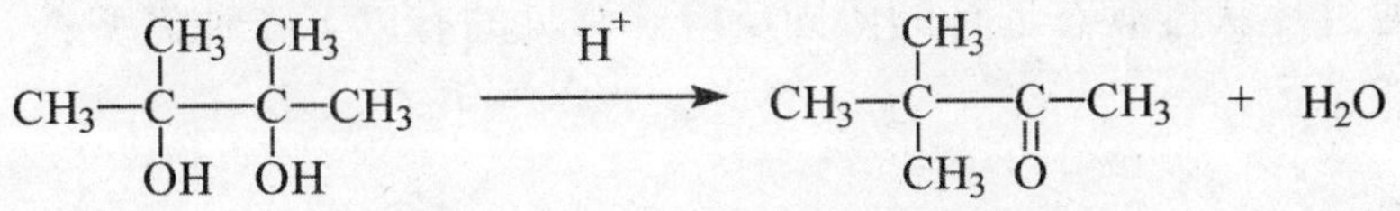

四甲基乙二醇　　　　3,3-二甲基-2-丁酮

2.加成反应

指在分子中含有双键或三键的原子上另加两个原子或基团,生成化合物的反应。如环加成、烯烃溴化等。例:

$$CH_2{=}CH_2 + HCl \longrightarrow CH_3{-}CH_2{-}Cl$$

乙烯　　　　氯乙烷

3.取代反应

指有机化合物分子中的氢原子被其他原子或基团替代的反应。例:

$$CH_3{-}CH_3 + Cl_2 \longrightarrow CH_3{-}CH_2{-}Cl + HCl$$

乙烷　　　　氯乙烷

4.消除反应

指有机化合物分子中相近的两个碳原子上脱去水、氢、卤化氢等小分子而形成不饱和键(双键或三键)的反应。例:

$$\underset{\text{Br}}{\underset{|}{CH_3-CH}}-\underset{\text{H}}{\underset{|}{CH_2}} \longrightarrow CH_3-CH=CH_2 + HBr$$

2-溴丙烷　　　　　　丙烯

5.氧化还原反应

指化学反应过程中有电子得失的化学反应。在有机化学反应中，把有机物得到氧或失去氢的反应称为氧化反应，有机物得到氢或失去氧的反应称为的还原反应。例：

$$CH_4 \underset{[H]}{\overset{[O]}{\rightleftharpoons}} CH_3OH \underset{[H]}{\overset{[O]}{\rightleftharpoons}} H-\overset{\overset{\displaystyle O}{\|}}{C}-H \underset{[H]}{\overset{[O]}{\rightleftharpoons}} H-\overset{\overset{\displaystyle O}{\|}}{C}-OH \underset{[H]}{\overset{[O]}{\rightleftharpoons}} CO_2$$

甲烷　　甲醇　　甲醛　　甲酸　　二氧化碳

上面式子中，从甲烷到二氧化碳是氧化过程，经过了一系列氧化反应，其逆过程就是还原过程，经过了一系列还原反应。

6.周环反应

指通过环状过渡态进行的协同反应。常见的有以下三种类型：

环加成反应

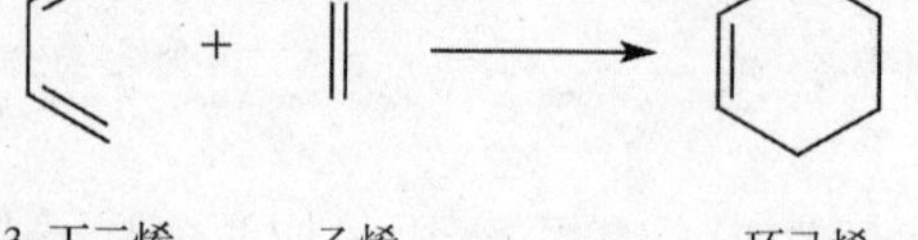

1,3-丁二烯　　乙烯　　环已烯

电环合反应

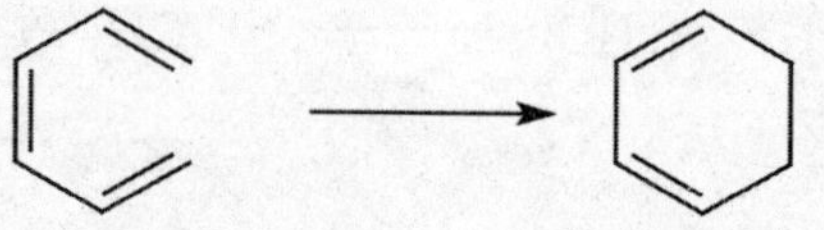

1,3,5-已三烯　　1,3-环已二烯

σ迁移反应

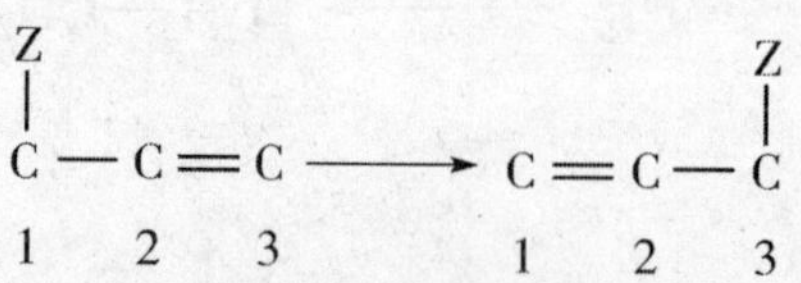

在上述六类反应中，从节约资源、减少“三废”的角度看，我们更多的是关注反应物转化为产物的情况。如果产物只有一种，那么从理论上讲反应物全部转化成产物；如果产物不止一种，而通常只有其中的一种是我们所需要的化

合物，那么就会有副产物生成，这不仅造成资源浪费，同时导致污染。这也正是绿色化学所要关注和解决的问题。

(五)有机合成

有机合成通常是指利用化学的方法，将单质、简单无机物或简单的有机物制成比较复杂的有机物的过程。如从乙炔制成氯乙烯，再经聚合而制得聚氯乙烯树脂。这个过程通常伴随着碳-碳键的重组、官能团的转换和新的立体结构的建立等变化。有机合成制备的化合物，可以是自然界中存在的化合物，也可以是自然界中不存在的化合物。如橡胶、纤维、染料、药物、燃料和香料等都可通过有机合成制得。

有机合成的重要任务可以概括为两个方面，一方面是满足理论研究所需，如通过合成来研究证明分子的结构，或通过合成来提供理论研究所需的各种性能的分子；另一方面是合成人们生产生活所需的化合物，并建立有效的生产方法。可以说凡与生活有密切关系的物质(除食物外)，大部分是有机合成的产物。

有机合成设计或合成路线推导，通常采用逆合成的办法。逆合成，就是首先找出所有能够由一次反应便能生成目标分子的中间化合物，再把每个中间化合物当做新的目标分子以同样办法向前追溯，如此下去，直到得出简单易得的可作为原料的分子为止。

传统有机合成对一条优秀的合成路线要求遵循以下基本原则：

(1)步骤少。涉及的方法简单、安全；

(2)起始原料价廉易得；

(3)产率越高越好。

上述原则反映了传统化工生产更多是关注经济效应，对资源和污染问题缺乏足够的重视，这也正是化学工业为什么会引发环境问题的症结所在。

第二节　化学给人类带来的困惑

20世纪前半叶，人类不断惊喜于化学的各种发明，享受着化学取得的丰硕成果；20世纪后半叶，人类逐渐注意到化学所引发的环境危机，吞咽着化学带来的苦涩。

一、20世纪化学的贡献

关于20世纪化学对人类的贡献，我们可以概括为三个方面：

首先，化学为解决人类基本的生存问题作出了巨大贡献。其中最为突出的就是1909年德国物理化学家弗里茨·哈伯（Fritz Haber）发明的工业合成氨技术，1948年获诺贝尔奖的瑞士化学家保罗·米勒（Paul Muller）发明的杀虫剂DDT，前者解决了农作物产量低的问题，后者解决了虫害严重的问题。这两项技术的发明，使粮食、果蔬等农作物的产量得到大幅度的提高，缓解了当时全世界几十亿人口的吃饭危机。

其次，化学为解决人类的疾病问题作出了卓越的贡献。以青霉素为代表的抗生素的发现和大批量生产，使人类难以控制的常见病多发病得以有效治疗，拯救了无数患者的生命。人类20世纪初的平均寿命和20世纪末相比，提高了约百分之六十，正是得益于化学合成的各种新药。

第三，化学为人类生活质量的全面提升产生了重大影响。其中最为引人注目的就是三大高分子材料——合成纤维、合成塑料、合成橡胶的问世，其应用范围几乎遍及了人类生产、生活的各个方面，大大改善了人们的生活质量，提升了人们的生活品位。

事实上，化学不仅表现在对人类生活方面的贡献，20世纪化学的成果对高科技发展和工业生产的贡献也是巨大的。比如在高科技领域中，化学合成的高新材料就广泛应用于激光、导弹、航空航天和纳米等技术领域中；在工业生产领域中，基于化学产业生产的大量钢铁、水泥等产品和材料，支撑着其他许多产业和行业，诸如，制造业、机械业、电子业、交通运输、医药卫生等。

然而，人类在利用化学给自身谋福利的同时，也使自身陷入严重的危机之中。

二、20世纪人类面临的危机

从20世纪后半叶开始，很多异常现象和污染事件的发生引起了人类对环境问题的关注，人类开始思索自身所面临的危机，并寻求解决这些危机的途径。人类所面临的危机可概括为三个方面：环境危机、资源危机和健康危机。

（一）环境危机

人类目前面临诸多的环境危机，主要有大气污染、全球变暖（温室效应）、臭氧层破坏、酸雨蔓延、淡水资源危机、海洋污染、固体废弃物（垃圾越来越多）、生物多样性减少（物种濒危）、森林锐减、土地荒漠化等十大环境危机。

我们认为其中的前七项与化学化工有着直接的关系，下面我们就分别讨论它们的成因、危害及防治途径。

1.大气污染

地球上的大气是环境的重要组成部分，其中的化学成分有其适宜的组成、含量和分布，对地球生命和生态环境有着保护作用，如果发生了改变，必然会对地球生命或生态产生危害，改变程度越大，危害也就越深。大气污染通常是指由于人类活动和自然过程引起某种物质进入大气中，改变了原大气层中适宜的成分，并达到足够的浓度和足够的时间，危害了人体健康或危害了环境的现象。这些进入大气层中的物质就是污染物。大气污染物主要有天然污染物和人为污染物，而引起公害的往往是人为污染物。这些人为的污染物主要有含碳化合物（诸如CO、CO_2、CH_4和芳烃化合物等）、氮氧化物（诸如NO、NO_2等）、硫氧化物（SO_2、SO_3等）和颗粒物质。它们主要来源于燃料燃烧、工矿企业废气和汽车尾气排放。这些由一定的污染源排放出来的污染物我们称之为一次污染物。其中有些直接对生态环境产生危害，即一次污染，如目前人类密切关注的能够引发全球温室效应的二氧化碳和甲烷，还有臭氧层空洞的出现、酸雨等现象都与大气污染有关。此外，有些一次污染物还可以在大气中通过复杂的化学变化转化成二次污染物，造成二次污染，如光化学烟雾就属于二次污染。

光化学烟雾是大气中氮氧化物、碳氢化合物和氧化剂在日光作用下形成的二次污染。光化学烟雾是一种特殊的有刺激性、浅蓝色或棕黄色的混合烟雾，其中含有臭氧等强氧化剂。这些强氧化剂对人的眼睛和呼吸道都有明显的刺激作用，对植物产生伤害，对橡胶、塑料、织物和涂料等造成损害。最早引起世人普遍关注的是作为20世纪八大公害事件之一的美国洛杉矶光化学烟雾事件，它发生于20世纪40年代，烟雾造成大多数居民患眼睛红肿、喉炎、呼吸道疾患恶化等疾病。此后的60多年来，世界上很多城市如日本、德国、澳大利亚、荷兰等国都相继发生过光化学烟雾。我国兰州西固区自20世纪70年代中期开始，也常出现光化学烟雾型的大气污染，污染源主要是石油化工及其炼制业。光化学烟雾现象在工业化大城市发生的可能性较大，除了工业废气的排放，还有就是大量汽车尾气的排放所致，所以时至今日，光化学烟雾发生的危机依然存在，这也是人类目前面临的重要环境问题之一。

中国的大气污染主要表现为大气中的SO_2和总悬浮颗粒物超标，是煤烟和汽车尾气共同污染所致。因为中国的能源主要来自于煤，而煤炭燃烧不完全，使用效率低下，同时煤炭含硫量高，而脱硫技术又滞后，使得工业和生活排放煤烟中的SO_2含量居高不下。研究催化燃烧技术、开发清洁能源和减少汽车尾气污染物的排放，均是绿色化学所要研究和解决的问题。

2.臭氧层破坏

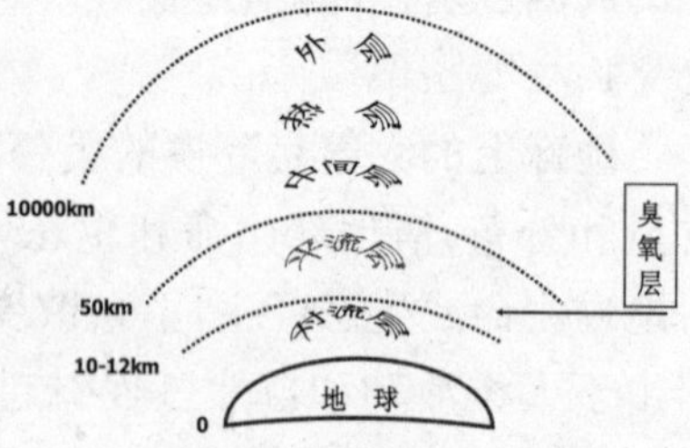

图1–5　大气层示意图

所谓“臭氧层”就是指大气中臭氧(O_3)集中的层次。其浓度最大部分位于离地面大约20 ~30 km的低层平流层中(见图1–5)，太阳紫外线绝大部分被该层吸收，并将这些有致命危险的辐射线转换成热能，只有极少量能到达地表，在太阳与地球之间形成了一道天然的屏障。所以，臭氧层是地球最好的保护伞。然而，由于工业的发展和人类生活方式、生活条件的改变，人类大量使用空调制冷剂、电子等行业的清洗剂、泡沫灭火剂、气雾剂、发胶、蓬松剂等化学性质稳定的氟氯烃CFC(Chloro Fluoro Carbon)、溴氟氯烃(也称哈龙Halon)等化合物，这类化合物虽然在地表面时性质稳定、不易燃烧，易于贮存，对人和其他生物也没有毒性，但当它们上升到平流层中后，在强烈的紫外线作用下，会与大气平流层中的臭氧发生化学反应，使臭氧分解而降低臭氧在平流层中的浓度。另一方面，汽车尾气、火力发电厂的烟气等中所含的NO_x类化合物进入平流层后，也会加速臭氧的分解反应，从而破坏臭氧层。

臭氧层遭到破坏后，太阳光中的紫外光波段中有部分能量极高，会破坏包括DNA在内的生物分子，影响人体免疫功能，增加患皮肤癌、白内障的概率。此外，紫外线对于农作物也会造成负面影响。由于太阳光照射到地球上紫外线的增加，会破坏植物的正常光合作用，导致农作物的产量和品质的下降。紫外线还会损害浮游生物的染色体，影响水生生物。总之，臭氧层的破坏将给人类的生活带来严重的负面影响。

在消耗臭氧层的多种化合物(Ozone Depletion Substance，简称ODS)中，对臭氧层危害最大是含氯和含溴的卤代烷烃，所以对于ODS控制主要集中为这两类化合物。为了保护臭氧层，人类制定了《关于消耗臭氧层的蒙特利尔议定书》，对受控的时间、ODS种类均提出了具体要求。ODS终将被逐步淘汰，而目前它们的应用范围却十分广泛，因此寻找相应的更为安全的替代品，就成为绿色化学所关注与研究的问题。

3.酸雨灾害

所谓酸雨,准确地应称为"酸性沉降(Acid Deposition)",它可分为湿沉降与干沉降两大类。湿沉降指的是所有气状污染物或粒状污染物随着雨、雪、雾或雹等降水形态而落到地面的,干沉降是指大气中酸性物质可被植被吸附或重力沉降到地面的。酸雨比正常雨水的酸性要大,酸雨和正常雨水的酸度比较见表1-2。

表1-2 酸雨和正常雨水的酸度比较

pH	1	2.3	2.5	3	4.2	<5.6	5.6~6.5	7	8.5~9
物质	蓄电池溶液	柠檬汁	食用醋	苹果	西红柿	酸雨	正常雨水	蒸馏水	苏打水

酸雨,人称"空中死神",是目前人类遇到的全球性区域灾难之一。酸雨严重腐蚀建筑物、车辆、电线和市政设施等,加快设施的老化,缩短使寿命甚至造成严重的事故等;酸雨使土壤酸化,致使其肥力下降,影响作物生长,导致粮食、蔬菜、瓜果的大面积减产,同时也造成森林的大面积衰退;酸雨使湖泊酸化,导致鱼类死亡,水生生物种群减少。也正是由于土壤、湖泊的酸化,使原本沉淀的有害重金属如铅、镉、汞等得以溶出,进入饮用水系统,危害着人体健康。

酸雨是大气污染所导致的结果,其形成经过了一系列复杂的大气化学过程和物理过程,但导致酸雨的主要污染物却并不复杂,主要是硫氧化物(诸如SO_2、SO_3)和氮氧化物(诸如NO、NO_2)这类酸性气体。这些污染物主要来自两个排放源头,一是煤、石油和天然气等化石燃料燃烧,如用于交通运输、发电、家庭生活化石燃料的燃烧等,尤其是我国以煤作为主要能源,又因煤脱硫技术落后,更加重了煤在燃烧过程中硫氧化物的排放量;二是工业过程,如金属冶炼、化工生产,诸如金属硫化物矿石的冶炼、硫酸和硝酸的生产等。我们可以通过绿色化学的研究途径,开发高效无害的催化剂用于煤脱硫技术,优化合成路线减少"三废"排放等方法,来降低酸性气体的排放。

4.气候变暖

全球气温在近100多年中虽呈现出冷暖的波动,但总体呈上升趋势。尤其是进入20世纪80年代后,上升趋势更为明显,1981年至1990年全球平均气温比100年前上升了0.48 ℃。全球气候逐渐变暖已成为毫无争议的事实。

2007年，国际政府间气候变化专门委员会(Intergovernmental Panel on Climate Change，简称IPCC)的第四次评估报告再一次向人类提出了警示，并指出这种变化可能与人类生产生活过程中所排放的大量温室气体有关。2007年12月13日，世界气象组织宣布，截止到2007年11月底的数据显示：1998年至2007年是有记载以来最暖和的十年，2007年，全球发生了许多极端天气气候事件。

事实上，早在20世纪末，人类已经开始对温室气体排放采取了限制措施。1992年，在巴西里约热内卢举行的联合国环境与发展大会就通过了《联合国气候变化框架公约》。这是世界上第一个主张控制温室气体排放、遏制全球气候变暖的国际公约。1997年12月，《联合国气候变化框架公约》缔约方第三次会议在日本东京召开，会议经过紧张而艰难的谈判，通过了旨在限制发达国家温室气体排放量以抑制全球变暖的《京都议定书》，对二氧化碳(CO_2)、甲烷(CH_4)、氧化亚氮(N_2O)、氢氟碳化物(HFCs)、全氟碳化物(PFCs)、六氟化硫(SF_6)等六种主要的温室气体进行了限排，并规定了具体日程和所要达到的目标(见图1-6)。

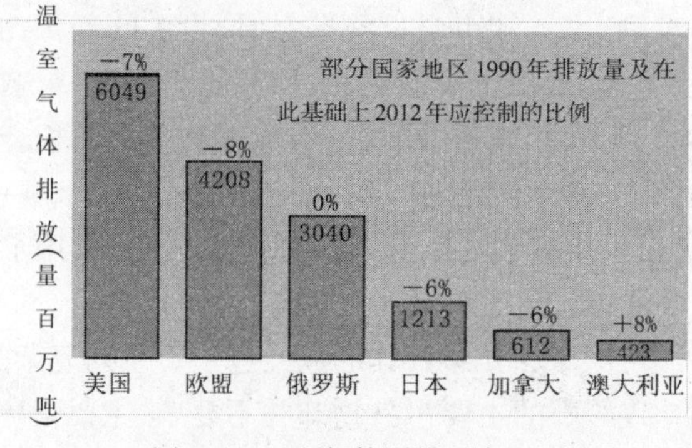

图1-6　温室气体限排示意图

这六种温室气体中，首先是CO_2，人类燃烧化石燃料使CO_2排放量呈急剧上升趋势；其次是从饲养牲畜的粪便发酵、污水沟泄漏、稻田粪肥发酵等活动产生的CH_4，CH_4在大气中的含量虽然远远小于CO_2，但其作用强度却是不容忽视，就单个分子而言，CH_4的温室效应约是CO_2的20倍；还有许多人类合成的自然界原本不存在的气体，如氟利昂。温室气体的增加，加强了温室效应，是造成全球变暖的主要原因。全球变暖将带来非常严重的后果，气温升高导致高山冰川、两极冰盖融化，海平面上升，当海平面上升到一定的程度，低洼的滨海地区、岛屿会被淹没，如威尼斯、曼谷、圣彼得堡、汉堡和我国的上海都面临这种威胁；如果南极及其他地区冰盖全部融化，地球上绝大部分人类将失去立足之地；全球气温升高还会导致气象灾害的频繁发生，洪灾、热浪、干旱、台风会使一些生物物种灭绝。总之,气候变化会对农业、林业、水资源、生态环境和人类的生活、健康等造成广泛、长远而深刻的影响。如果说IPCC已发表的前三份关于全球气候变化的评估报告还存在很多不确定因素的话,那么2007年发表的第四份评估报告则以其更多的科学依据和研究成果引起了全人类的广泛关注。开发新能源和可再生能源,减少化石燃料的燃料,也是绿色化学研究必须面对的问题。

5. 水体污染

水体是江河湖海、地下水、冰川等的总称,它不仅包括水,还包括水中溶解物质、悬浮物、底泥、物等。所谓水体污染是指一定量的废弃物进入水域,超出了水体的自净和纳污能力,从而导致水体的物理、化学性质和生物群落组成成为不良变化,破坏了水中固有的生态系统,破坏了水体的功能,从而降低水体使用价值的现象。

地球表面约71%被水所覆盖。如此之多的水,供人类直接使用的淡水(通常所指的淡水资源)却是微乎其微(见图1-7)。

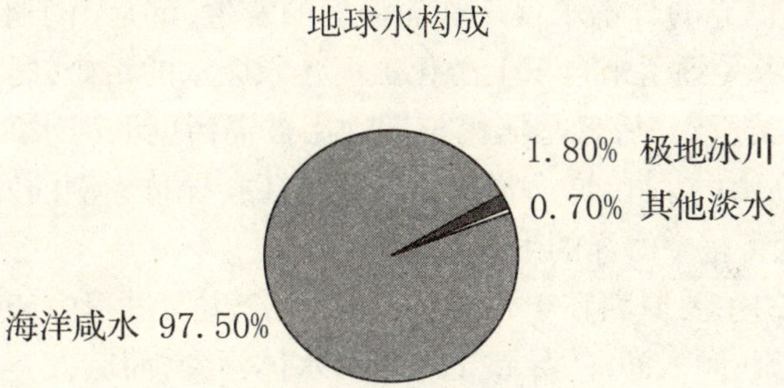

图1-7 地球水资源构成示意图

全球水资源的97.5%是海洋咸水,仅有2.5%为淡水,而其中约2/3的淡水为极地冰川,可供人类使用的淡水不足1/3,其一半以上来源于山上和发源于高山地区的江河,可见淡水资源尤其珍贵。淡水资源危机主要源于三方面,一是水资源分布不均所致,从人均淡水资源占有量来说,澳洲、美洲淡水资源相对较丰富,欧洲、非洲居中,亚洲人口最多,是淡水资源最为紧张的地区;二是消耗量剧增所致,与人口增长和生产生活消耗增长有关;三是淡水资源遭到严重污染所致。显然,水污染影响了人类对淡水的使用,加重了水资源危机。

水是自然界的基本要素,是人类和生物赖以生存的最基本物质基础,水污染不仅加重了水资源的危机,还危害着人类的健康、生物的生长和整个生态系统的平衡。例如水中的汞、镉、砷、氰化物、农药、多氯联苯等侵入人体后，会引起人体中毒，如果这些有害物质在土壤中积累被植物吸收后，污染粮食、蔬菜、烟叶等农作物，也会引发疾病；水污染还会引起水媒介的传染病，如人畜粪便等生物性污染，可以引起诸如伤寒、痢疾、霍乱等细菌性肠道传染病。在全世界约有10亿多人由于饮用水被污染，受到疾病传染、蔓延的威胁，据世界卫生组织（World Health Organization，简称WHO）调查，每年约有2500万5岁以下的儿童因饮用受污染的水而生病致死。水污染还会殃及其他生物，许多生物由于水体污染，生长环境恶化而导致死亡，如水体的富营养化是由于人类生产生活废水污染所致，这些废水中含有生物所需要的氮、磷等营养物质，过量的营养物质使得藻类及其他浮游生物过度繁殖，破坏了水体的生态平衡，导致水体溶解氧量不断下降，水质恶化，水生动物则大量死亡。

污染还会导致海洋生态环境的恶化。海洋拥有地球上最丰富的生物资源、矿物资源、化学资源和动力资源。污染使海产品中聚积毒素，影响人类健康。20世纪震惊世界的日本水俣病和痛痛病的发生，都是由于水污染所致。前者是因当地海水受到了来自于上游化工厂含汞废水的污染，居民们食用了被污染的鱼和贝类所致；后者是居民长期饮用被镉污染的河水所致，患者全身疼痛，最终导致死亡。此外，海洋的富营养化还会导致赤潮的发生，而赤潮的频繁发生，会危害整个海洋的生态平衡。

造成水污染的主要原因在于人类，人类把生产生活过程中产生的大量垃圾和废水排向河流、倾入海洋，导致了严重的水体污染，而后人类又不得不花费大量的人力和财力进行后期治理，其效果也不尽如人意。联合国报告指出，到21世纪中叶，全球60多个国家的70亿人口将陷入水资源供应严重匮乏的困境。我们要在节约用水的同时避免水资源污染，注重减少工业废水废渣的排放，注重生活垃圾的循环利用，从源头上消除污染源，根治水污染。这不仅是绿色化学倡导的新的环保理念，也是绿色化学所要研究的问题。

我国是水资源相对较少的国家，人均占有水资源只相当于世界平均水平的1/4，全国有2/3的地方缺水。人多水少，水资源时空分布不均，水土资源与经济社会发展布局不相匹配，是我国的基本水情。就是这样一个缺水的状况，水污染的事件却是层出不穷，截止2005年底，全国污水排放总量仍逐年上升，河湖污染有加重之势，这些多是沿岸企业尤其是化工企业乱排放的恶果。经济要发展，但不能以牺牲环境为代价，我们需要实施绿色化工技术，以保护我们的水资源。

6.固体废弃物

固体废弃物一般指工业废弃物和生活废弃物。固体废物侵占大量土地，严重破坏了农田、污染了空气和水体，尤其是生活废弃物——垃圾，垃圾绝大部分是露天堆放，它不仅影响农村和城市的景观，污染了大气、水和土壤，并且导致蚊蝇滋生、细菌繁殖，使疾病迅速传播，危害人类健康、影响农作物生长、危及动物安全等。目前垃圾处理主要以填埋为主，而垃圾填埋产生的垃圾渗漏液呈红棕色或深黑色、恶臭，成分复杂多变，如何处理成了一个世界性的难题。此外，危险垃圾，特别是有毒、有害垃圾的处理问题（包括运送、存放），因其造成的危害更为严重、产生的危害更为深远，也成了当今世界各国面临的一个十分棘手的环境问题。我国的垃圾总量也相当庞大，在许多城市周围，出现了一座座垃圾山，除了占用大量土地外，还严重污染了环境。

有人称垃圾是放错地方的资源，这是有道理的。例如大量塑料包装材料用后被作为垃圾则造成“白色污染”，但如果将它们回收进行再利用，它就是宝贵的资源。同样道理，如果我们能将垃圾进行合理的回收和利用，就可将大部分垃圾转化为资源，一方面可以减少环境污染，另一方面可以缓解资源危机，同时还可以节省垃圾处理的费用，“垃圾资源化”可以说是一件一举多得的好事。垃圾作为可再生的资源如何使之变废为宝，是绿色化学所要研究解决的问题。

除上述主要的环境问题直接涉及化学化工外，生物多样性的锐减、土地荒漠化等环境问题也与化学化工的间接影响相关，解决这一系列的环境问题，仍需从化学化工入手。通过化学的方法着手于化工生产的各个环节，扼制污染的产生，向工业生产“零排放”的目标努力，用先进的技术手段从根本上解决污染问题，这是历史赋予绿色化学的使命。

（二）资源危机

人类的资源通常指能为国民经济发展所利用的矿物资源，主要包括石油、煤和天然气等燃料（化石燃料）资源、金属矿物和非金属矿物等，这类资源在短期内不能再生。资源危机是指这些矿物资源出现短缺的现象，资源危机首先集中在能源的短缺上。无论古代还是现代，能源都是人类生存的基础，尤其是现代人对能源的依赖性更强，对能源的需求量也更大。人类对能源的依赖，不仅仅是把能源用作燃料，在利用其他资源时也少不了能源，如发电、采矿、加工和运输或把原料加工制成各种产品等过程都离不开能源。可以说，经济的发展、人类社会的进步，都是以消耗更多的能源为代价的。随着现代经济的高速发展、世界人口的急剧增加，能源消耗量也在大幅度增加，而能源的贮存量却在日趋枯竭。以石油、天然气、煤炭为主的化石能源已维持了全球100多年的能源消耗，以后究竟还能维持多久，目前有多种预测，但即使是按最乐观的说法，全球的化石燃料除了煤以外，其他的到本世纪后半叶也基本趋于枯竭。

我国的能源情况又如何呢？2002年中国地质科学院全球矿产资源战略研究中心完成了一份报告，名为《矿产资源与中国经济发展》。该报告指出，除煤炭以外，我国的主要矿产资源均已告急。我国油气资源的现有储量使用时间将不足10年，最终可采储量使用时间勉强可维持30年。我国煤炭探明可利用储量近2×10^{11} t，如果按照年产2.5×10^{9} t原煤速率推算的话，可以供应80年。由此可见，我国的能源危机也已显现。

如何解决能源短缺所带来的危机，最根本的解决办法是开发新的、可再生的能源。

（三）健康危机

人类健康受到前所未有的威胁，而这种威胁更多是源于人类的正常生存环境被破坏。非典、禽流感的出现让人类感到了空前的不安，人们不得不思考，诸如此类的现代病、怪病与我们环境污染的关联。全球变暖，势必会使病菌传播范围扩大，病菌繁殖速率加快；抗生素和杀虫剂的广泛使用，势必会导致抗药性、新病毒的出现；对于人口越来越密集的都市，大气污染、水污染势必会使本来就缺乏安全、卫生的饮用水和清洁新鲜空气的状况雪上加霜，从而增加病源滋生、病菌传播的概率，并导致更多公害病的发生等等。毫无疑问，污染使得人类面临健康危机。

环境污染几乎对所有人都会产生危害，尤其老弱病幼，甚至胎儿等敏感人群，污染物可以通过呼吸道、消化道、皮肤等途径等多途径进入人体。当污染物在短期内浓度很高或者几种污染物联合进入人体时，就可能对人体造成急性危害，如食物中毒；有些污染物的浓度虽不高，但如果是持续地作用于人体，会产生慢性危害，如大气污染对呼吸道慢性炎症发病率的影响等。

最令人担忧的是，很多污染物对人体的危害是一种远期危害，其恶果需要经过一段较长的潜伏期后才表现出来，如环境因素的致癌作用等。目前多数学者认为80%~90%的癌症与环境因素有关，在环境病因中，物理因素占5%，生物因素占5%，而化学因素占到90%。污染物不仅对人体健康产生危害，对遗传也有很大影响，其危害主要表现在致突变和致畸作用。有些环境污染物有致畸作用，它可进入怀孕母体，并通过胎盘影响胎儿，引起胚胎中毒，导致死胎或流产，或者影响胎儿正常生长发育而发生畸形；还有些环境污染物有致突变作用,这些环境污染物进入机体后,可使细胞中的遗传物质发生改变,引起细胞突变,细胞的突变可引起癌症,而生殖细胞的突变可引起胎儿流产或使后代畸形。

给人类健康带来危害的除上述环境问题之外,还有用于治疗疾病的药物本身。作为化学品的药物一方面在治病救人,另一方面也可能危害人类健康。这种危害性不仅表现为对人体的直接损害,如很多药物会损害肝、肾功能,也表现为间接损害,如药物的毒副作用还有可能引发药源性疾病大量涌现,反过来又影响人体的健康。

人类自诞生的那天起,就面临着与疾病和衰老的斗争,在科学不发达的古代,人们无力对付疾病,只能求助于似乎是超自然的力量,求助于神灵,求上帝赶走病魔,求菩萨赐给长寿药等,这一切都无济于事,只是得到一种心理安慰而已。随着人类社会的进步,人们开始尝试着用药物来治病或求得长生不老,但也走入了不少误区,如人们为了求得长生不老,竟然把含有铅、汞成分的有毒丹药作为长寿药。当然随着科学的进步,人类在用药物战胜疾病方面取得了长足的进展,但也不断面临新的严峻的挑战。

首先是安全药物的设计问题。现在有些药物对病症有着很好的治疗效果,但同时也存在很大的副作用,人们希望设计出疗效更好副作用更小的新药,以减少药物对人体健康的危害。

还有就是安全药物的合成问题。前面我们所说的药物"反应停"所引发的悲剧让人类认识到了对映异构体可有不同的生物活性,因此,合成有效的单一的光学异构体(也称为手性药物)就显得尤为重要。一方面有利于对药物毒性机理的研究,提高其疗效,另一方面可以节约资源,因为传统合成方法只能得到外消旋体(通常是左旋体和右旋体的等比例混合物),然后通过拆分的方法得到具有疗效的那种单一的异构体,而另一种单一异构体就成了无用的废弃物。

由此可见,无论人类健康的危害源于何处,归根结底是化学品的安全问题,而设计对环境、对人体更为安全的化学品是绿色化学重要的研究内容。

上述的环境危机、能源危机和健康危机等问题无不与化学化工相关,从科技层面考虑解决这一系列的危机问题,根治环境污染、改善生态状况、保护生存资源的必由之路,就是大力开展绿色化学研究。

第三节 绿色化学兴起的背景和历史沿革

一、环境保护的三个时期

人们对环境污染给人类带来危害的认识经历了漫长的过程,对如何来保护环境经历了三个时期。

(一)20世纪中期以前——稀释废物防治污染时期

在20世纪中期以前,人类对化学物质毒性的时间性、致癌性和生物积累性聚集尚缺乏了解,存在认识上的误区。人们普遍认为只要充分降低某一化学物质在特定介质中的浓度就足以减轻其最终影响,甚至认为把废水、废渣和废气"稀释排放就可以无害",对废水、废气和废渣的排放没有采取立法限制。这个时期的环保对策可以称为"稀释废物来防治环境污染"。虽然说自然生态系统对某些外来的化学物质是有一定的抵抗和净化能力(称为环境的自净能力),但这种能力毕竟是有一定限度的,当污染物超出环境的自净能力时,就会对环境造成严重破坏,进而通过皮肤、呼吸道和消化道等途径进入人体,威胁人体健康。正是由于认识上的误区和对污染采取错误的对策,导致了20世纪30年代以来世界范围内的八大公害事件的发生(见表1-3)。

表1-3 八大公害事件

发生时间	事　　件	主要诱因
1930年	比利时马斯河谷烟雾事件	工业废气、粉尘
1943年	洛杉矶光化学烟雾事件	汽车尾气
1948年	美国多诺拉烟雾事件	工业废气、大气粉尘
1952年	伦敦烟雾事件	煤的燃烧
1953年	日本水俣病事件	汞
1955年	日本富士山县骨痛病事件	镉
1961年	日本四日市哮喘事件	石油冶炼及燃油废气
1968年	日本北九州米糠油事件	多氯联苯

(二)20世纪中期至80年代末——末端治理时期

八大公害事件和许多污染事件的相继发生,使得人类对化学品污染所带来的危害逐步有了深入的了解,各国政府相继立法,开始限制废物的排放量,特别是废物排放的浓度,这个时期的环保对策进入了"管制与控制"时代。由于环保法规日益严格,许多企业不得不将废水、废气和废渣进行处理后才排放,于是一系列"三废"的后处理技术相继出现,如中和废液、洗涤排放废气、焚烧废渣等。但从科学层面上看,这种用法规来控制污染的方法是有欠缺的,没有考虑到排放物彼此之间的相互作用所产生的叠加效应。如受控化合物和受控化合物之间或受控化合物和非受控化合物之间,甚至是非受控化合物和非受控化合物之间都有可能相互发生化学反应,反应产生的叠加效应可能会使污染物浓度增加,或产生新的污染物。而这一欠缺是行政管理手段无法跨越的。所以,利用行政控制手段可在一定程度上对污染有所抑制,但不能从根本上解决环境污染问题。事实也说明了这一点,以美国为例,仅按1993年排放的365种有毒物质估算,其排放量就达到了30亿磅。不仅如此,处理污染物所需费用也十分巨大。1992年,美国化学工业用于环保的费用为1 150亿美元,而美国政府清理已污染地区的费用更高达7 000亿美元。高昂的治理费用使环境治理陷入困境,同时也制约着化工行业本身的发展。

(三)20世纪90年代以后——污染预防为主,末端治理为辅时期

日趋恶化的环境使得人们看到后期治理并未达到预期的效果,于是一种新的环保理念逐步形成。1990年,美国颁布了《污染防治条例》,将污染防治确定为美国的国策。所谓污染防治就是使得废物不再产生 ,不再有废物处理的问题。绿色化学就是在这一背景下应运而生。绿色化学是实现污染预防的科学基础和有效途径。绿色化学主张“源头治理”,实现了从“先污染,后治理”向“源头上根除污染”的转变,根本上改变了以后期治理为主的传统环境保护理念。从而使得人类的环境保护进入了一个新的时期,即以污染预防为主,末端治理为辅时期。由此可见,绿色化学的兴起是历史发展的必然产物。

二、绿色化学的兴起

美国 1990年,颁布了《污染防治条例》,将污染的防治定为国策;

1991年后,“绿色化学”由美国化学会(ACS)提出并成为美国国家环保局(EPA)的中心口号;

1995年,美国前总统克林顿设立了“总统绿色化学挑战奖”,从 1996年开始每年颁发一次。这是化学领域唯一的总统级科学奖;

1997年,由美国国家实验室、大学和企业联合,成立了绿色化学院,美国化学会成立了绿色化学研究所;

2000年,美国化学会出版了第一本绿色化学教科书;

德国 1997年制订“为环境而研究”的计划;

英国 1999年,世界上第一本《绿色化学》杂志诞生,2000年完成首届英国绿色化学奖颁奖仪式。

如果说20世纪90年代初，绿色化学还处于初步发展时期的话，那么到了90年代末，绿色化学已达到了世界性发展的阶段。尤其是在欧洲，各类专题研讨会的召开、绿色化学组织与研究机构的建立、绿色化学杂志的诞生以及绿色化学网站的创建等，可以说是掀起了一场绿色化学的浪潮。这股浪潮不仅是在学术界，也不仅仅停留在学术研讨的层面上，由于各国政府的高度重视与支持，绿色化学与技术已经成为各国关注的重要问题和任务之一，并由此引发了一场绿色产业革命。

小资料　美国“总统绿色化学挑战奖”

美国“总统绿色化学挑战奖”于1995年设立，从1996年开始，每年在华盛顿科学院对在绿色化学方面作出了重大贡献的化学家和企业颁奖，截止2011年已颁发了十六届。此奖下设五个奖项:(1)更新合成路线奖;(2)改变溶剂/反应条件奖;(3)设计更安全化学品奖;(4)小企业奖;(5)学术奖。该奖项旨在推动社会各界合作，防止化学污染和进行工业生态学的研究，鼓励支持重大的创造性科学技术突破，从根本上减少乃至杜绝化学污染源，通过美国环保局与化学化工界的合作实现新的环境目标。美国环保局和国家科学基金会也设立专项基金，资助有重要实用前景的绿色化学课题。

“总统绿色化学挑战奖”强调规定范围内的发明、创造，提出的技术和方法要能较容易地转移到工业中去，适宜大规模地生产，能有效地解决现实中的环境问题。申请提名的绿色化学工艺要求在过去的5年内创造了里程碑的业绩，包括项目已经研究成功，投入生产使用或已申请专利等。此奖项面向所有个人、团体及各种营利性或非营利性的组织，如科研所、政府部门和工业界等。所有申请的项目，经由美国化学会遴选的各行业专家组成的评委会审评，审评结果在华盛顿公布并举行授奖仪式，向获奖项目的赞助单位授予水晶质奖牌，向获奖个人颁发奖状，不设奖金。

三、绿色化学在中国

国际上兴起的绿色化学与清洁生产技术浪潮，引起了我国科学界的高度重视。

1995年绿色化学问题被提到议事日程上。首先是中国科学院化学部确定了《绿色化学与技术》院士咨询课题，对国内外绿色化学的现状与发展趋势进行了大量调研，并结合国内情况，提出了发展绿色化学与技术、消灭和减少环境污染源的七条建议，建议国家科技部组织调研，将绿色化学与技术研究工作列入“九五”基础研究规划。

1996年召开了工业生产中绿色化学与技术专题研讨会，就工业生产中的污染防治问题进行了交流讨论。

1997年5月，在北京举行了以“可持续发展问题对科学的挑战——绿色化学”为主题的学术研讨会，中心议题为：可持续发展对物质科学的挑战，化学工业中的绿色革命，绿色科技中的一些重大科学问题和中国绿色化学发展战略。同年由国家自然科学基金委和中国石油化工总公司联合资助的“九五”重大基础研究项目《环境友好石油化工催化化学与化学反应工程》正式启动，《国家重点基础研究发展规划》也将绿色化学的基础研究项目作为支持的重要方向之一。

1998年在中国科技大学举办了第一届国际绿色化学研讨会。1999年5月，在成都举办了第二届国际绿色化学高级研讨会。同年12月，在北京九华山庄举行的第十六次九华科学论坛上，专家们以可持续发展的战略眼光，对绿色化学的基本科学问题进行了充分的研讨，并提出了如何在“十五”期间优先安排和部署我国在该领域研究工作的意见，确定了绿色化学三方面研究重点。其一，绿色合成技术、方法和过程的研究；其二，可再生资源的利用和转化中的基本科学问题；其三，绿色化学在矿物资源高效利用中的关键科学问题。

截止2008年，我国先后举办了九届国际绿色化学研讨会。在第七届研讨会上，到会的国内外专家就绿色化学反应、原子经济性的合成反应研究、绿色替代溶剂技术、环境友好化学品的设计、加工和应用、生物催化在合成化学中的应用、生物质资源的有效利用、计算机辅助绿色化学设计和计算机模拟、绿色分析技术和其他绿色化学研究等八个领域进行了充分的学术交流。

此外，一些院校也纷纷成立了绿色化学研究机构，如中国科学技术大学绿色科技研究与开发中心、四川大学绿色化学与技术研究中心等。绿色化学在中国虽然起步较晚但在近几年受到了充分的重视，得到了长足的发展。

第四节 绿色化学与可持续发展

一、传统化学工业与传统发展观

化学研究和应用的一个重要目标就是开发和利用自然界中一切可能的物质资源和能量资源，为人类生存和社会发展提供必要的物质和能源基础。

传统的化学工业通常是以大量消耗不可再生的天然资源来实现经济的发展，和其他工业一样，传统的化学工业只关注工业产值，并不在意资源的消耗和环境的污染。因为传统的发展观基本上是一种“工业实现观”，它以工业增长作为衡量工业发展的唯一标志，而把工业化和由此产生的工业文明作为一个国家实现现代化的重要标志。传统的发展观，通常是把国内生产总值GDP作为核算社会生产成果和反映宏观经济的总量指标，更多的是关注GDP的增长速率，认为GDP高的国家就是经济强国，人均GDP多的国家就是经济成功或经济繁荣的国家。所以，GDP的高速增长就成了人类狂热追求的目标、国家经济发展的动力，表现在工业生产中就是盲目追求工业产值。但GDP只反映了经济发展，却没有反映出经济发展对资源环境的影响，更没有揭示一个国家为经济发展所付出的资源和环境代价，所以GDP高增长常给人一种虚假的经济图像。比如采伐林木，经济总量增加了，但过量采伐后对自然资源造成了破坏，相应的成本应在经济总量中扣除。再如化学生产过程中排放的有害物质对环境造成的负面影响及为此在治理方面所产生费用，也应从经济总量中扣除。如果这些环境和资源成本没有扣除，必然会导致环境污染越大，资源消耗得越快，GDP值增长也就越迅速的结果。

显然，这种片面追求GDP增长的发展战略所带来的环境急剧恶化、资源日趋短缺等恶果，最终会使人民的实际福利水平下降，发展也将难于持续而陷入困境。这种恶性循环在客观上对传统发展观提出了质疑，为此，人类提出了新的科学的发展观——可持续发展观。

二、绿色化学与可持续发展观

可持续发展观是在传统发展观基础上发展起来的。20世纪80年代初期，由联合国授权成立的世界环境与发展委员会提出了可持续发展理论。1992年，联合国召开的环境与发展大会以此作为指导方针，制定了关于可持续发展的《21世纪议程》，受到了人们的广泛重视，也得到了世界各国的普遍认同。不论是发达国家还是发展中国家，都不约而同地把可持续发展战略作为国家宏观经济发展战略的一种选择，并深刻地认识到：“我们需要一个新的发展途径，一个能持续人类进步的途径，我们寻求的不仅仅是在几个地方、在几年内的发展，而是在整个地球遥远将来的发展”。这标志着人类的发展观出现了重大的转折。

可持续发展，强调经济与环境的协调发展，追求人与自然的和谐。其核心思想是：健康的经济发展应建立在生态持续能力、社会公正和人民积极参与自身发展决策的基础之上。它所追求的目标是:既要使人类的各种要求得到满足、个人得到充分的发展,又要保护生态环境,不对后代的生存和发展构成危害。它特别关注各种经济活动的生态合理性,强调对环境有利的经济活动应予以鼓励,对环境不利的经济活动应予以摒弃。在发展指标上,考虑了资源消耗和环境污染所花费的投入,提出用绿色GDP(在国内生产总值中扣除对资源、环境的耗损所得到的余额)来替代单纯的GDP。

可持续发展观在客观上对传统的化学工业提出了挑战。一个世纪以来,为适应人类社会和工业生产的需要,化学取得了十分辉煌的成就,创造了巨大的物质财富,但却给整个生态环境造成了非常严重的影响。当代全球突出的环境问题大部分与化学工业和化工产品有关,而这些环境问题会直接影响全人类的可持续发展。我们可从下面三个方面去分析。

(一)环境问题的全球性

当代的环境问题并非集中在某一个地区或国家,而是表现为"上天入海"的全球性,其危害也是全球性的。如为世人关注的全球气候变暖、臭气层破坏、生物多样性锐减等。环境问题的全球性还源于污染物的迁移,即在某一个地区使用的有毒化学品也会通过迁移危害其他地区。如在人们认为是净土的南极却发现了DDT的踪迹。但现在有些发达国家仍在将一些有毒有害化学品或化学品生产转移到发展中国家和地区,我国也存在着由城市转移到农村或由沿海转移到内地的现象,这样做的结果无异是搬起石头砸自己的脚,毁的是整个地球和整个生态。

(二)环境问题的持久性

当代的环境问题并非全是近期形成的,不仅有现代社会滋生的新的环境问题,还有历史上遗留的老的环境问题,新老两方面交织形成了从人类社会出现以来各种环境问题在地球上的积累、组合,并集中爆发的复杂局面。这些环境问题很多在短期内不能解决,有的甚至无法解决。如经常出现的气候异常、频繁发生的灾害性天气均与大气中CO_2等温室气体过量有关,而要使之恢复到正常的浓度却需要人类作长期的努力,并且需要各国的共同努力。

(三)环境问题的毁灭性

当代的环境问题所造成的危害并非都能挽回,如由于环境问题,加速了许多生物的灭绝,而这种灭绝是毁灭性的、无法挽回的;环境问题对人类健康所造成的伤害有很多是致命的,也是无法挽回的;支撑人类社会不断向前发展的消耗性资源的日趋枯竭,对整个人类都是毁灭性的打击。

这些环境问题在我国同样存在。在2007年2月正式出版的《中国可持续发展总纲(国家卷)》中,指出了中国可持续发展面临的六项工作任务和挑战,其中资源和生态环境就占了其中的两项,分别是中国能源和资源的超常规利用及中国生态环境问题的严重性。

我们将如何面对这些影响可持续发展的环境问题?

人类社会发展到今天,已无法离开带来物质文明的化学产品和化学工业,而退回到上世纪或者更远古的时代,去过那种田园生活。尽管我们处在可怕的白色污染包围之中,但完全无法想象没有今天的高分子聚合物产品,我们的日常生活还能否正常进行。显然,我们离不开化学,更离不开化学品。可持续发展的首要问题是发展,发展才是硬道理。我们既要为开创更加美好的生活而发展化学和化学工业,又不能让化学品及其生产过程来破坏我们的环境。这就要求我们要大力倡导既能支撑经济发展,又能满足环境要求的新化学——绿色化学。绿色化学从原理和方法上给传统的化学工业带来了革命性的变化,一方面,绿色化学更注重资源的成本,不仅考虑到资源的充分利用,还要考虑到开发可再生资源,关注了资源的可持续性;另一方面,绿色化学还最大限度地减少污染或不产生污染,是环境友好化学,有利于保护生态环境。因此,绿色化学是建立在可持续发展观基础上的新化学,是可持续发展观建立的必然产物,也是实现可持续发展的必由之路。

习　题

一、简答题

1.20世纪世界范围内发生哪八大公害事件?

2.简述环境危机的成因及危害。

3.简述绿色化学兴起的必要性和历史必然性。

二、思考题

1.谈谈你对化学作为中心学科的理解。

2.谈谈你对可持续发展观的认识。

第二章　绿色化学

第一节　什么是绿色化学

一、绿色化学的概念与内涵

绿色化学是利用化学原理和方法去减少或消灭那些对人类健康和生态环境有害的原料、催化剂、溶剂、试剂、产物、副产物等生产和应用的一门新兴交叉学科，具有明确的科学目标和社会需求。它吸收了当代物理、生物、材料、信息和计算机等学科的最新理论和技术，是当今国际化学科学研究的前沿。

绿色化学又称环境无害化学（Environmentally Benign Chemistry）、环境友好化学（Environmentally Friendly Chemistry）、清洁化学（Clean Chemistry）。绿色化学的目标指向有两方面：一是设计、生产和使用环境友好产品，即减少或消灭那些对人类健康和生态环境有害的原料、催化剂、溶剂和试剂的使用或有害产物的生成；二是采用“原子经济”反应，指在获取新物质的化学反应过程中，充分利用参与反应的每个原料原子，实现过程和终端的零排放，即反应物百分之百地转化成目标产物。绿色化学的理想目标在于不再使用有毒、有害的物质，不再产生废物，不再处理废物。绿色化学从防止污染和节约资源两方面来重新审视和改革现有的整个化学和化工体系。从科学观点认识，绿色化学是对传统化学思维方式的更新和新发展；从环境观点认识，它是从源头上消除污染；从经济观点认识，它合理利用资源和能源，降低生产成本，符合经济可持续发展的要求。

绿色化学立足把传统化学化工的“先污染、后治理”改变为“从源头上根除污染”，其基本思想可应用于化学化工的所有领域，既可对化工生产整个过程进行全面的绿色化学设计或评估，也可以对其中的某些单元操作进行绿色化学设计或评估，还可以对化学品进行绿色化学设计或评估等。比如，对合成路线及其生产工艺进行绿色化学设计或评估，对化学合成中所使用的原料、试剂进行绿色化学评估，对已有化学产品进行绿色化学评估或对新化学品进行绿色化学设计等。

二、绿色化学与传统环境保护的差异

绿色化学与传统环境保护共同的出发点，都是要为人类生存提供一个无污染的环境。但传统的环境保护着眼于后期的治理，也就是通常所说的环境治理，它注重对于已经产生的污染进行有效的治理。诸如如何控制污染物暴露的方法和技术，如何处理化学废物的方法，如何减轻化学废物堆放场所危险性的方法以及弥补化学废物造成危害的方法等。同时还不断研究和发展了对污染的测试技术，如分析检测空气污染、水污染和土壤污染的方法等，这是一种治标不治本的方法，是消极的被动的。而绿色化学的环境保护着眼于源头治理，提供在源头上消除污染的原理和方法，亦即利用化学来预防污染，不让污染产生，而不是处理已有的污染物。这是一种积极的治本的方法。绿色化学改变了传统“先污染、后治理”的环保观念，建立起“源头治理不产生污染”的新理念。

三、绿色化学与传统化学的差异

传统化学为人类服务是建立在传统发展观的基础上，只注重人们所需要的目标产物的产出，当这种目标产物被作为化工产品来生产时，人们更多的是注重生产这种产品的经济成本。传统化学在评价化学反应效率时，常常采用的两个指标是收率和选择性，但这些指标难以确定生产过程中所产生的污染物的数量，忽视了这个过程中可能对环境和人类带来的危害或对资源的合理利用等问题，最终导致严重的环境危机。此外，资源的匮乏不仅将使人类面临发展困境，高昂的污染治理费用也大大增加了化工行业生产成本，制约其本身的发展。而绿色化学在评价化学反应效率时，不仅考虑收率和选择性，而且强调反应物中的原子究竟有多少转移到有用的产品中，废弃物是多少，资源有没有得到有效利用等事关污染和资源的问题。所以绿色化学立足于可持续发展观，关注的是生态环境和资源的可持续性，对环境或人类的健康更加友好，使得人类仍然可以在依靠化学创造更多物质财富的同时，实现社会和经济的可持续发展、人和生态环境的和谐。传统化学强调了物质化学转化体系的独立性，忽视了其与环境系统的密切相关性；绿色化学把物质转化体系置于整个大环境体系中，强调其与环境系统的相互影响，提出了环境友好化学，是对传统化学进行的创新性改革。可以说，绿色化学是人类用环境危机的巨大代价换来的新认识、新思维和新科学，是更高层次上的化学。

四、绿色化学与清洁生产

“清洁生产”的概念是在1989年由联合国环境规划署正式提出，1998年这一概念得到进一步完善，其定义可表述为：将综合性预防的环境战略持续的应用于生产过程、产品和服务中，以提高效率，降低对人类和环境的风险和危害。2000年，我国人大常委会第二十八次会议通过《中华人民共和国清洁生产促进法》，将清洁生产的定义为：清洁生产是指不断采取改进设计，使用清洁的能源和原料，采用先进的工艺技术与设备，改善管理，综合利用等措施，从源头削减污染，提高资源的利用率，减少或者避免生产、服务和产品使用过程中污染物的产生和排放，以减轻或消除对人类和环境的危害。

对于生产过程来说，清洁生产不仅要求节约能源和原料，同时也要求淘汰有害原料，减少污染物和废物的排放，减少生产过程中有害物质的使用和生成；对产品而言，清洁生产策略旨在减少产品的整个生命周期过程中（从原料的提炼到产品的最终处置）对人类和环境的影响，不仅要关注产品生产过程中可能造成的危害，还要注意产品使用后可能造成的环境问题。从清洁生产的定义和内涵可知，清洁生产是以综合预防污染为目的的环境战略，以节能、降耗、减污、增效为宗旨，是实现可持续发展的重要手段。由此可见，清洁生产体现了绿色化学的基本思想，或者说绿色化学的理念对于工业的指导作用可以通过清洁生产得以体现。绿色化学与清洁生产都体现了促进环境保护和经济协调发展的全新思维方式。

五、绿色化学与绿色化工

绿色化学与绿色化工之间既有联系又有区别。绿色化学是化学学科的一门分支，是研究对人类乃至整个生态系统不产生危害物质的化学运动规律的科学，属绿色科学范畴。如绿色无机化学、绿色有机化学、绿色高分子化学等。绿色化工是用绿色化学原理指导生产实际的化工技术，属绿色技术范畴。如绿色无机化工、绿色有机化工、绿色高分子化工。通过绿色技术与清洁生产可以让传统化工转变成为绿色化工。

第二节　化学反应中的原子经济性

一、原子经济性概念

1991年,美国Stanford大学的B.M.Trost教授首次提出了反应"原子经济性"(Atom Economy)的概念。他认为高效的化学反应应最大限度地利用原料分子中的每一个原子,其目标是在设计化学合成时使原料分子中的原子更多或全部地变成最终希望的产品(也即目标产物)中的原子。

一个化学反应的原子经济性可用其原子利用率衡量,原子利用率被定义为:

$$原子利用率 = \frac{目标产物的量}{各反应物质的量之和} \times 100\%$$

原子利用率是按照化学计量式计算所得到的理论值。因此,从理论上讲,原子利用率越高,资源的利用率越高,反应产生的废物越少,对环境造成的污染也越少。对一般的有机合成反应:

$$A + B \longrightarrow \underset{目标产物}{C} + \underset{副产物}{D} \qquad (2\text{-}1)$$

或

$$A + B \longrightarrow \underset{目标产物}{C} \qquad (2\text{-}2)$$

式(2-1)是一般反应,往往会有副产物或废物D生成,而式(2-2)是原子经济反应,没有副产物生成,显然反应式(2-2)优于(2-1)。下面我们以乙烯制备环氧乙烷反应为例来说明。乙烯制备环氧乙烷可用以下两种方法:

(1)经典方法(两步法)

第一步　$CH_2=CH_2 + Cl_2 + H_2O \longrightarrow ClCH_2CH_2OH + HCl$

第二步　$ClCH_2CH_2OH + Ca(OH)_2 + HCl \longrightarrow C_2H_4O + CaCl_2 + 2H_2O$

总反应为	C_2H_4 +	Cl_2 +	$Ca(OH)_2$ ⟶	C_2H_4O +	$CaCl_2$ +	H_2O
摩尔质量(g/mol)	28	71	74	44	111	18
目标产物的量(g)				44		
废物的量(g)					111 + 18 =129	

$$原子利用率 = \frac{44}{28+16}100\% = 25.4\%$$

由计算结果可知，每生产一份环氧乙烷（目标产物）就会有近三倍副产物（即废物）氯化钙和水生成，显然原料浪费很大。由于这种合成方法在理论上就存在副产物，所以在实际生产中，无论怎样对其工艺进行改进，原料都不能全部转化为目标产物，资源的浪费是必然的。此外，该方法还使用了有毒有害的气体氯气，不仅存在污染问题，还存在对设备严格要求及产品的分离提纯等问题，所以这种合成方法与绿色化学的要求相差甚远。为此，人们采用了一个新的方法，如下：

（2）新方法（一步法）

$$C_2H_4 + \frac{1}{2}O_2 \xrightarrow{Ag} C_2H_4O$$

摩尔质量（g/mol）	28	16	44
目标产物的量（g）			44

$$原子利用率 = \frac{44}{28+16} \times 100\% = 100\%$$

废物的量（g）　　0

该方法以银为催化剂，用氧气直接氧化乙烯一步合成环氧乙烷，反应的原子利用率达到了100%，其原料得到最大限度的利用，不仅节约了资源，还减少了污染。

原子经济性概念的提出，使合成路线设计者们有了更为科学的导向。它引导化学家们在设计合成路线的过程中，如何经济地利用原料中的每一个原子，如何尽量避免各种辅助基团的使用，从而设计出对环境更为友好的合成路线。Trost教授把原子经济性和选择性作为评估化学合成效率的新标准，这个新标准下的合成效率不仅考虑了资源的有效利用，也考虑了污染的减少，不仅反映了经济上的效率，也体现了环境上的效应。“原子经济性”的重要性目前已被普遍认可，Trost教授也因此获得了1998年度美国“总统绿色化学挑战奖”的学术奖。

二、原子利用率和产率区别

产率是传统化工生产用来衡量化学品实际生产过程优劣的一个量化指标，即目标产物实际得到的量在理论应得到量中所占的比例。它注重实际生产中原料转化率问题，更多是关注生产的经济效益。而原子利用率是衡量化学反应过程中所有反应物转变成为目标产物多少的一个量化指标，它着眼于计量化学反应本身的优劣，关注反应物转化为目标产物的最大限度。比较两者的表达式：

$$产\ 率 = \frac{实际得到目标产物的量}{理论上原料变为目标产物的量} \times 100\%$$

$$原子利用率 = \frac{目标产物的量}{各反应物的量之和} \times 100\%$$

可见，产率实际上是反映了一个化学反应得到其目标产物的理论值和实际得到的量的差异，关注反应的收率，没有考虑反应本身可能存在的问题，其弊端是显而易见的。对于一个产率很高的化学反应，如果其原子经济性很差，原料分子进入目标产物的比例就很小，那么该反应也会排放大量的废物。

例如用卤代烃制备烷烃，反应通式如下：

$$RX + H_2 \xrightarrow[\Delta]{Pd/BaCO3} RH + HX$$

在这个过程中产生了副产品卤化氢HX，即使这类反应的产率是百分之百，其原料也不能全部进入目标产物，因为反应本身的原子利用率没有达到100%。所以，用产率来衡量一个化学品生产过程是否理想显然是不全面的。对于一条化学产品的合成路线而言，只有其原子经济性达到最大化时，才可能在实际生产中消除或减少废物的排放，最大限度地节约资源、减少污染。

三、原子经济性与环境因子

环境因子又称E—因子，是荷兰化学家R.A. Sheldon在1992年提出的，定义为生产每千克目标产物所产生的废物的质量，可用下式表达：

E—因子 = 废物的质量/目标产物的质量

其中废物是指在实际生产中，除目标产物以外的所有物质。

这些废物的产生可由多种因素所致，和反应本身有关，例如当一个化学反应存在化学平衡，实际产率达不到100%，那么没有完全反应掉的原料就成了废物；和平行反应有关，由于可能发生平行反应而导致其他生成物的生成；与辅助剂的使用有关，加入的辅助试剂（如基团保护试剂）最终将成废弃物；和生产工艺及各环节的操作有关，例如为使某一昂贵的反应物得到充分利用，有时需要将另一价廉的反应物过量，那么过量的反应物会成为废物；与废液处理或分离产物有关，如中和废液加入的酸或碱，反应或分离所需要加入的溶剂，从外消旋体中分离出来的无用甚至有害的旋光异构体等最终均可能成为废物。因此，环境因子的大小反映了实际生产中废物的排放量，环境因子越大，其过程产生的废物就越多，造成的资源浪费和环境污染也越大。

和原子利用率不同，环境因子的值是从实际生产过程中求得，反映了生产过程的实际情况及其对环境的影响程度。原子利用率是理论上的评价指标，可通过计量化学反应式计算求得，是对化学反应本身优劣的评价，没有反映实际生产状况。但原子经济的基本思想体现在前期合成路线的设计理念中，对减少后期实际生产过程中可能出现的资源浪费和"三废"排放的污染问题有着重要的影响。我们也可以说，运用原子经济基本思想可以把后期生产过程中可能出现的问题，纳入前期合成路线设计的考虑范畴，这也体现了绿色化学源头治理的理念，原子经济性的基本思想对整个生产过程都有着积极的指导意义。

表2-1 通过环境因子来衡量不同化工行业对环境的影响程度

化工行业	产品规模/t	废物排放量/t	环境因子
石油炼制	10^6~10^8	10^5~10^7	约0.1
大宗化工产品	10^4~10^6	10^4~10^6	1~5
精细化工	10^2~10^4	10^2~10^5	5~50
制药	10^2~10^4	10^2~10^5	25~100

由表2-1可见，从石油化工到制药工业，环境因子逐渐增大，其中精细化工和制药等工业废物排放较多。这主要是由于这些行业在生产过程中采用了较多的化学计量式反应，原子经济性差，且反应步骤多，而反应步骤越多，废物往往就越多。在这些废物中，主要是在纯化产品时中和反应所产生的无机盐。因此，如何减少合成步骤，提高反应的原子经济性，降低环境因子，改变许多经典有机合成中以中和反应进行后处理的常规方法，向绿色化工改进是目前化学化工界面临的重要任务之一。

需要指出的是，环境因子仅是从量的角度反映了实际生产过程对环境的影响，原子利用率是从量的角度反映理论上资源利用程度和"三废"排放的多少。事实上，对化学反应或生产过程的绿色化学评估，不仅有量的指标，还要考虑质的影响。例如，同样量的不同废物，其危害方式和危害程度都不同，R.A. Sheldon将E-因子乘以一个环境不友好因子Q（废物对环境的不友好程度），得到一个参数EQ，我们称之为环境系数，它是评价化工过程绿色化的一个重要指标。

四、原子经济性与化学反应类型

对于一个化学反应而言，其原子经济性是衡量所有反应物转变成目标产物的程度，如果一个化学反应的所有反应物都被完全结合到目标产物中，其原子利用率是100%，这个化学反应为原子经济反应。而有机化学的反应类型和反应的原子经济性有直接的关系，下面我们来分别加以讨论：

（一）分子重排反应

对于分子内碳原子骨架改变的重排反应，其反应物中的原子全部进入目标分子。因此，这类分子内的重排反应往往有很高的原子利用率（通常为 100%），是原子经济反应。

通式： $A \longrightarrow B$

实例：Beckmann重排

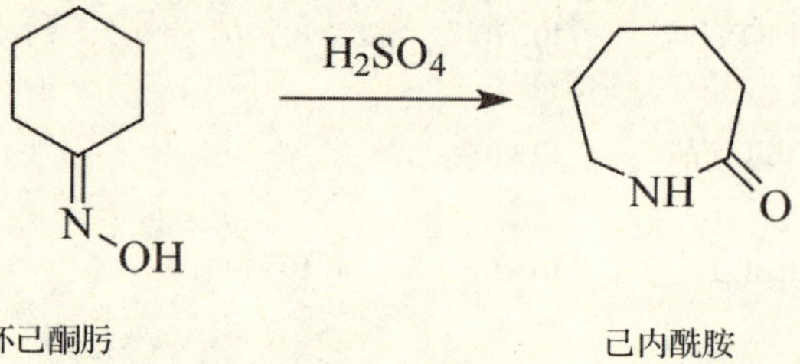

（二）加成反应

加成反应是两个或多个分子结合在一起的一类反应，是原子经济反应，如环加成、烯烃溴化等，均充分利用了原料中的每一个原子。

通式： $A + B \longrightarrow C$

实例：

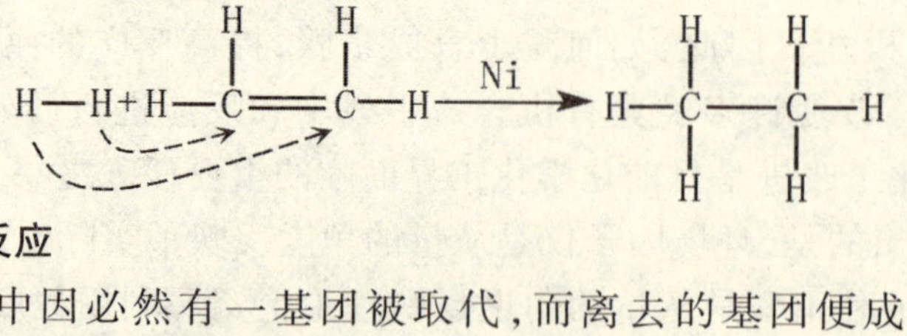

（三）取代反应

取代反应中因必然有一基团被取代，而离去的基团便成了产物中不需要的废物，所以这类反应的原子经济性较低。

通式：　$A—B + C—D \longrightarrow A—C + B—D$

实例：

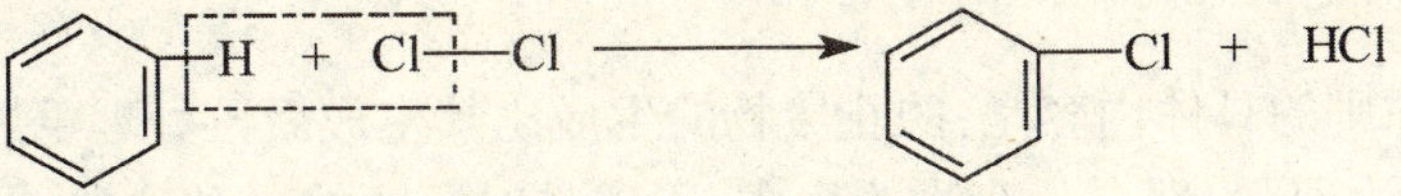

(四)消除反应

消除反应是原子经济性最低的反应。因为消去反应中反应物的原子数目必然要减少，消去的原子就成为废物。

通式：

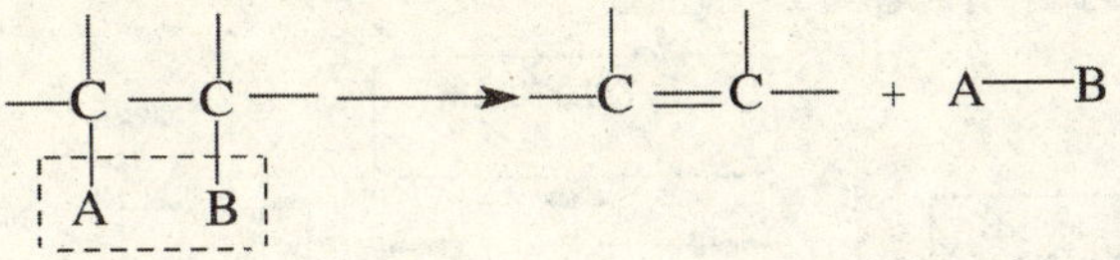

实例：

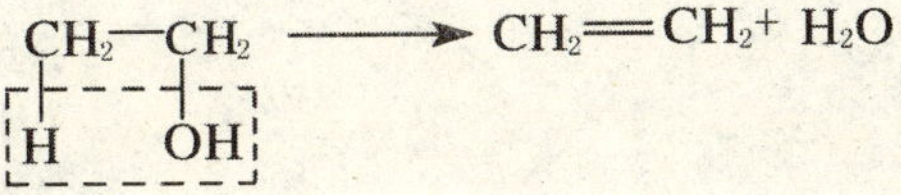

(五)周环反应

这类反应是环加成或分子内部 σ 键的迁移，整个过程没有原子损失，所以是原子经济反应。

此外，值得注意的是原子经济反应具有最大限度利用资源、最大限度减少污染的可能性，它决定着合成路线的原子经济程度的潜力，是影响合成路线原子经济性的决定因素，但却不是唯一因素。因为在实际生产中，一条合成路线的原子经济程度与诸多因素相关，或由于平衡转化率很低，或反应物与产物难以分离、反应物难以循环使用，或反应的选择性不高、存在其他平行反应、生成不需要的副产物等，这些都可能影响合成路线的原子经济性，并造成环境污染。

第三节　绿色化学十二条原则

1998 年 Anastas 和 Warner 提出了绿色化学的十二条原则，这些原则可以作为评价和开发一条化学合成路线、一个生产流程、一个化合物是否符合绿色化学的指导方针和标准。这十二条原则目前为国际化学界所公认，它也反映了近年来在绿色化学领域中所开展的多方面的研究内容,同时也指明了未来绿色化学的发展方向。

一、预防优于治理原则

该原则的具体内容是:防止废物的生成比其生成后再处理更好。它体现了"源头治理"的理念。废物的生成,不仅是对资源的一种浪费,同时也给环境造成污染,绿色化学着眼于源头防止废物的生成,其优越性是显而易见的。曾几何时,当人类还没有真正意识到因化学引起的环境污染时,对于化工生产的成本核算仅限于原材料、能耗和劳动力,而如今这一成本还必须加上因污染导致的费用(见图2-1)。

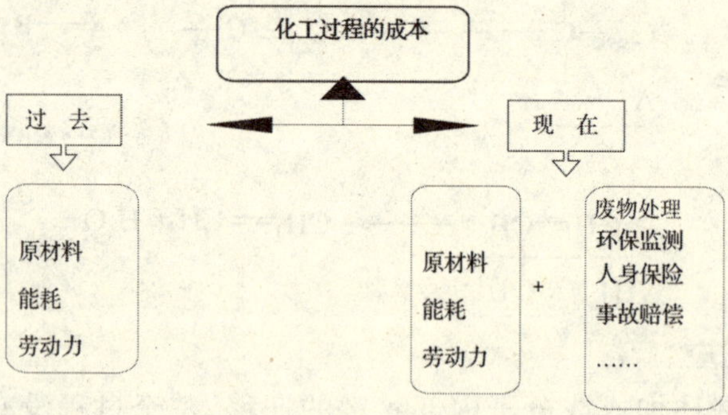

图2-1 化工生产成本对比

高额治理污染费用的支出和资源的浪费无疑大大增加了化学工业的生产成本,不仅在客观上抑制化学工业的革新与发展,更要引起重视的是有些污染所带来的潜在危害是全球性的,也是长远又持久的,其危害程度是无法从经济上来衡量。解决这一问题的唯一办法就是利用绿色化学技术,通过设计安全化学品、避免使用和产生有害物质,从源头上防止污染的产生,只有这样才有可能从防止污染的角度上来最大限度地降低生产成本。

二、原子经济原则

该原则的具体内容是:合成方法应设计成能使反应过程所用的所有物料最大限度地进入到最终产品中。它体现了原子经济的基本思想,要求在设计一个合成方法时,应考虑最大限度地提高其原子经济性。传统化学在设计合成方法时,更多是关注生产成本,注重化学品生产的产率,追求的是经济效益,对于是否存在资源浪费及其所带来的污染问题,通常考虑较少或根本不考虑。提高合成过程的原子经济性,就可以最大限度利用资源,减少污染,不仅考虑了经济效益,同时也考虑了环境效应。从宏观层面以战略眼光来看,经济效益和环境效应是统一的,具体到某个生产过程可能存在矛盾,由于环境因素目前尚未从根本上触及企业的利益,有的污染非常严重的企业却有很高的经济效益。因此我们在设计合成方法更要注重原子经济性,以提高原子经济性来降低生产成本,减少污染。例如我们在进行原料选择时,不仅要考虑其经济成本(如是否易得或是否便宜等),还应考虑用该原料生产产品时可能产生的环境效应,尽量使两者得到和谐统一。为了提高合成路线的原子经济性,我们可以在设计合成路线时尽量采用原子经济性高的反应,如重排反应和加成反应,尽可能不采用取代反应和消去反应。我们也可以通过运用先进的技术和设备来提高合成过程的原子经济性。

三、环境友好原则

该原则的具体内容是:设计合成方法时,尽可能不使用、不产生对人类健康和环境有毒有害的物质。它体现了环境友好的宗旨。在整个生产过程中不使用、不产生对人类健康和环境有毒有害的物质是源头上防止污染的一个重要环节,也是绿色化学的理想目标。尽管人们已经认识到很多化学品对人类和环境的危害,但过去只能通过制定使用规则,加强防护措施、限制使用或减少化学品使用等方法来减少这种危害,如我国过去制定的《危险化学品安全管理条例》、《工作场所安全使用化学品的规定》等。但仍然存在一些问题,首先,有毒有害化学品的管理成本显然要比一般化学品要高,如对与有毒有害化学品接触人员进行必要的防护:穿防护衣、戴防毒面罩等都会使成本提高;其次也是最重要的,这种防护措施不能达到百分之百的安全,一旦失败,危险是可想而知的。全球因此而发生的毒气泄漏事件、危险品爆炸事件已是屡见不鲜了。震惊世界的印度博帕尔事件就是因为毒气泄漏所致,这场悲剧使得成千上万人死亡或留下终生残疾,肇事的美国公司也因此付出了巨额赔偿。如果我们的化工生产尽量不使用这类有毒害的化学品,这种危险就可以避免。

四、设计更安全化学品原则

该原则的具体内容是:设计的化学品应在保留功效的同时尽量使其毒性最小化。这条原则要求人类在设计化学品时,既要注重功能,也要注重其安全性,尽量减少其对环境人类产生的危害。人类得益于化学品,化学品大大提升了人类的生活质量,现代人类社会离不开化学产品,但所有的环境危害也源于化学品。这是由于过去化学家在设计化学品时只重视化学品的功能，更多是研究化学品的物理性质、化学性质以及如何运用化学手段来改善其物化性质使其达到期望的功能，而对化学品安全问题的考虑远远不够。关于设计安全化学品问题，早在20世纪80年代，Ariens就曾提出药物化学家应对合成、分子毒理及药理三方面进行综合考虑，以使化学服务于人类的同时不产生负效应。但这一观念随着绿色化学的兴起才逐步引起重视。

设计更加安全化学品的目的，就是要在获得最大功效的前提下，把毒性和危险性降到尽可能低的程度。任何化学品的设计都应该把对人类健康和对环境不构成危害作为基本原则。

五、尽量不用辅助剂原则

该原则的具体内容是：尽量不使用辅助性剂（如有机溶剂），如果一定要用，也应使用无毒辅助剂。辅助剂也是一种化学品，是在化学品的制造、加工和使用过程中起辅助作用的，目的是克服生产或使用过程中某些障碍，其本身的化学性质并没有改变，也不进入目标产物中，只是一个辅助作用。比如用作分离的分离剂，作用是将产品与副产品、杂质分开。

由于辅助剂大多是有机化合物，对人和环境都存在一定的危害。如在传统的有机反应中，有机溶剂是最常用的反应介质，这主要是因为它们能很好地溶解有机化合物。如常用的含卤元素的有机溶剂二氯甲烷、氯仿、四氯化碳等，这些都被疑为致癌物，而常作为有机溶剂的苯、芳香烃就是致癌物。由于它们良好的溶解性，使其应用相当广泛，但却对人类健康构成威胁。辅助剂的应用除了对人类健康的产生影响，对环境的危害也日渐突出。20世纪氟利昂作为清洁溶剂、推进剂、发泡剂被广泛应用，它不易燃、不易爆炸，其意外危害程度低，对人和野生生物的直接毒性也不大，但是它破坏臭氧层。所以我们尽量不使用辅助剂，如果要用也尽量使用安全无害的辅助剂。

六、能耗最低原则

该原则的具体内容是：合成方法必须考虑过程中能耗对成本与环境的影响，应设法降低能耗，最好采用在常温常压下的合成方法。化学工业是把自然资源转化为能量或把能量转化为其他形式以满足化学工业本身和社会其他方面的需求，化学工业的能源主要来自于对自然资源的消耗，而这些资源大部分属不可再生的资源。就目前的状况，工业化国家的工业能耗十分巨大，这种资源的消耗在加剧污染状况同时，也使资源危机加剧，不仅对环境产生不利影响，也对人类的可持续发展构成威胁。因此，化学工业的节能就显得十分重要。

通常化学家们在设计或优化合成路线时，更多考虑的是影响产物产率或反应物转化率的因素，很少考虑能量因素，缺少对能量需求进行科学的分析，从而使能效比达不到最佳。目前，我们国家的能效比处于一个较低的水平。如何提高化学工业的能效比，需要我们在化工过程的一些关键环节上对能量的需求进行分析、优化。

（一）化学工业中能量需求的主要四个方面

1.提供反应所需能量

化学反应总是伴随着热量的吸收或放出，从热力学角度看，对于吸热反应，需要持续加热以使反应进行完全。所以我们通常是将原料和试剂一起在溶剂中加热回流，直到我们认为反应完全为止。但这个过程到底需要多少能量才更为科学，很少引起重视，也没有详细分析过。为降低能耗，应对反应整个过程进行能量需求分析，尤其是对反应接近完成时的那段时间能效比的分析，如对于一些即将达到平衡的化学反应，此时反应物的转化率已经很低，再持续加热，利用能量的高消耗来提高接近平衡时反应物的转化率，可能会得不偿失。

2.用热能加速化学反应

从动力学角度看，为了使某些反应得以进行或进行的比较快，往往需要提供一定的热量用以克服活化能。这类反应可以通过选择合适的催化剂来降低反应活化能，从而降低反应发生所需的热量，减少反应对热量的需求，达到节约能量的目的。

3.用冷却的方法控制反应

对于有些放热太剧烈的反应，为了安全的需要，通常用冷却的方法对其进行控制，这个过程也需要消耗能量，可以通过强化化工过程的途径（如提高设备的热交换能力）来降低这类反应的能耗。

4.分离过程的能量需求

化工过程中的分离、提纯是一个相当消耗能量的步骤。通常的分离步骤如蒸馏、重结晶等都需要大量的能量来使产物与杂质分离。因此，化学家在设计反应过程时，尽可能减少这些耗能过程，以达到降低能耗的目的。

化学家如果在设计反应时，对反应的体系进行设计、调整和优化，就能够从根本上降低反应的能量需求。因此，在可能情况下，化学家在设计反应过程和反应体系时，应考虑如何把能耗降到最小。

（二）多途径多种类能量的利用

提高能效比，减少污染还可以通过改变传统能量利用方式，如微波、声波、电能以及光能等在化学反应中的应用，这些不同形式的能量在某些情况下还能显示出其独特的优越性。

1.微波的应用

微波能量能够加速很多化学反应，使化学反应的时间大大缩短，效率大大提高，尤其是在固相化学反应中表现特别明显。如利用微波辐射固体法制备纳米氧化锌粒子，这个制备过程首先用硫酸锌和碳酸钠反应生成碳酸锌，然后加热分解碳酸锌即可得到氧化锌。其中关键的问题就是要保证生成的碳酸锌呈现细小的颗粒，这样才能获得极细小的满意的氧化锌纳米材料。而晶体颗粒大小取决于晶核生成速度和晶体长大速度的相对大小，生成速度与晶体长大速度之比越大，生成的颗粒就越小。由于采用了微波辐射的方式，使得生成碳酸锌的反应迅速完成，生成的碳酸锌颗粒相对较小，保证了其进一步加热后能生成纳米级的氧化锌。又如微波条件下有些在溶液中进行的化学反应可以转变为固相反应，不仅降低了能耗，也避免了溶剂的使用，减少了污染，节约了资源。

2.声波应用

声波在某些类型的反应，如环加成反应、周环反应等显示其优越性，这类反应可被超声波催化，利用这种技术，化学反应速度可以大为提高，化学反应的环境条件可大为改变。

3.电能的应用

电能是应用较多的一种，电化学过程是清洁技术的重要组成部分。由于电解一般无须使用危险或有毒试剂，通常在常温常压下进行，在清洁合成中具有独特的魅力。

4.光化学的应用

运用环境友好的光化学反应来替代一些需用有毒试剂的化学反应是近年来研究较多的课题。

总之，降低能耗有多种方法和途径，化学家在设计合成方法或优化合成路线时，应把能量因素纳入合成效率的评价范围之内，力争最大限度降低能量需求，减少环境污染。

七、尽可能采用可再生资源原则

该原则的具体内容是：在技术可行和经济合理的前提下，采用可再生资源代替消耗性资源。可再生资源是指通过天然作用或人工作用，能增加蕴藏量的各种自然资源，如森林、鱼类、农作物以及各种动植物等自然资源。可再生资源的基本特征是，资源本身具有一定的可再生和自我恢复的能力。不可再生资源是指不能通过天然作用或人工作用增加其蕴藏量的各种自然资源，如石油、煤、金属矿物等自然资源。不可再生资源也称为消耗性资源，其不具备自我更新能力，用一点少一点。可再生资源与不可再生资源的差别可归结到形成的时间上。从绿色化学的角度看，所谓可再生资源和消耗性资源的区别应该是放在人类活动的时间段内，比如人类的平均寿命期内，而不是放在整个的地质年代里去考察。这样，可以把以石油和其他化石燃料为基础的，需要几百万年的时间来形成的资源看成是消耗性资源，而以生物质和农业废物为基础的原料则是可再生的。还有太阳，尽管太阳对我们来说是不可再生的能源，但从时间尺度上看，太阳可延续上亿年，因此我们将其看做取之不竭的能源。

目前，世界所需能源和有机化工原料绝大部分来源于石油、煤和天然气这些不可再生的资源。如果人类不设法用可再生的资源去替代之，最终这些资源将会不可避免的枯竭，人类发展必将陷入困境。此外，人类所面临的环境危机直接或间接地与这些矿物资源的加工和使用有关。对可再生资源的关注，不仅仅是出于对环境的考虑，而且有经济的原因。因为，使用即将耗竭的资源，一旦资源变得稀少，其价格成本和生产成本必然会增长。尽管目前可再生资源的经济竞争力还有待提升，但从长远利益考虑，人类最终必须采用可再生的、且不会引起环境污染的资源去代替现行的消耗性资源，才可能维持可持续发展。目前普遍认为以植物为主的生物质资源将是人类未来的理想选择。

什么是生物质呢？到目前为止，还没有一个统一的定义。从广义上来理解，所谓生物质（Biomass）是指有机物中除化石燃料外的所有来源于动、植物能再生的物质。从狭义上来理解，生物质是指直接或间接地通过绿色植物的光合作用，把太阳能转化为化学能后固定和贮藏在生物体内的可再生物质，它包括绿色植物及其派生的有机废弃物。为讨论方便，本书所说的生物质主要是指狭义上的，以植物资源为主的可再生资源。我们知道，绿色植物利用叶绿素通过光合作用把CO_2和H_2O转化为葡萄糖并把光能储存在其中，然后进一步把葡萄糖聚合成淀粉、纤维素、半纤维素、木质素等构成植物体的物质。因此,生物质资源不仅储量丰富,而且可再生。据估算,地球上的绿色植物储存的总能量大约相当于8×10^{12}t标准煤,比目前地壳内已知可供开采的煤炭总储量还多11倍。如果这部分资源能得到充分利用,人类相当于拥有了一个取之不竭、用之不尽的资源宝库。而且,由于生物质生长吸收CO_2,燃烧后放出CO_2,生物质对CO_2这种"自产自消"的平衡只要不被人为地破坏,它能总体上维持碳平衡,不会对大气中CO_2含量有过多影响。比如砍伐速度不能大于森林的种植与生长速度,至少要保持一种平衡,否则自然生态就会遭受破坏。

目前,用可再生生物资源作为能源或生产化学品所占的比例还很小。因此,开发生物资源作为能源、作为原料等问题就成了化学家们研究的课题,如各种固体废物综合利用的开发,生活垃圾用于生产水泥和肥料,可再生能源的开发利用等。

八、尽量避免衍生物生成原则

该原则的具体内容是:在可能的条件下,尽可能避免衍生物的生成(如保护基团引入、物理或化学过程的暂时修饰等)。在传统的化学合成中,化学家们为了使反应按照预定的方向进行,而且能按照设想的方式进行,总要设法利用化学和物理的方法来达到这一目的。特别是,有机化学合成技术的复杂性,使得要解决的问题变得更加具有挑战性。为解决这些难题,常常采用这样一些方法,即在反应中添加一些辅助物质,对反应物分子进行修饰,使之衍生为其他物质,当反应完成后,这些物质将被除去,成了废物。所以,这种衍生物的生成必然导致废物的产生。在有机合成中,添加辅助物质的作用通常有以下几种:

(一)保护基团(阻断基团)

运用保护基团是一种常用的技术。在进行一个化学反应时,我们也许只需要反应物中的某个基团参加反应,但这个反应可能会对反应物中的另一个不需要参加反应的基团产生影响,从而使反应不能按照预定的方向进行,这时候就要设法引入一个基团来保护分子中的另一个基团不受反应条件的影响,这就是阻断基团或保护基团的作用。显而易见,当反应完成后,再进行脱保护,这时被引进的基团就成为废物。有机合成中常见的需要保护的基团有:羟基、氨基、巯基、醛基、酮基、羧基等。

我们以羟基的保护为例,假设在进行某种化学转化过程中,需要有一个氧化过程，为了防止羟基跟着被氧化，常先引入一个保护基团。在下面的化学转化中，氯苯就充当了保护基团的作用。第一步先利用氯苯和羟基反应生成苯醚，醚键不易被氧化；第二步再进行氧化反应，当氧化反应进行后，再进行第三步脱保护，羟基被释放出来，此时的氯苯就成了废弃物。

过程如下：

第一步：用氯苯保护羟基(–OH)，生成不会被氧化的醚键(—O—)

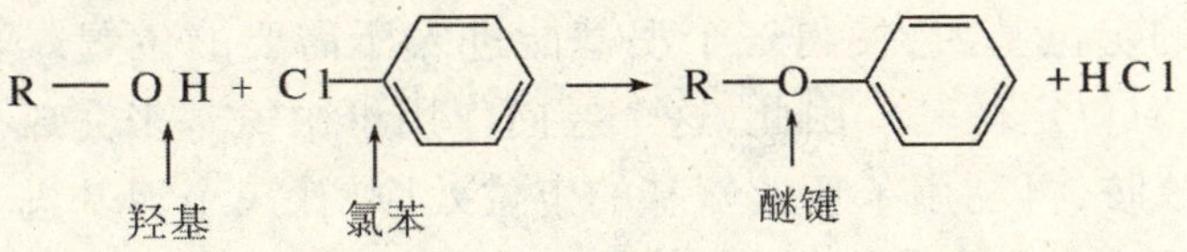

第二步：进行氧化反应

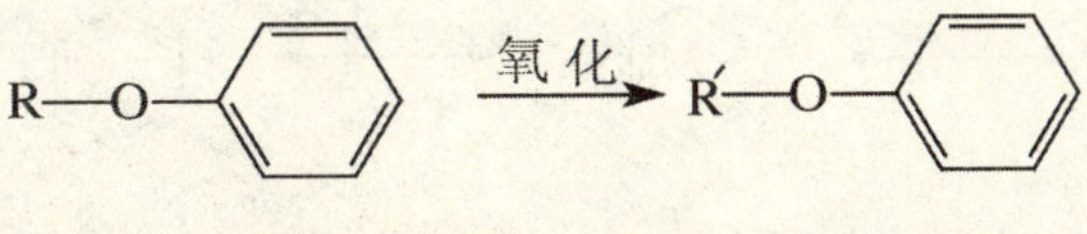

第三步：使醚键断裂，重新释放羟基

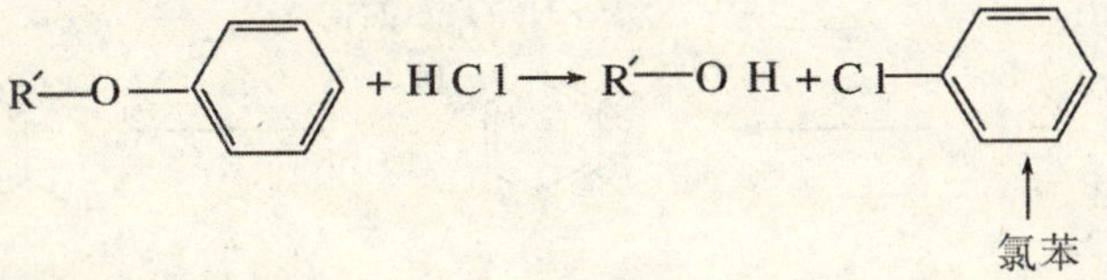

(二)导向基团

对于一个有机化合物分子，在进行反应时，可能其中的几个部位都能同时参加反应，但我们的目标产物却只需要在特定的部位发生反应，那么最好把反应导向所需要的部位，使反应有高的选择性。化学家们所采取的方法就是先引入一个官能团，生成一个对另一反应物更有吸引力的衍生物，使反应按照特定的方向进行。这个官能团充当的是导向的作用，当任务完成后它将被去掉。这种在有机合成的过程中，为了使新进入的原子或基团进入原分子的某一定位置而预先引入的原子或基团，称为导向基。显然，导向基不一定是目标分子本身所必需的组成部分，它是在合成的过程中为利用其定位作用而引入，最终成了废物。

例1　1,3,5-三溴苯的合成。

1,3,5-三溴苯的结构式如下：

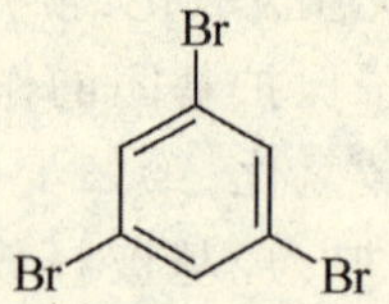

我们知道，由于在苯环的溴是邻、对位定位基，也就是说，如果苯环上有一个溴基，另外两个溴基主要进入其邻位和对位。事实上，它们是处于间位，显然不是由于溴基本身的定位效应所至，所以化学家就设法导入另一个更强的定位基团，使得三个溴基能进入所需要的位置。氨基是一个很强的邻、对位定位基。因此，这个导向作用可由氨基来完成。具体方法是先合成苯胺，再利用苯环上氨基的定位效应，让三个溴基进入特定的位置。所采用的合成路线如下：

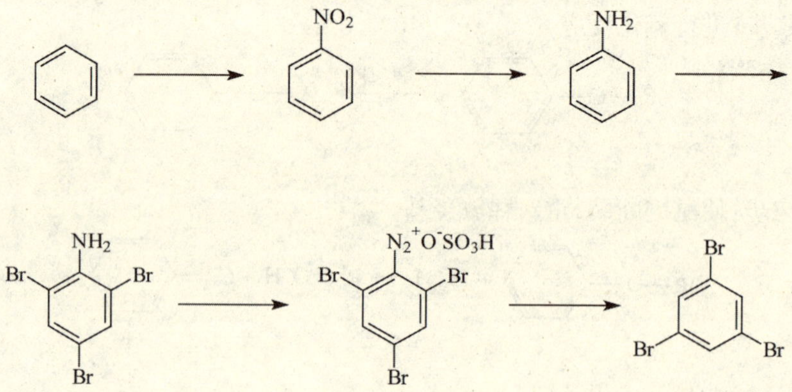

氨基一开始被引入

$$H \longrightarrow NO_2 \longrightarrow NH_2$$

然后被去掉

$$NH_2 \longrightarrow N_2^{+}O^{-}SO_3H \longrightarrow H$$

但当氨基的使命完成后，废弃物也就产生了。又如常用卤素衍生物来进行亲核取代反应，卤素可以使某一部位更具正电性而使该部位更具吸引力，同时，卤素也是很好的离去基团，但卤素最终成为废物。

(三)成盐方便处理

为了影响某些物质的宏观性质或功能，如黏度、分散度、蒸气压、极化性和水溶性等，以满足各种处理方法的要求，通常需把它们与其他物质配制或共混。显然，当功能完成后，这些被加入的物质也成了废物。例如制备羧酸时,在溶液中加入无机碱使之成盐析出,以进行纯化,而最后再加入酸将其还原成羧酸,无机盐也将随之被释放,成为废物。

九、催化剂优于化学计量试剂原则

该原则的具体内容是:合成方法中采用高选择性的催化剂比使用化学计量试剂更优越。高选择性催化剂为什么优于化学计量试剂,我们可以通过下面的一个反应来说明:

$$aA + bB \longrightarrow cC$$

假设反应物A和B是按化学反应式计量式进行,生成产物C,这个反应是原子经济反应。从理论上讲,由于反应是按化学式计量进行,没有多余的原料和其他副产物,所以这个反应可以是零排放。但在实际生产中可能出现以下几种情况:

(1)反应物A和B中的所有原子都进入了C,且无需其他试剂的介入,这个化学计量反应在实际生产中实现了其原子经济性,这是最为理想的情况。但事实上,这种反应为数是很少的,尤其是对于有机化学反应来说。

(2)反应物A和B中有一种由于其不容易得到,所以常作为控制性原料,在实际生产中为了节约这个控制性原料,提高反应速度或平衡转化率等,会过量加入另一种易得的原料,这种情况下即使产率是100%,也存在未反应的过量原料。

(3)反应物A和B中,由于平衡转化率等问题的存在,实际上并非所有的原子都进入产物C中,其产率和原子利用率不能达到100%,那么就会产生废物。

(4)为保证反应顺利进行,常外加一些试剂或辅助物质,显然,反应完成后,这些试剂和辅助物质就成了废物。

由此可见,化学计量反应弊端是显然的,那么催化剂有哪些优势呢?其优越性主要表现在三方面:其一,反应选择性的控制,如控制反应部位的选择性、控制产物立体选择性等,可以避免或减少辅助物质的加入;其二,降低能耗,催化剂能使许多在高温下发生的反应在低温下进行,大大减少了能量的需求;其三,催化剂可以大大提高化学反应速度。所以,使用催化剂可以大幅度减少废物的产生。因此,化学家常研究用新的催化反应去替代化学计量反应,以减少大量试剂的使用。

此外,催化过程的优点还在于:就化学计量试剂而言,1mol只能生成1mol试剂的产物,而催化剂可有增量作用,即1mol的催化剂能催化若干倍反应物生成若干倍的产物，同时在其功能丧失以前，可以重复使用。

十、产品可降解原则

该原则的具体内容是：化工产品使用功能终结后，能分解成无害产物。如果一种化学品在使用功能完成后，不能分解成为无害的产物，即不具备可降解性，那么势必会在环境中积累下来。在化工产品广泛生产和应用的今天，很多有机化工产品在环境中产生持久性的生物积累，从而给人类健康和环境带来危害。

所谓生物累积性，指蓄积在食物链中或容易通过周围媒介富集到生物体内，并通过食物链的生物放大作用达到中毒浓度。通俗地讲，就是通过小鱼吃虾米，大鱼吃小鱼，人类吃大鱼的方式使得污染物在人体内富集并最后在人体中递增，这种递增甚至达到上千倍。最典型就是持久性有机污染物（简称POPs）。这类持久性有机污染物难以正常的生物降解、光解和化学分解，可以在大气、水体、土壤和底泥等环境介质中长时间存在，如二恶英在土壤中可以存在几十年甚至上百年。POPs对人体、生物体易造成危害或有毒效应，包括致癌、致畸、致突变性，损害中枢和外围神经系统，引发生殖系统紊乱并干扰内分泌系统，影响可延续几代人。

因此，我们在设计化学品的功能时，应把可降解功能作为考虑的一个因素，即在设计物质获得主要功能的同时，应考虑解决功能完成后的处置问题。有些化学品本身没有毒性，但由于其不能降解，也会给环境带来危害。例如，塑料是一种常见的化学品，曾因其耐久性备受赞誉。但结果是在垃圾场、海洋中及其他水域，常常由于塑料的物理属性而非化学性质带来了环境问题。因此，人们努力研制在环境中可降解的塑料，如众所周知的“可生物降解”塑料的研究。

小资料　《斯德哥尔摩公约》与持久性有机污染物（POPs）

2001年5月22日，联合国环境署在瑞典首都组织召开的外交全权代表会议上，通过了旨在严格禁止或限制使用12种持久性有机污染物POPs（Persistent organic pollutants）的《关于持久性有机污染物的斯德哥尔摩公约》。中国政府次日签署了这项公约，阐述了中国政府一贯重视有毒化学品污染控制的立场。

这十二种POPs是：艾氏剂、氯丹、狄氏剂、异狄氏剂、七氯、灭蚁灵、毒杀芬、滴滴涕、六氯苯、多氯联苯、二恶英和苯并呋喃。

POPs有如下特点与危害：

(1)环境持久性。它的化学稳定性强,在环境中不易消失,难于降解转化。通常用污染物在环境中消失50 %所需的时间,称为半衰期。持久性物质在水中的半衰期大于两个月、在土壤中的半衰期大于六个月、在水体沉积物中的半衰期大于六个月。有研究表明 ,POPs对人类的影响会持续几代。

(2)生物积累性。由于持久性有机污染物具有低水溶性、高脂溶性特性,可以被生物有机体在生长发育过程中直接从环境介质或从所消耗的食物中摄取并蓄积。生物累积性可通过食物链(网)在生物体内蓄积并逐级放大,对人体健康危害巨大。

(3)远距离迁移能力。持久性有机污染物具有半挥发性,能够从水体或土壤中以蒸气的形式进入大气环境或被大气颗粒物吸附,通过大气环流在大气环境中作远距离迁移,在较冷或海拔高的地方会沉降到地球上。而后在温度升高时,它们会再次挥发进入大气,进行迁移。

持久性有机污染物之中不少都具有高急性毒性和水生生物毒性,有的被确认不仅具有致癌、致畸、致突变性,还具有内分泌干扰作用。它们对环境造成的危害是长期而复杂的,已经成为严重威胁人类健康和生态环境的全球性环境问题,对人类生存繁衍和可持续发展将构成重大威胁。

十一、实时监控原则

该原则的具体内容是:进一步发展实时分析方法,在危险物质生成前对其实行在线监测和控制。对化学品生产过程的监测通常有实验室监测和在线监测两种方式 ,前者是在产品中进行采样,而后拿到实验室进行分析。显然前者存在时间上的滞后问题,不能及时地反应生产的实时情况。

在线监测是利用在线分析仪器,对生产的过程进行跟踪监测,这种方式的优越性表现在:

(1)能随时了解生产情况,所以可以避免或减少很多问题的出现,尤其是对生成危险物质的控制。如果有极少量有毒物质生成时就能及时得到反馈,就能及时调节参数或采取措施,以减少和消除这些物质的产生。

(2)可以监测反应进行的程度,减少废物的产生。在许多情况下,化学过程需要不断地加入试剂直到反应完成为止,利用在线检测我们能够准确地掌握反应进行的程度及试剂加入的量。

从而,避免试剂的浪费,不仅如此,我们还可根据反应进行的程度,对能量需求进行科学分析,减少不必要的能耗,提高能效比。可见,和实验室分析相比,在线分析的优越性是显而易见的。当然在线分析不仅需要更高的分析技术,还需要精确可信的敏感元器件和监测器件。

十二、化学意外事故发生率最低化原则

该原则的具体内容是:着眼于使化学意外事故(包括渗透、爆炸、火灾等)的危险性降至最低。危险化学品无论在生产、运输和使用过程中都存在意外事故发生的可能,而这种事故的发生,不仅严重地影响了人们生命和健康,同时也恶化了生态环境、造成经济损失。例如,化工生产的重要原料氯气,是一种有毒气体,尽管人们在各个环节中都采用了严密的防范措施,但氯气的泄漏事件却时有发生。

使化学意外事故的危险性降低到最低程度,就要求化学家们在设计化学品时不仅要考虑其生态毒性,还要考虑其爆炸性、可燃性等危险因素。在设计合成路线时,尽量不使用这样一类危险品。如果必须使用,我们可以转变物质状态,如可以将固体或低蒸气压物质取代易引起事故发生的易挥发液体和气体;还可以采用"即生即用"技术,让有危险物质在生成的同时很快就消耗掉,这就防止了贮存过程中存在的危险,也节省了开支。

此外,还要注意在为防止污染而回收溶剂中,可能带来的危险性,在设计整个过程中,两方面都要考虑到。

从以上的十二条原则可以看出,绿色化学涉及化学反应的全过程,它不仅要求从始端控制污染,而且要求有一体化的预防污染运作体系。绿色化学第一次着眼于防止污染物的形成,聚焦于最终使污染物处理成为不必要,从源头上控制污染。

第四节　绿色化学研究内容和任务

绿色化学的任务就是依照绿色化学十二条原则,运用化学原理、最现代化的手段和方法,使化学品的设计、生产和使用的整个过程对人类和环境均不产生危害。其主要研究内容可由图2-2所示,绿色化学作为化学学科的分支,依然是探索化学运动规律的科学,其研究内容也离不开化学变化。只是绿色化学研究立足于其基本原理,运用化学运动规律专注于进行环境友好的化学研究和探索:通过对物质的组成、结构、性质的研究,设计对人类友好的化学产品;通过对化学反应的热力学和动力学研究,探索新键的形成和断裂的可能性及其选择性的调节与控制;开发新型环境友好化学反应等。

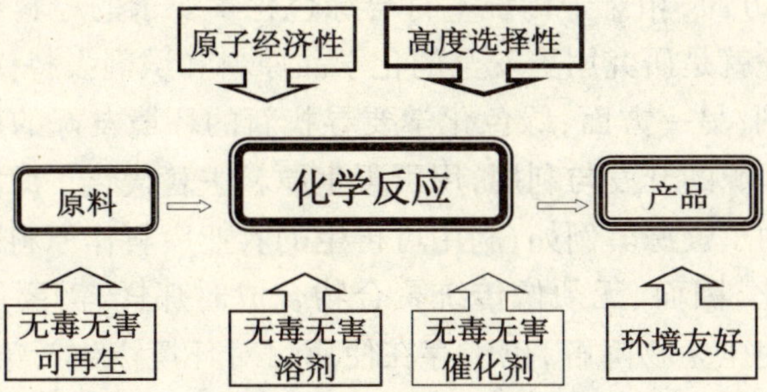

图2–2　绿色化学的主要内容

绿色化学任务主要有以下四方面。

一、设计更安全的化学品

引发环境问题的根源在于化学品本身的安全性。试想如果所有的化学品都是安全的，污染问题也就不存在了。所以，从这个意义上来讲，对污染的源头治理首要任务就是，要设计出既能满足产品所需要的功能又不产生危害的安全化学品。化学品的安全性是相对的，绿色化学的任务是设计出安全程度更高的化学品，也即更安全的化学品。

设计更安全的化学品有两方面的任务：

(1)在设计新的化学产品时，要将化学产品的安全性作为一个因素加以考虑，不能只关注化学品的功能而忽视了其可能产生的危害；

(2)对已有的非绿色化学产品进行重新设计或改造，使这类产品的分子在保留其已有功能的同时，消除其有害的性质，成为更安全的产品。

人类对最早暴露出来的某些化学产品的污染问题，已经在研究解决的办法，也已取得了一些成功。例如，为了消除一些含氯农药对环境的危害，人们研究了高选择性的不含氯的新型杀虫剂；为了解决塑料导致的“白色污染”，人们研究了可生物降解的塑料。但是，尽管人们对某些化学产品的污染问题找到了一定的解决办法，但要彻底解决化学产品对人类和环境的危害，改善人类的生活环境，还需要做出艰苦的努力。

二、寻找绿色原料和试剂

当所需要的化学产品确定后，选择什么样的原料和试剂来生产是首先要考虑的问题。按照绿色化学的原理，原料和试剂的选择不仅要考虑其经济效益，还就考虑其环境效应。

所以，一方面，相对于传统不符合绿色化学要求的原料或试剂来说，绿色化学的任务就是研究用更安全的化学品原料和试剂去替代有毒有害化学品原料和试剂；另一方面，绿色化学要寻找新的环境友好的原料和试剂，并注重可再生资源的开发与利用，用可再生原料去替代化工原料，这不仅减少了污染也节约了资源。例如，利用可再生的农业废料作原料，其合成原理是生物催化转化，因而，无须像传统聚合物合成时那样，需要用许多试剂，且其产物可以完全生物降解，也不存在使用后对环境产生污染的问题。这不仅解决了原料的污染问题，也解决了原料的可持续性问题。

三、选择合适的反应条件

所谓反应条件，不仅指温度和压力，还包括催化剂、反应溶剂等条件。化学反应条件作为影响化学过程的重要因素，不仅关系到生产的经济效应，还关系到合成路线的环境效应，诸如合成路线的原子经济性、资源的有效利用及生产能耗等诸多影响生产过程绿色化的因素。例如，对化学反应产生诸多影响的催化剂，它可以提高反应速度、降低能耗，也可以提高反应的选择性，提高反应的原子经济性。绿色化学对催化剂的要求是，不仅要高效，而且还不能产生危害。

四、设计理想的合成路线

一条理想的合成路线传统上考虑更多的是经济成本问题，而按照绿色化学的指导思想，不仅要考虑经济成本，更要关注污染问题和资源问题，首先要考虑的是合成路线是否符合十二条原则。因此，在寻找理想的合成路线时，要考虑的因素很多，但一个特别需要考虑的问题就是合成路线的原子经济性，一个原子经济性高的合成路线不仅资源可以得到有效利用，而且大大减少废弃物的排放。

理想状况下，如果合成路线的每一步均利用原子经济的化学反应，则这一合成路线必然也是原子经济的。但大多数情况下要保证一条合成路线中每一步都是原子经济的反应是困难的。因此，需要我们对各种可能的反应步骤进行分析、筛选，最终通过对合成路线中各步的优化整合，达到较高的原子经济性。

比如，由硝基苯合成对苯二胺，可以选择如下四条合成路线：

路线一

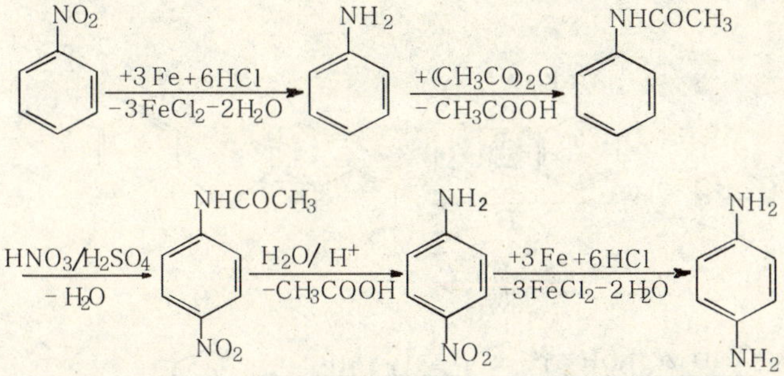

上述合成路线中的每一步都有副产物生成,将各步合并得到总反应式:

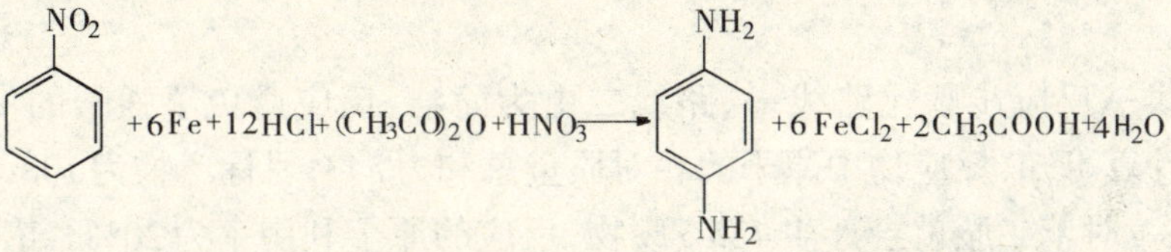

通过计算可知,上述反应物中原子的相对质量总和为1062,目标产物为108,即每生产108 g对苯二胺就要产生954 g废物,反应的原子利用率仅为10,很低。显然这条合成路线不理想。

路线二

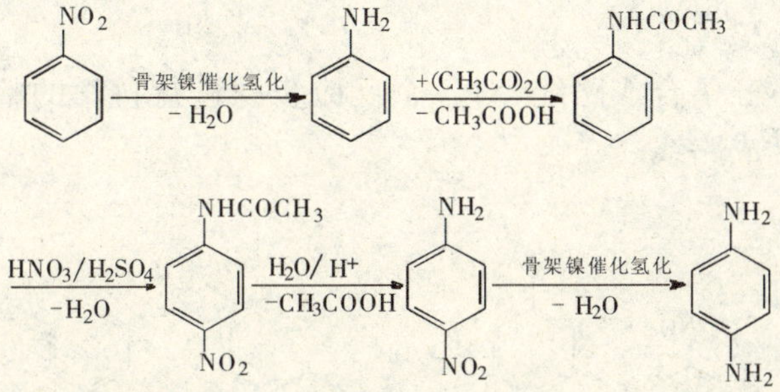

由反应式可见,路线二的第一步和最后一步的还原步骤显然优于路线一。将各步合并得到总反应式:

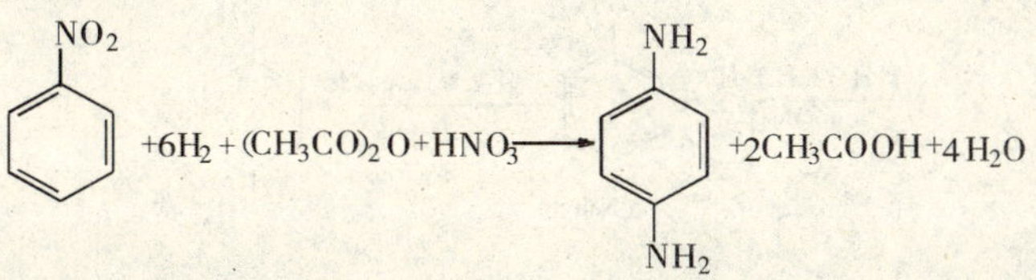

通过计算可知,反应物中原子的相对质量总和为300,目标产物为108,即每生产108 g对苯二胺就会有192 g废物生成,反应的原子利用率为36%。

虽然其原子经济性高于路线一,但仍然较低。

路线三

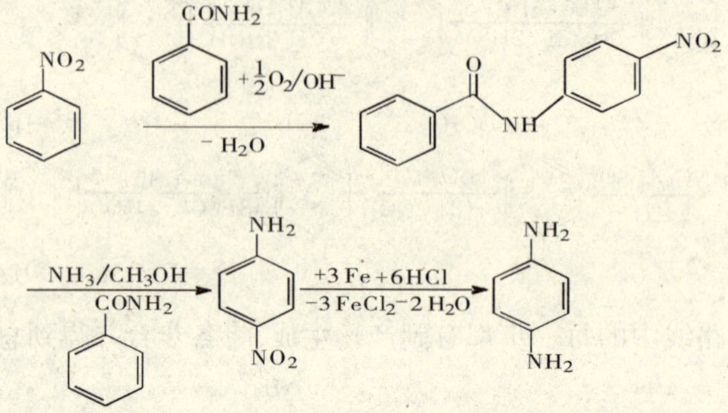

路线三反应步骤比路线一、路线二更为简洁,反应避免了强酸的使用。但通过计算可知,反应物中原子的相对质量总和为543,目标产物为108,即每生产108 g对苯二胺就会产生435 g废物,反应的原子利用率为20%。依然不理想。其总反应式如下:

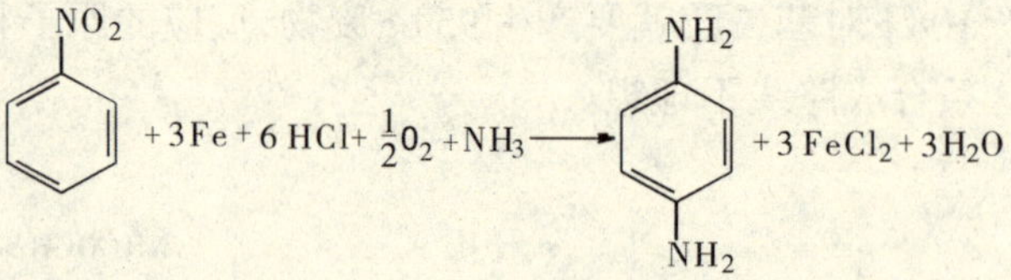

分析上述三条合成路线,对各个反应步骤进行科学的整合,我们可以得到下面的合成路线。

路线四

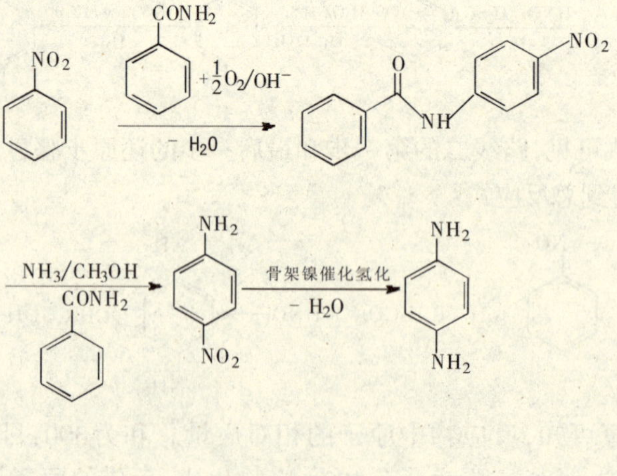

总反应式:

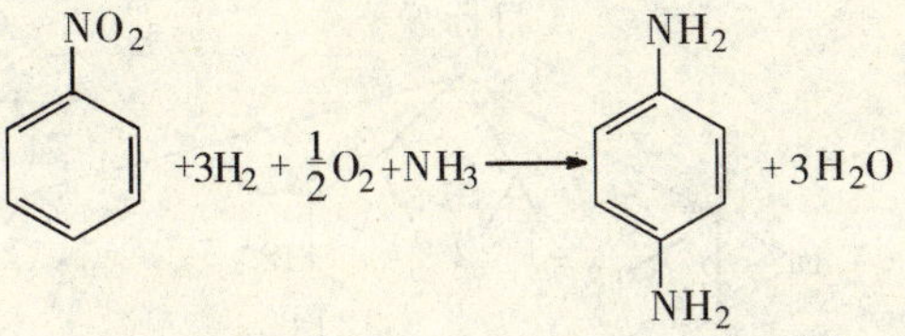

反应物中原子的相对质量总和为162,目标产物为108,即每生产106 g对苯二胺就会生成54 g废物(水),反应的原子利用率为67%。显然和前三条路线相比,路线四无论在原子经济性方面还是在试剂的选择方面都更接近于绿色化学的要求。因此,相比较而言,路线四应是最佳的选择。

这只是一个简单的例子。事实上,有机合成路线的设计与优化是一项非常复杂工作。如果按照绿色化学的原则要求,设计或寻找一条理想的合成路线所需要考虑的问题就更多,更为复杂。诸如反应的原子经济性、反应所用的原料和试剂、反应条件、能耗等需要进行综合考虑,其难度是可想而知的。由于有机合成路线设计的复杂性,早在20世纪60年代末, E.J.Corey 教授和他的学生开发出第一个计算机辅助有机合成路线设计软件,开创了计算机辅助有机合成路线设计的先河。这不仅大大节省了人力,也大大提高了设计效率。时至今日,计算机辅助有机合成路线设计的发展已趋于成熟,成为设计或优化合成路线的有效手段。

小资料　计算机辅助有机合成路线设计系统

自从1969年,第一个计算机辅助有机合成路线设计的程序OCSS(Organic Chemical Synthesis Simulation,有机化学合成模拟)问世以来,至20世纪末就有约五十个以上不同的系统被相继开发出来,其中影响比较大的有Corey等人开发的LHASA,Wipkle等人开发的SECS,Ugi开发的ERO等。

计算机辅助合成路线设计系统分为两类:经验性与非经验性系统。

经验性计算机辅助合成系统由控制程序和化学知识库构成,这个知识库存储了大量反应、反应条件、反应产物和反应机理等信息。辅助合成设计是以数据库中存储的现有有机合成反应为基础,首先根据要求确定目标产物并从目标产物出发,反推回去寻找每一步合成的原料,直至找到我们所期望的合成原料。这个逆向寻找的结果可能得到多条不同的合成路线,如下“合成树”所示:

目标分子

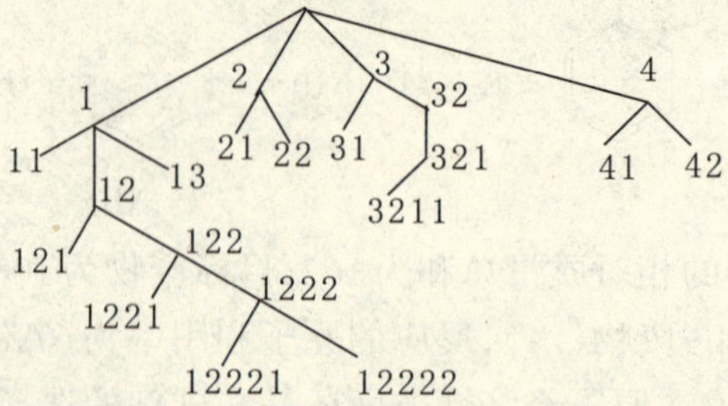

一个目标分子可以通过多条途径得到，其合成路线可以是几十条也可能是几千条。借助于计算机可以找出经济、不浪费资源、不污染环境的理想的合成路线。

非经验性计算机辅助合成系统是应用原子、价键电子、化学结构等信息建立数学模型，由计算机提出许多可能的合成路线。在这些可能的合成路线中，有可能包含一些没有实际意义的合成路线，准确性较差，但同时也包含了人们前所未知的合成路线，启发人们去发现新的反应，虽然目前仍处于实验室阶段，但其应用的潜力很大。

习　题

1.什么是化学反应原子经济性？根据下列反应计算由乙烯制备环氧乙烷反应的原子利用率。

（1）$C_2H_4 + Cl_2 + Ca(OH)_2 \longrightarrow C_2H_4O + CaCl_2 + H_2O$

（2）$C_2H_4 + \frac{1}{2}O_2 \longrightarrow C_2H_4O$

2.简述绿色化学与传统环境保护、原子利用率与产率的区别。

3.什么是环境因子？环境因子与原子利用率之间有什么关系？

4.绿色化学的十二条原则是什么？

5.什么是催化剂？和化学计量试剂相比，它有什么优越性？

6.十二种POPs是指哪些物质，简述它们的危害。

第三章　绿色化学研究与应用

绿色化学是为解决当前全球性的资源危机和环境问题而诞生的一门科学,而这些问题的出现大多与化学化工生产中的有机合成相关。因此,从科学研究层面上讲,绿色化学研究的切入点主要是有机化学反应,通过研究和探讨有机化学反应绿色化的规律,来指导和实现化工过程的绿色化。本章以化学反应为主线,着眼于影响化学反应的各种因素,介绍绿色化学的研究内容和应用实例。

第一节　绿色化学评估

依据绿色化学原理,将绿色化学的要求作为一把尺子来衡量化学反应是否绿色化及绿色化程度。尤其是,对传统化学合成路线进行重新审视和评价,搞清楚什么样的化学合成是环境友好的,是符合绿色化学要求的,这就是绿色化学评估要解决的问题。

绿色化学评估研究对象主要是化学反应过程及其相关的化学变化。评估的主要内容是化学合成效率和环境效应,主要包括资源有效利用的评估:诸如合成路线的原子经济性问题、生产的能耗问题;化学品安全性问题的评估:诸如生产的产品及生产过程所用的原料、试剂、反应介质、催化剂等所有化学品是否有毒有害,“三废”排放对生态环境构成威胁等。绿色化学评估的理论依据主要是绿色化学的基本原理,用绿色化学的十二条原则来评价化学反应过程各个环节对生态环境、人类健康等方面可能产生的影响。

绿色化学评估是一项较为复杂的系统工程,虽然其研究着眼于化学反应过程与环境的关系问题,但其牵涉面却不局限于单纯的环境问题。绿色化学作为可持续发展的化学,不仅关系到生态的可持续发展,甚至还关系到经济、社会的可持续发展等问题。所以,从这个意义上来看,绿色化学评估研究具有广而杂的特点。

绿色化学评估是一项多元化的系统工程，虽然其理论依据主要是绿色化学的基本原理，但评估的方法和手段却要涉及诸多相关学科。它不仅与化学、环境科学密切相关，还与计算机科学、数学、生态学、物理学、信息学、医学和经济学等学科密不可分。比如，化学品安全性的评估就需要涉及毒理学学科。所以，绿色化学评估研究具有多学科交叉的特点。

绿色化学评估研究是一项动态研究，这种动态特点体现在两个方面：一个是评估标准的动态性，受科技进步的影响，昨天被界定为安全的化学品，可能由于更为安全的化学品的开发，从而提高了绿色标准；另一个是评估结果的动态性，受人们认知水平的制约，人们可能一开始对某种化学品可能带来的危害没有认识到，认为是无害的，但随着时间的推移，当化学品危害性表现出来以后才被认知。例如，DDT作为获得诺贝尔奖的一项备受世人青睐的成果，在其使用20多年后其危害性才引起人们的注意。

由于绿色化学评估的复杂性、多元性及动态性，目前绿色化学的评估大多处于定性研究阶段，一般是根据绿色化学基本原理，对化学反应过程及相关化学现象进行定性评价。进入21世纪以后，许多国家成立的专业绿色化学组织开始注重绿色化学评估的研究，对某些化学过程已经研究出一系列科学的评估方法，对某些内容已经列入了定量的公式程序。但完整系统的绿色化学评估标准和科学的评估方法还有待于更为深入的研究。本书关于绿色化学评估仅就定性评价作概括性介绍，具体内容参见相关章节。

第二节　设计更安全的化学品

化学产品的危害性与其功能均取决于化学品本质特性。因此，要减少或消除化学产品在使用过程中所产生的危害，首先必须从化学品的设计入手。化学品设计者们在设计具备某种功能的化学品时，必须考虑其安全性问题。设计更安全的化学品就是要从设计源头来解决化学品对环境和人类健康所产生的危害问题。

一、化学品的功与过

据统计全世界目前已合成各种化学物质近千万种，每年新登记注册投放市场的约达千种。我国合成的化学品达3.7万种。仅从这些数字我们不难看出，化学品对现代人类生活的重要性。如果没有农药，人类将和昆虫抢粮食；

如果没有药物，人类的寿命不可能大幅度增长。

可以说我们的生活离不开化学品。这不仅表现在我们对衣食住行的基本要求上，在人类对生活必需品基本满足的今天，人们对高质量生活的追求更离不开化学品，例如满足人们更高要求的各种保健品、化妆品、家庭装饰材料等。

然而，我们在享受化学品带来各种好处的同时，也不得不承受化学品带来的危害，这其中不仅是环境污染给人类带来的危害，也有化学品本身对人体健康产生的不利影响。

首先来看看药物。几乎所有的药物或多或少地对人体产生副作用，有的已经造成了严重的危害。例如前面介绍的关于“反应停”给欧洲带来的惊恐，在那期间，世界各地大约有10 000名畸形婴儿出生，仅在德国就有5 000名(因最初美国对此药的安全问题有疑义而使得该药没有进入美国市场)。这个悲剧促使政府制定严格的法律以测定各种新药造成新生儿畸形的可能性。这些有时也被称为“thalidomide婴儿”的出现，使人们对合成化学产品的影响及其对人类意想不到的危害产生了强烈的恐惧感。

再来看看农药的危害——农药DDT的使用。DDT又叫滴滴涕，是一种广谱杀虫剂，自从1939年被瑞士化学家米勒发现后，曾在世界范围内广泛使用。这一获诺贝尔化学奖的药物，曾为农作物的增产作出了巨大贡献。然而，美国科学家蕾切尔·卡逊(Rachel Carson)女士首先注意到，化学杀虫剂的生产和应用殃及很多有益生物，包括人类自己。1962年，她发表了著作《寂静的春天》，第一次提醒世人警惕过度使用农药的恶果。“是什么东西使得美国无以计数城镇的春天之音沉寂下来了呢?”卡逊女士怀疑，DDT进入食物链，是导致一些食肉和食鱼的鸟接近灭绝的主要原因。《寂静的春天》用它深切的感受、全面的研究和雄辩的论点改变了历史进程，第一次让人类开始关注环境问题，从而推进了全球环境运动的进程。最终，美国在1972年宣布禁用DDT。我国20世纪六七十年代曾大量使用这种农药，在1983年也停止了使用。

小资料　DDT对人体的危害

DDT是有毒的人造有机物，易溶于人体脂肪，并能在其中长期积累，已被证实会扰乱生物的荷尔蒙分泌。2001年的《流行病学》杂志提到，科学家通过抽查24名16岁到28岁墨西哥男子的血样，首次证实了人体内DDT水平升高会导致精子数目减少。除此以外，新生儿的早产和初生时体重的增加也和DDT有某种联系，已有的医学研究还表明了它对人类的肝脏功能和形态有影响，并有明显的致癌作用。

蕾切尔·卡逊与《寂静的春天》

蕾切尔·卡逊是一位海洋生物学家和科普作家，1907年5月27日出生在宾夕法尼亚州泉溪镇。1958年，卡逊接到来自马萨诸塞州的一位朋友的来信，说她家后院饲养的野鸟都死了，1957年飞机在那里喷过杀虫剂消灭蚊虫。她决定收集杀虫剂，特别是DDT危害环境和健康的证据。她阅读了几千篇研究报告和文章，寻找有关领域权威的科学家，并与他们保持密切联系。在严谨求实的毒理学、生态学和流行病学调查研究的基础上，卡逊认定杀虫剂、除草剂等化学药品危及动植物生存和人类健康，是制造"寂静的春天"的罪魁祸首。卡逊不仅将化学药物的危害事实公之于众，她还质疑我们这个技术社会对自然的态度，揭示出隐藏在干预和控制自然的行为之下的人类中心主义的狭隘观念，警告人们用科技征服自然很可能会毁掉人类生存所有的必需的资源，给人类带来毁灭性的灾难。这本书问世后，化工公司、食品公司、农业部、食品与药品管理局等负有责任的政府机构以及与这些利益集团有利害关系的媒体和科研机构都对这本书表示强烈抗议，也对卡逊发起了恶毒的攻击谩骂，甚至连以捍卫人民健康为主旨的美国医学学会也站在化学公司一边，杀虫剂生产贸易组织全国农业化学品联合会（NACA）不惜耗资五万美元来宣传卡逊的错误，保护自己的经济利益。虽然阻力重重，但《寂静的春天》就像黑暗中的一声呐喊，唤醒了广大民众，也得到了一切有良知的科学家和民众的支持，美国第一个民间环境组织由此应运而生。1963年，美国总统肯尼迪在国会讨论了这本书，总统科学咨询委员会成立专门小组调查书中的结论，最终证实卡逊关于杀虫剂潜在危险的警告是正确的，美国环境保护局也由此而成立。

《寂静的春天》问世之时，美国的公共政策中还没有"环境"这一项，卡逊在她书中所提出的环境污染问题惊醒了人们。《寂静的春天》成为促使环境保护事业在美国和全世界迅速发展的导火线，推进了全球的环境运动。

还有大家所熟悉的塑料，以其特有的、金属和其他材料所不能比拟的物化性能受到人类的青睐，其应用领域也随之不断拓宽。目前，塑料在工程材料总产量中位居第二，仅次于钢铁材料。塑料制品已渗透到我们生活的各个方面，我国塑料年总消耗量已达数百万吨。包装材料是塑料消耗的第一大类产品，塑料总产量30%左右用于包装。正因为塑料产量和用量的不断增加，废弃的塑料垃圾也日益增多，其结果是在天空中、陆地上、海洋中……我们生活的各个角落都充满了塑料，给环境带来了严重的污染，这个曾被喻为"白色革命"的塑料却制造了今天的"白色污染"。

由上所述可见，化学产品给人类生活的改善和提高作出了巨大的贡献，同时,也对人类的生存造成了危害。如何让化学品既能为人类服务,又避免给人类带来危害,这是绿色化学所关注的问题。要解决这个问题,首先要搞清楚什么样的化学品是安全的。

二、化学品安全性评估

(一)为什么要进行化学品安全性评估

绿色化学要实现在源头上消除污染,化学品本身的安全问题是关键。因为无论是化工生产所用到的原料及各种试剂,还是其生产的产物、副产物或废物都是化学品,所以如何来衡量一个化学品的安全问题是十分重要的。那么什么样的化学品才是安全的呢?这就要涉及对安全化学品的评估问题,这也是绿色化学评估的核心问题。通过评估来指导化学品的设计、生产和使用,使化学品的危害程度降到最低直至不产生危害。

传统化学品设计更多关注其某种功能的需求。例如,很多人喜欢颜色鲜艳的服装,所以化学家们就设法研究相关颜色的染料,以满足人们的需求。那么什么样的分子结构具有这样的功能呢?化学家们利用芳香胺合成了一类可分解芳香胺染料,这类染料以其颜色鲜亮艳丽、色彩持久、色牢度高等优点,曾受到人们的青睐。然而,这类染料却有致癌作用,用了这类染料的服装在与人体接触的过程中,不可避免地会被皮肤吸收,轻者会出现头疼、恶心、疲倦、失眠、呕吐、咳嗽等不良症状;重者则会导致膀胱癌、输尿管癌、肾癌等恶性疾病。同样道理,如果要得到一种有效的杀虫剂,分子结构也应与此功能相符,DDT是高效的杀虫剂,由于设计者当时更多是关注其杀虫效果,以至于20多年以后才发现其危害性。而绿色化学要求化学家在设计化学品时,不只是关注其功能,也要关注其可能产生的毒性。我们所需要的是一个不会致癌的红色染料或一种对人类健康和生态环境不产生危害的杀虫剂。

(二)化学品安全性评估

如何来确定某种化学品的安全性,这是一个很复杂的问题,但通常我们可从总体上来把握,即依据绿色化学的十二条原则确定其安全性。安全的化学品应该满足两个条件,其一,产品在使用过程中不会引起环境或健康问题,包括对一切生物都不构成危害;其二,当产品使用后,应能再循环或易于在环境中降解为无害物质。化学品的安全性我们可以从以下三个方面来考察。

首先我们来讨论化学品对人体的安全性。以药品为例,俗话说“是药三分毒”，当一种药物进入人体以后，在杀伤有害细胞的同时，也可能会对正常细胞有所损害，即通常所说的药物的副作用。大多数情况下，和治疗效果相比较，这种副作用并没有造成严重的危害。如果我们掌握了该药安全剂量，这样的药物我们认为是可用的。但如果有另一种具有同样效果的药物，其副作用要小得多，那么绿色化学评估的结论是后者比前者更可取。

对于一般化学品而言，假设有化学品A和B，对人体产生不同程度的危害，如表3-1所示，我们以此为例说明绿色化学对化学品的评估。

1.毒性危害效力

毒性的危害效力是评价化学品优劣的一个标准。

表3-1 毒性效力对比

化合物	毒性	危害浓度	毒性效力
A	会导致眼睛失明	10 ppb	完全失明
B	会导致眼睛失明	10^6 ppb	完全失明

由表3-1可见，化合物A和化合物B的毒性作用是一样的，均能引起人的眼睛失明。但是，和化合物A相比，在引起眼睛失明的毒性危害效力上，化合物B要比化合物A弱十万倍。因此，在所有其他的因素都相同的情况下，对其进行绿色化学评估，显然化合物B优于化合物A，化合物B更安全更可取。

2.毒性危害程度

我们不仅需要考虑化合物毒性危害效力的大小，而且要考虑到达作用点时的危害程度。

表3-2 毒性危害程度对比

	A 毒性	B 毒性
100 ppm	催泪	神经/中枢神经系统受到破坏
>100 ppm	不停流泪	神经系统继续受到破坏

由表3-2可见，化合物A和化合物B均会产生毒性，区别在于毒性的作用点不同，危害的程度也不同。在所有其他因素都相同的情况下，对其进行绿色化学评估，化合物A比化合物B更可取。因为，神经/中枢神经系统的破坏比起催泪作用的危害要严重得多。

3.毒性可消除性

有些物质其毒性很强烈，但却是可以消除的，呈现出毒性的可逆性，与其相反，有些物质毒性虽不是太大，却是无法消除，呈现出不可逆性。

表3-3 毒性可逆性对比

	A 毒性	B 毒性
≥10 ppm	严重呼吸困难	严重呼吸困难
<10 ppm	呼吸困难消失	呼吸困难不消失

由表3-3可见，两个化合物的毒性作用的效力相同，并具有相同的毒性作用点和作用临界点，唯一的区别是可消除性。在所有其他的因素都相同的情况下，对其进行绿色化学评估，化合物A比化合物B更可取，因为化合物A的毒性作用是可消除的。

综上所述，从对人体毒性作用的角度，评估化学品主要考虑三个因素：毒性危害的效力、毒性危害的程度和毒性的可逆性。这些因素中的任何一个都可能会严重地加强或减小某一化学品的危害程度，在设计更为安全的化学品时，这是必须要考虑的因素。

评估一个化学品的安全问题不仅仅针对人类而言，还必须考虑其他物种，要考虑对于野生生物的影响。但这里存在这样的困难，人类尽管有白种人、黑种人和黄种人之分，差异却不大，从物种分类的角度看，人依然是一种物种。而野生生物就不同了，有天上飞的、地上跑的和水中游的，千差万别，有植物也有动物，其物种数量非常之庞大，我们不可能对所有的物种进行逐个评估，那么如何来解决这个问题呢？通常所采用的策略是总体把握，具体分析。首先是利用已知相关信息推测未知信息，从总体上把握化学品对野生生物的影响。具体方式是，利用人类已经拥有大量有关化合物的毒性数据，这些数据主要源于动物实验。这个庞大的数据库为人类提供了成千上万的化学品对不同物种产生毒性作用的毒性数据，有了这些毒性数据，人们可根据构效关系理论（构效关系通常指化学品的化学结构，包括基本骨架、立体构型、活性基团、侧链长短等与作用机理之间的特定关系）进行有关构效关系的模型研究，旨在把做过动物实验的化学品外推到尚未做过动物实验的化学品上，从而把一系列没有毒性数据但其结构与已有毒性数据的化学品相似的化学品(比如同系物）联系起来，最终预测出结构相似化学品可能产生的毒性。有了这些毒性数据，我们可从总体上来评估化学品对野生生物的影响。其次对一些具体情况可作具体分析，因为有时候会出现比较复杂的情况，其中一种情况是不同的化学品其产生毒性的对象不同。比如，当化学品A对物种A_1产生毒性作用，而另一种化学品B却对物种B_1产生毒性作用，那么我们如何来对这两种化学品进行安全性评估呢？这就需要进行综合考虑，不能简单下结论。假设化学品A对某种濒临动物有毒性作用，而化学品B只对某种一般性动物有毒性作用，如果在其他一切综合影响因素均相同的情况下，显然我们认为化学品B优于化学品A。另一种情况是有一些化学品单独使用时对人类和野生动植物没有不良影响，但当它们混合在一起使用时就可能产生毒性作用，尤其是药物，这是在评估化学品安全性时不可忽视的问题。

最后我们还要考虑化学品对生态环境安全性的影响。化学品对环境的影响也是一个复杂的问题，这种影响可能是局部的，也可能是全球性的，这种影响有可能只表现在对环境的危害，而对人类和野生生物却没有直接的危害。比如化石燃料燃烧释放出的酸性气体所引发的酸雨对环境的影响就表现在对局部环境的危害，而人类使用的氟氯烃对臭氧层的破坏所造成的危害就可能是全球性的。这些引发环境问题的化学品如氟氯烃、温室气体等就其在大气中的浓度而言，对生物是安全的，但最终这些化学品会通过危害环境而对人类和野生生物产生间接影响。因此，我们在评估化学品是否安全时，要将上述这些因素综合起来考虑。

事实上，如果让所有的化学品既具有所需要的功能，又丝毫不产生危害，这是个理想目标，也是化学家们奋斗的目标。我们对化学品进行评估，更多是对其相对安全程度的一种衡量，目的是让我们设计或在比较的基础上选择更为安全的化学品。

需要说明的是，这里讨论化学品安全性的评估问题，实际上只是对化学品相对安全程度的定性评价。我们应明确，对所有化学品安全程度的定量评估需要建立一个什么样评估指标体系，如何来量化这个指标体系，采用什么样的评估方法和技术等一系列问题，需要涉及诸多相关学科的基础理论、研究方法和先进的技术手段。

三、设计更安全的化学品

(一)设计更安全化学品含义

首先，就安全化学品的设计目标而言，设计更安全化学品就是化学家们在分子水平上，对化学品结构进行调控和修饰，以使其功效达到最大程度，毒性降到最低程度。这不仅是指设计新的化学品，也包括对已知某种功效的有毒化学品进行结构修饰或重新设计。

其次,就安全化学品的设计思路而言,不仅要关注其功效也要关注其安全性。很久以来,化学家更多关注的是化学品的功效,设计新分子或对已知分子进行改造主要是围绕其功能进行,追求的目标是得到期望的功效或得到最佳功效。而绿色化学要求化学家在设计化学品时,不仅仅要考虑其功效,还要把化学品的安全性问题纳入设计思路中,即"设计的化学品应在保护其原有功效的同时尽量使其无毒或毒性很小"。就化学品的功效和安全性而言,可能存在三种情况,其一,功效和安全性都达到最佳,这是最理想的状况,也是化学家设计化学品所追求的最佳目标;其二、功能最佳,安全性不能保证,这是在传统化学品设计中常出现的情况,是不符合绿色化学要求的;其三、功效和安全性达到一定程度。这就要求设计者权衡利弊,在保证化学品必要的功效同时,尽量将其毒性降至最低,不能为求得化学品的最佳功效而忽视了其安全性。

第三、就化学品本身而言,安全是一个相对的概念。这个"相对"的含义可能有多方面,可能相对于有同样功能不同化学品,他们的安全程度也不尽相同。比如同样具有广谱抗菌作用的两种不同的抗生素A和B,对于人体来说,其毒性作用不同,所以其安全程度也不同,A可能比B更安全。此外,也可能同样化学品由于作用不同对象,其安全程度也不同。比如,同样是抗生素青霉素,用于不发生过敏的病人身上相对是安全的,但对于青霉素过敏人群来说,它就是不安全的。对人体没有危害的化学品,可能对环境造成危害。此外,过去被界定为安全的化学品,现在不一定安全;同样,现在被界定为安全的化学品,将来也不一定是安全的。因此,我们可能很难确定一种绝对安全的化学品,但我们可以根据已有信息,设计出比已知化学品更为安全的化学品。

(二)设计更安全化学品的依据

在设计一个化学品时,化学家们如何知道这个化学品是否安全,依据是什么呢?总体来说主要依据两方面,一方面是理论依据,主要是构效关系理论;另一方面是实验依据,主要是现有的大量的动物毒性实验数据或信息。现在的化学家能够通过分子结构的有关知识,比较准确地确定化合物的特性,并已发展了一些可行的估计和测量化学品性质的方法。而毒理学家和药学家也已开发其他有效工具,利用化学结构知识来表征分子的毒性,使得人类对化学毒性有了更深的认识,也使安全化学品的设计有据可寻。

无论对新设计的化学品,还是对已知化学品的再改造,都要求化学家们要了解某种化学品的分子结构是如何实现其功效的以及对人类健康和环境可能引起危害机理或危害结果，然后通过对分子结构的调控和修饰，既保证化学品的功能得到最大的发挥，又使其危害程度被降到最低。

前一节已阐述，设计更安全的化学品要考虑毒性作用的效力、毒性危害程度和毒性的可逆性等三个因素。当然，要消除化学品对人体的这种直接危害，最好的办法就是不让其接触人的机体。但是，如同药物一类的化学品是无法避免地要进入人的机体，那么化学家的任务就是在设计它们时，要求它们对机体内正常的生物化学和生理过程不产生有害的影响。无论是人体还是其他生物都是有生命的，由于生命机体具有复杂性、多样性和动态性的特征，这对科学家们是一个严峻的挑战。作为化学品分子的设计者，就需要掌握更多的关于分子化学结构与其生物效应之间的信息，这类信息掌握越多，对设计化学品的安全性就越有把握，这些信息也能帮助设计者寻求设计安全化学品更为有效的方法。如果弄清了物质对人体和环境作用机理的细节，就可以改变分子结构，使毒害反应不再发生，从而减少毒性。通常化学家们需要的毒性实验数据应包括如下三方面相关信息：

1.化学品分子毒性作用的机理或毒性程度

就一种具体的化学品来说，这个信息告诉我们某种化学品有没有毒性或毒性程度，其毒性作用是如何产生的，具体的细节如何等信息。就大多数化学品而言，人们正是依据大量的动物实验毒性数据，通过长期的研究，总结出了化学品（主要指药物）对机体毒性作用的一般规律，主要有以下几个方面：

（1）化学品使机体氧的吸收、运输和利用受到抑制。氧是维持机体正常生命活动的必需物质。有些众所周知的有毒气体，其毒性正是由于它们干扰了机体的需氧生理过程所致。比如一氧化碳中毒事件时有发生，一氧化碳的毒性作用正是源于其极易与具有携氧能力的血红蛋白结合，从而使血红蛋白丧失携氧能力。

（2）化学品抑制机体酶系统活性而产生毒性作用。生命活动中的消化、吸收、呼吸、运动和生殖都离不开酶的作用，一旦酶系统受到干扰，必然会影响机体的正常生理功能。

（3）化学品对组织细胞结构的毒性作用。有些化学品对机体的毒性首先并不引起细胞功能的改变，而是直接损伤组织细胞结构。比如很多化学品会对肝脏造成损害，在这种损害没有达到一定的程度之前，肝脏仍能保持正常的功能。所以，肝功能指标正常并不一定表示肝脏没有受到损害。

（4）化学品干扰代谢功能。有些化学品对机体的代谢过程可产生多种影响,使相应的生理功能受到损害,这是化学品呈现毒性作用较为常见的。

(5)化学品影响免疫功能。化学品对机体免疫功能的影响可表现在两方面:一方面可能产生免疫抑制作用,从而影响机体正常免疫功能;另一方面可能出现超出寻常的免疫反应,这些过强的免疫反应,可对机体产生程度不同的损害,重者可危及生命,比如青霉素过敏就属这类情况。

这些规律为化学家们提供化学品产生毒性可能的途径,无疑能帮助化学家们在设计化学品时能更好地做到有的放矢。

2.化学品分子物理、化学性质及相关的参数

这些相关的参数会直接体现化学品的毒性作用。比如,一个化学品的水溶性和脂溶性参数就体现该化学品是否能够透过人体皮肤进入血液而产生毒性。

3.与某种化学品分子有相似结构物质的相关信息

根据结构理论和构效关系理论,结构相似,其性质就相似,而性质相似,就可能产生相似的生物活性。因此,我们可以通过已知毒性实验数据分子的毒性去推测与其结构相似的未知分子可能产生的毒性,这对我们设计安全化学品是非常重要的。

总之,对一种化学品毒性方面的细节知道越多越详细,在设计一种更安全的化学品时可利用的选择就越多。目前,化学品对人体的毒性已被广泛测定,并已经拥有了庞大的数据库,数据库中记录了大量的有关物质对人体引起毒害程度的信息资料,这为安全化学品的设计提供了有利的条件。

对环境污染而言,化学工作者还必须考虑分子结构与分子释放于环境后的行为关系,即降解后的结构变化,在空气、水、油中的分散性和在环境中可能引发的有害效应。众所周知,某些物质的使用会对环境造成有害的变化,尽管这些物质本身对人类或野生动物的健康并没有毒害,但是从它们对改变环境的整体效果看,影响却是很明显的。由化学品引起的环境改变可以表现在很小的范围,如一个小池塘或小溪,也可以是整个地球。

如前面我们说到的酸雨问题,主要就是氮和硫的氧化物会释放到大气中所形成的结果,而这个结果会造成池塘和湖泊中水生生物和植物的大量死亡。我们知道,在相同的条件和浓度下,这些氧化物并没有毒性作用。如果说酸雨对环境的影响导致植物群和动物群的死亡是一种间接的毒性作用,CO_2和其他温室气体的排放引起的却是全球气候的变化——全球变暖。可以预料,如果对气温的增加置之不理,将会带来极其严重的危害。同样,CO_2本身对所有的物种都是无害的,而且对植物的生长也是必需的,然而因大气中

CO_2的积累导致的间接影响却是很大的。

关于化学品对环境影响的问题,更为严峻的挑战在于一种新的化学品在其使用过程中,可能对环境尤其是全球这个大环境有什么样的危害,人类还很难预测,但至少人类已注意到了已经发生的环境问题,这在客观上为化学家们设计更安全化学品提供了可供参考的信息。

综上所述,化学家们在设计安全化学品时需要有大量已知相关信息作为依据,并对之进行综合考虑。如果能在已知信息的基础上建立分子结构与相应的生物效应或环境效应的数学模型,充分发挥计算机辅助设计的优势,这无疑对设计出既能保持分子具有我们要求的使用功效,又能避免其对人类、对环境产生有害生物效应和环境效应的安全化学品有巨大帮助。

(三)设计更安全化学品方法

当我们掌握了化学品毒性的有关信息后,化学家们要做的就是对有毒分子进行调控或修饰,以尽可能地减少吸收、消除毒性。我们知道药物是一特殊的化学品,直接进入人体,因此如何让一种药物发挥最大疗效,达到最低的副作用或无毒副作用,这一直是制药行业研究方向。而今绿色化学提出的设计安全化学品,实际上是将药物安全性问题推广到所有化学品,把化学品毒性研究从制药领域推广到整个化学领域。因此,更安全化学品的设计方法可以借鉴药物设计的一些思路。具体到某一种化学品采用什么方法,主要是取决于我们所掌握该化学品分子毒性相关信息情况。比如,对这个化学品分子的毒性机理、毒性程度我们是否知道或知道多少等。下面就根据对化学品毒性信息掌握的情况分别讨论设计安全化学品常用的方法。

1.已知毒性机理与相关分子设计

所谓毒性我们可以延用毒理学的界定,即指某种化学品对生物体的易感部位产生损害作用的能力。从微观层面上看,实际上就是化学品分子与生物体内的生物分子发生不良作用的结果。知道了其毒性机理,实际上就是搞清了这种作用是通过什么途径发生的、是如何发生的,这样我们就可以实施人为干涉,设计出不发生这种毒性作用的化学品。

通常,有些化学品在生物体系(如人体或环境)中是完全惰性的。但是,大多数化学品都具有某些生物活性,这些生物活性对机体来说,可能是正面的,比如食物、营养素、维生素和其他使生命得以维持的大量有益的化学品;也可能是负面的,比如铅、汞、甲醛等对机体有害的化学品,当它们被引入人体或生态体系时,会引起毒性作用。每一个化学品都有引起毒性作用的途径。如果我们对于引起毒性作用的机理了解得越多,就越能够了解怎样设计化学品以避免或减少毒性作用。

一个化学品的毒性作用可以是直接也可以是间接引起的。直接毒性是指有毒化学品引起正常细胞性质改变的属性，通常由分子的部分结构引起的，是化学品本身固有的毒性；而间接毒性是化学品本身没有毒性，由于其分子的某种特殊结构，使之在代谢过程中产生对人体有害的产物或衍生物。但无论是直接还是间接的作用，化学品的毒性都是由于其分子与机体的生物分子相互作用而导致。这个过程可用示意图3-1来表示：

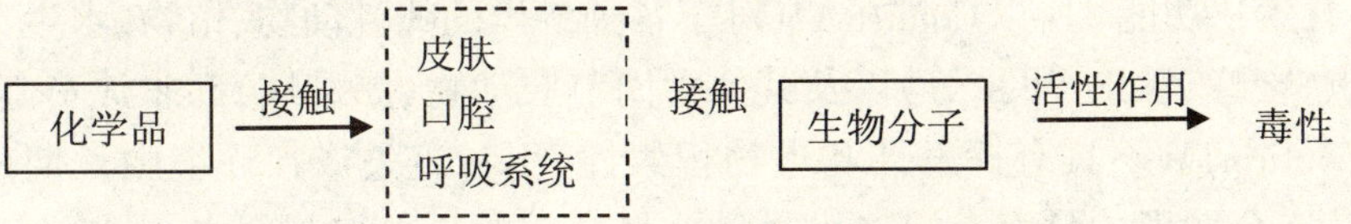

图3-1　化学品与机体作用示意图

这种毒性作用的程度与接触程度、生物吸收性和它引发的生理学过程在生命体内的重要性有关，也与化学品本身的结构和性质有关。药学研究表明，研究导致毒性作用的关键步骤可以更加明了引发毒性的机理，从而能避免毒性作用。一旦了解了毒性作用的机理，化学家在设计分子时就可以有多种选择，以使化学品本身具有很小的危害。我们可以通过下面的例子来加以说明。

众所周知，多数腈类化合物由于会释放氰化物而对生物系统产生毒性。依据我们所掌握的有关数据，知道氰化物的形成源于这样一种作用机理：首先在氰基的α位形成一个自由基，然后，氰基从分子中断裂，引发了最终的毒性作用。由此可见，这里关键步骤是α位自由基的形成，因此，如果要消除有机腈化物的毒性，就必须阻止这个α位自由基的形成。我们可以通过在α位上引入一个取代基甲基（如图3-2），就可抑制了α位自由基的形成，阻止氰基释放，毒性作用就不能发挥了，这样的腈化物就是非毒性的了。

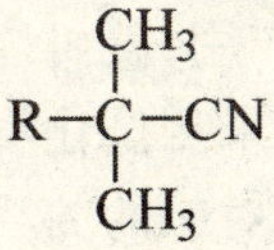

图3-2　引入取代基阻断自由基形成

这个例子是通过分子结构改变减轻化学品的毒性能力，结构变化消减了毒性作用的发挥，但没有牺牲分子功能基团的功效。事实上，只要搞清楚化学品的毒性作用机理，通过干涉其毒性引发途径，均可以阻止其毒性作用的发挥。此外，也可以利用毒性作用机理来设计对人体和环境都没有危害的杀虫剂。

比如,由美国罗姆-哈斯(Rohm & Haas)公司开发的一类新的杀虫剂——二酰基肼,其中有一种杀虫剂ConfirmTM,专门对付鳞翅目害虫,其杀虫机理非常独特,它是通过模仿在昆虫体内发现的叫做20-羟基蜕化素的物质而起作用的。这种蜕化素能诱导昆虫提前脱皮(脱皮阶段不能进食)并调控昆虫的生长。鳞翅目害虫食用ConfirmTM后,其脱皮时间会提前,其过程会延长,几小时内它们就会因停食、脱水而死亡。由于20-羟基蜕化素对许多节肢动物不具有生物功能,所以ConfirmTM对于各种各样的哺乳动物、植物、水生动物、益虫(蜜蜂、瓢虫、甲虫等)以及其他食肉节肢动物(如蜘蛛)都非常安全。此外,ConfirmTM不具有挥发性和生物积累性,不易流失或在环境中长期残留,它是迄今发现的最安全、最具选择性、最有效的昆虫控制剂之一,对人和生态系统没有明显的危害。因此,该成果获得1998年美国"总统绿色化学挑战奖"的设计更安全化学品奖。更为重要的是,这种杀虫机理也为未来杀虫剂的设计提供了一条新的思路。

2.已知构效关系与相关分子设计

前面说过,大多化学品在生物体内可产生生物效应。对于药物来说,其正面的生物效应就是我们所需要的药效,其负面的生物效应就是药物的副作用,也就是我们说的毒性。无论是药效还是毒性都属生物效应,这种生物效应的产生与其本身的分子结构相关。不同结构可引发不同的生物效应,即化学品的分子结构与其活性之间有着相互对应的关系,也就是我们所说的构效关系。明确化学品的毒性机理,对设计安全的化学品固然非常重要,但是要想搞清楚每一种化学品在机体内是如何发生毒性作用的却是件困难的事。事实上,动物毒性数据所提供的更多的是化学品的某种结构可能产生的毒性效应,即构效关系,而不是具体过程,这些构效关系揭示了许多普遍性的、规律性的信息,对我们设计更安全的化学品是非常有意义的。比如,如果知道化学品的某种结构会产生毒性作用,就可以通过结构与活性的关系,弄清一类结构相似化合物的毒性,推测未测试化学品的毒性,即使对一个化学品分子的作用机理是未知的,这种相对应的关系也可以获得。因此,尽管对毒性和结构修饰之间有对应关系的原因不清楚,知其然而不知其所以然,但"它们确实有对应关系"这个事实完全能够帮助化学家设计出危害极小或没有危害的分子,即利用构效关系设计新的化合物减轻某种毒性效应。我们看下面的例子:

例1　壬基酚聚氧乙烯醚结构与毒性的关系。

壬基酚聚氧乙烯醚的结构式如下：

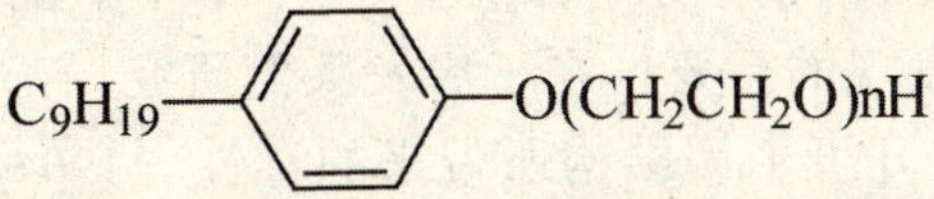

壬基酚聚氧化乙烯醚是烷基酚聚氧化乙烯醚（APEO）中的一种。这类非离子表面活性剂是产量居全球第二的非离子表面活性剂，广泛用于家用清洗剂和工业乳化剂、润湿剂、油剂等。从开始应用到现在，全球已经排放了近10 t。壬基酚聚氧化乙烯醚降解后会生成壬基酚，其结构式如下：

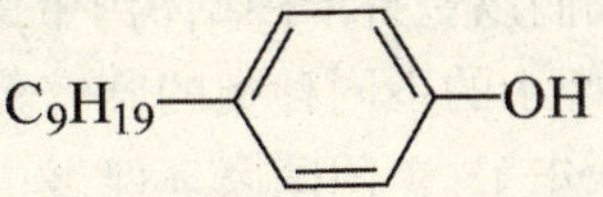

近年来，人们才逐步明确这种降解产物壬基酚具有雌激素活性，会干扰水生生物、两栖动物和哺乳动物的生殖系统。从1986年开始，烷基酚聚氧乙烯醚已陆续被德国、英国、中国和欧盟限用。由于其引发的毒性与烷基酚的结构有关系，为减小其毒性，又能保持其应有的功效，化学家们改变了其结构，用脂肪醇聚氧乙烯醚（FEO）来取而代之（结构式如下式），从而避免了壬基酚的产生。

$$R-O(CH_2CH_2O)nH$$

例2　可卡因结构与毒性的关系。

临床最早使用的局部麻醉药是从南美洲古柯树叶中提取的活性成分可卡因，它是一种生物碱晶体。可卡因结构式如下：

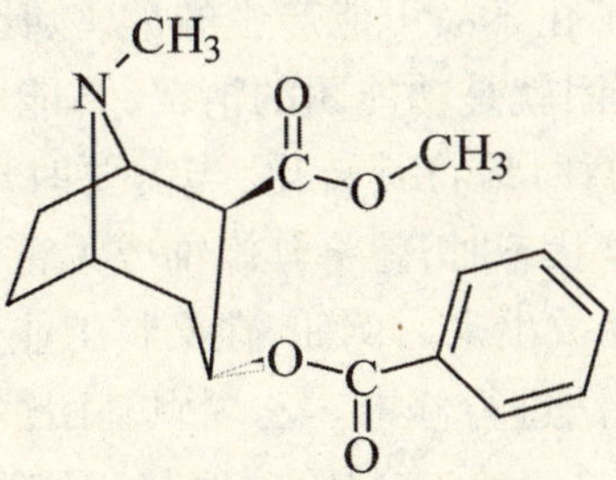

1884年，可卡因作为局部麻醉药被正式应用于临床。但是，由于在使用过程中发现其具有成瘾性及其他一些毒副反应性质，如致变态反应性、组织刺激性及水溶液不稳定性等，其应用便受到了限制。因此，人们为了寻找更好的局部麻醉药，开展了对可卡因的结构研究。经过剖析和研究发现，在可卡因的结构中能够起到麻醉作用的关键是苯甲酸酯。认识到可卡因分子中苯甲酸酯的重要性后，便开始了苯甲酸酯类化合物局部麻醉作用的研究。此发现的重要性在于启发人们研究局部麻药完全可以抛开可卡因的结构，避开可卡因结构所带来的毒性。1904年人们合成了局部麻醉作用优良的普鲁卡因，其结构式如下：

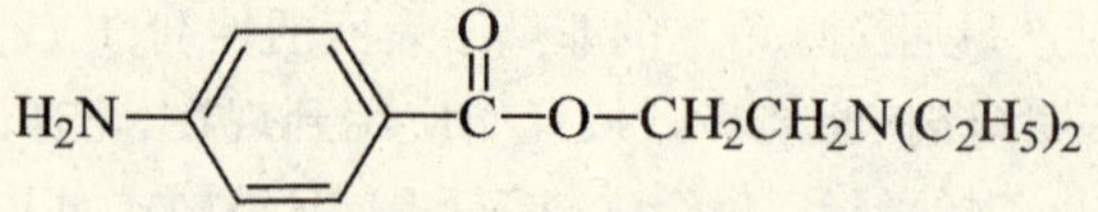

同样，依据构效关系，人们以普鲁卡因结构中的对氨基苯甲酸酯为基础，合成了许多药效好、毒副作用小的不同种类的麻醉药物。药物化学家利用构效关系来设计新药已有几十年了，美国国家环保署也利用构效关系来推测新的、未测试的化学品的毒性。这方面的工作在化学界越来越受到重视，从以上例子可以看出构效关系知识对安全化学品设计的重要作用。

3.官能团替代(或掩蔽)法与相关分子设计

当一个化学品的危害性作用机理未知，其构效关系也无法确定。我们在设计更安全化学品时，可以采用不安全因素的排除法，比如，我们知道某种化学品会产生危害，可以把这种化学品中与功能没有关系的官能团作为不安全因素排除，以消除或减小毒性。相反，若该官能团是与化学品的功效有关，即是一个功能团，则可通过将其转换成危害性小的形式以降低其使用过程中可能产生的危害。

我们通常根据不同的情况采取不同的办法。针对化学品中官能团与化学品功效无关这种情况，可直接用不产生毒性的官能团取代之，这样既不影响化学品的功效，也消除了化学品可能产生的危害，比如上述可卡因毒性的消除。针对化学品中官能团就是功能团的情况，不能取而代之，则可掩蔽可能产生毒性的功能团，而暂时地将其转化，当需要时再将功能团释放出来。比如，当这种物质处于暴露状态时，就将其修饰成无害的，当它被安全地被装入容器后，再将其功能团释放出来。例如，在染料工业中，对于含有乙烯基砜基团的分子常采用这种方法进行修饰。乙烯砜基团往往被安插到具有反应性能染料的分子中，其目的是允许染料等价地结合到纤维上而不被洗掉。当毒性数据表明乙烯基砜基团对人类有害时，染料生产者就将乙烯基砜基团掩蔽成为乙烯砜硫酸酯。乙烯砜硫酸酯大幅度地降低了乙烯基砜基团的危害，保证它在不暴露于人类和环境时才被再生出来。虽然这种掩蔽方法降低了功能基团的毒害作用，但是这个过程产生了最终将成为废弃物的化学衍生物。这是不符合绿色化学原理的，所以这项技术在绿色化学分析中评估不会很高。但在没有其他更好的办法时，必须权衡利弊，尽量选择危害性小的办法。显然，如果没有办法消除有毒化学品的使用，那么对其主要致毒官能基团进行掩蔽不失为一种较好的选择。

4. 生物利用度最小化与相关分子设计

这里所说的生物利用度是指化学品被机体吸收利用的程度及速度。显然，如果不是药物，我们希望其生物利用度越小越好，这样对生物的危害性就越小。不管一种物质是如何有毒，它必须能够进入生物体内才能起破坏作用。在对一种物质是如何引起毒性或者这个分子中的哪个功能基团引起毒性缺乏了解的情况下，减少或阻止化合物进入生物体的可能性是一个经常被用来降低毒害的途径，目的是使这种分子具有最小的生物利用度。减少生物利用度可以有两种方式：

其一是阻止或减少有毒化学品进入生物体。我们知道，分子可以通过多种途径（例如呼吸、皮肤或膜传送）进入生物体内，引起毒性。化学品分子能否通过这些途径进入机体，与化学品颗粒的大小有直接的关系。利用这些知识，化学家就能够设计出这样的分子，使之不能或很少进入生物体内。

如果当一个聚合物要进入呼吸系统，其粒径1~10μm才是可呼吸的。为此，化学家可以将聚合物颗粒设计得足够大（例如大于10μm），使它们成为不可呼吸的，也就不可能通过呼吸进入生物体内，那么这个聚合物就缺乏生物利用度，所以也不会导致所担心的毒性的产生。

对于从皮肤进入人体的物质也有类似的限度。如果要穿过表皮，化合物需要具有一定的溶解性，化学家们可以通过物理、化学性质调控，就可以大大降低分子穿透表皮膜的能力。同样，由于该物质不能进入生物体系，也就不能表现出原有的毒性，其生物利用度自然也就小了。

其二是利用人体自身代谢，减少危害。对于口服药物这样的化学品，免不了要进入人体，如何使其在不影响疗效的情况下，减少其副作用呢？我们可以着眼于机体的代谢。比如机体具有这样的酶系，可以把亲脂性化学物质转化为亲水性、容易排泄的物质。因此，我们可以通过体内代谢，将脂溶性物质转化为水溶性物质来降低其危害。

我们知道，药物进入人体后，需要经过一系列的化学反应，也就是我们所说的代谢。这个过程分为两步，第一步代谢我们称之为一相反应，指药物发生氧化、还原或水解反应；第二步我们称之为二相反应，指药物分子或一相反应生成的代谢物与体内的物质结合，发生结合反应。一般情况下结合反应具有在生物活化和解毒反应的特点，因为结合后的产物大多是生物非活性的，如果这些结合产物便于机体排泄，无疑会减少其危害。

因此，我们可以依据机体代谢机理，设计具有生理活性的、治疗上十分有用的、在人身体内完成作用后很快转化为无毒物质的药物。

例1　盐酸十六烷基吡啶，其结构式如下：

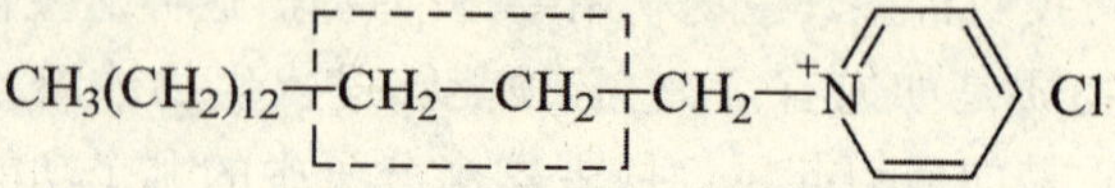

它是有效的防腐剂，但同时对哺乳动物有严重的毒性。以盐酸十六烷基吡啶为基础线索，设计出新的化合物，使得该物质在防腐作用的重要结构特征保持不变的同时，进行某些分子结构修饰，使新物质能很快代谢为对哺乳动物毒性小得多的物质。目前研究得到的新物质，其结构式如下：

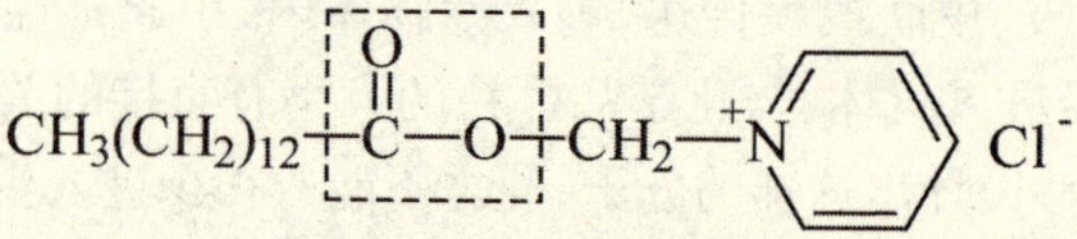

由上式可见，该新物质保留了原分子中的功能团，而用 $-\overset{\overset{\displaystyle O}{\|}}{C}-O-$ 取代原分子中的 $-CH_2-CH_2-$ 基团，这样得到新分子的侧链仍为16个原子。新分子在血液中能很快地代谢分解为吡啶、甲醛及十四碳酸，这几个物质的毒性均较小，而新分子在防腐方面的物理、化学性质却与原有的分子相当。

这种利用人体自身代谢，减少危害的方法不仅用于药物的设计，也可用于设计其他化学品。

5. 寻求有毒化学品的替代物

有些有毒化学品的功能是完全可以由其他无毒的化学品来替代的。我们知道，结构相似的化合物，有相似的性质。因此，在设计安全化学品时，我们也可以完全抛开原有物质，而寻找另一类化学物质来完成它们的功能。前述的几种方法都是着眼于分子本身结构及分子在生物体内的行为方面，如何修饰分子的结构，以使分子保持固有功能的同时，又不产生毒性呢？当分子修饰无法解决我们面临的困境的时候，寻求替代物不失为一个有效的方法。这也是一种更具吸引力的方法，事实证明也是可行的方法。

例1　用磺化二氨基-N-苯甲酰苯胺代替染料中的联苯胺。

联苯胺及类似物质常作为染料中间体用于合成染料，这类染料具有色质好和染色快两大优点。但当发现这类物质有很强的致癌作用并禁止使用以后，联苯胺类染料的代用一直是染料工业的重要课题。首批禁用染料为118种，其中直接染料为77种，占65.2%，而联苯胺及其衍生物占禁用直接染料总数的93.5%。因此，联苯胺类染料中间体的代用品研究开发更为迫切和重要，许多研究者均想找到具有相同染料特性，但又不致癌的替代品。最近发现，可用磺化二氨基-N-苯甲酰苯胺代替联苯胺用于染料合成。其结构式如下：

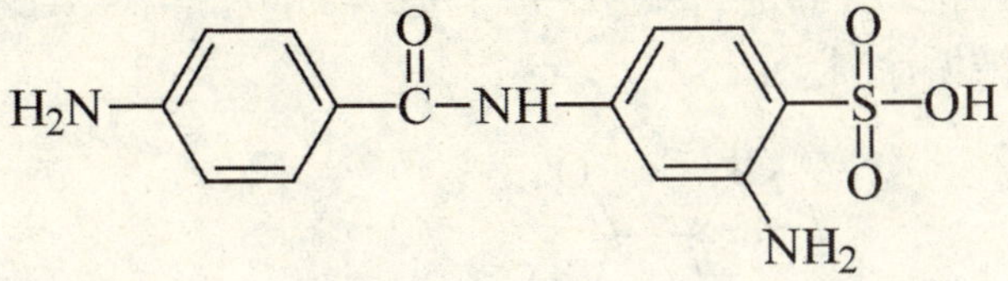

由于有磺酸基存在，增大了该物质在代谢过程中的水溶性，可直接排泄，从而大大降低了危害性。

6.考虑辅助物质的毒性

有些化学品其本身并不具有毒性或毒性较小，但是，却需要和有毒的物质相结合才能发挥其功能。比如说，如果一个无毒的化学品只有溶于一个有毒的溶剂才能被使用，那么，尽管毒性是间接产生的，但却由该化学品的使用而引起的。多年来，各种涂料就属于这种情况。也就是说，涂料需要采用有机溶剂，才能发挥其功能，而这些有机溶剂大部分是挥发性的且有潜在的毒性，造成空气污染，危害人体健康。考虑到这些潜在的毒性，化学家已经设计了基于水相或其他非挥发性溶剂的新型涂料，这种涂料不必使用挥发性的有机溶剂，但却具有相同的性能。此外，采用超临界液体来替代有机溶剂也是一个好办法。

四、绿色化学品的应用实例

（一）用异噻唑酮代替有机锡防垢剂

异噻唑酮和有机锡都是船体外壳的防垢剂。行驶在海洋上的船舶，其部分外壳沉没于海水中，时间长了会长出海洋生物如海藻和贝壳之类，从而增大船体运动的阻力，因此常称为“污垢”。虽然这些“污垢”看起来并无害处，但实际中会使燃料消耗增加30%，增大船的服务和清洁处理费用，降低船速，延长晒干船坞的时间等。

为了防止船体外壳上污垢的生成，常在船壳上使用防垢涂料。自20世纪60年代人们发现有机锡的防垢特性以来，有机锡特别是三丁基锡防垢涂料得到越来越广泛的应用。有机锡防垢涂料虽能有效减少海洋生物对海洋船舶造成的危害，控制船体污垢的增长，但同时也带来广泛的环境问题。这类涂料的使用能够引起雌性软体动物变性、哺乳细胞生殖毒性以及人体免疫毒性等。不仅危害了海洋生物，同时也通过食物链对人体健康产生危害。于是人类开始研究新型涂料，美国的罗姆-哈斯（Rohm & Haas）公司在这方面进行了许多研究工作，寻找对非结垢水生物种无毒的防垢剂，最终开发出4,5-二氯-2-正辛基-4-异噻唑啉-3-酮，作为新的商用的防船体结垢涂料。

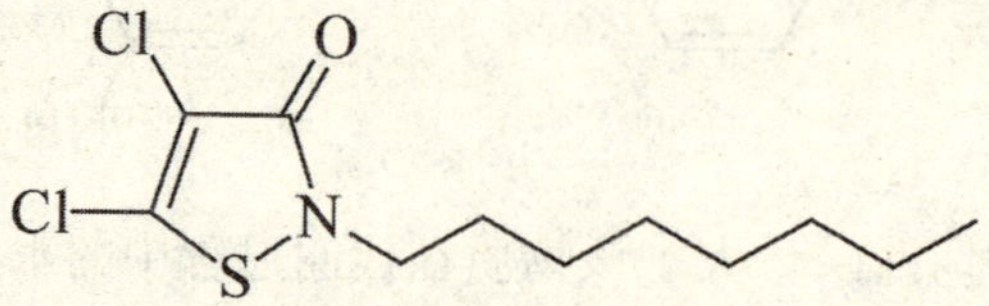

这个被称为“海洋9号”的新型防垢涂料，虽然对某些海洋鱼、虾、贝的急性毒性不低，但慢性毒性低，对繁殖无影响，在海水及底泥中能被微生物降解为毒性很小的化合物。和有机锡涂料相比，它对海洋生态环境的危害要小得多，是一种理想的海船防垢剂，因而荣获首届（1996年）美国“总统绿色化学挑战奖”。

小资料　有机锡的危害

有机锡化合物最初是作为PVC的稳定剂开发使用的，后来作为杀虫剂使用，到了18世纪60年代，有机锡的防污特性被发现后，有机锡特别是三丁基锡涂料的应用越来越广泛。18世纪80年代后，各国相继发现了有机锡对海洋及海洋生物的污染问题，于是各国政府纷纷采取措施限制和禁止有机锡在海洋中的使用，从此关于有机锡对海洋的污染及其对海洋生物的毒性研究也成为各国所关注的热点问题

海洋生物对有机锡具有很强的富集能力，大约在5 000~10 000倍之间，因此在浓度很低的情况下，就能引起海洋生物累积性中毒。实验证明，有机锡化合物尤其是三苯基锡和三丁基锡，影响生物最基本的生殖功能，干扰体内激素的分泌，造成生殖和遗传方面的不良后果。大量的研究证实，三丁基锡能够引起软体动物生殖逆向改变，从而使得该种群中雌性个体比例下降，幼体数目减少，最终导致种群的衰退。有机锡化合物能引起海产贝类性畸变，雌性激素转化为

雄性激素,导致雌性减少雄性增加。在英国,曾经发现三丁基锡引起荔枝螺性别变异和群体衰败,造成许多地区的荔枝螺处于种群消亡的危险之中。三丁基锡引起牡蛎畸变的现象在美国、加拿大、英国、法国都有发现。亚洲是世界上有机锡污染最为严重的地区之一,其中日本和我国台湾的某些港口中的牡蛎已经发现百分之百雌化的现象。

自从发现有机锡化合物对海洋的污染以来,有机锡被认为是迄今为止由人为因素而导致大量进入海洋环境的最毒的化学品之一。

20世纪80年代,日本的三丁基锡污染严重,根据当时对日本全国沿海的取样调查,一半以上的样品残留量超过了基准值。

1977年至1983年间,有机锡的污染使得法国牡蛎养殖业几乎陷入瘫痪。1982年法国政府在对有机锡污染状况调查研究的基础上,率先实行限制有机锡海洋防污涂料的使用。

到了20世纪80年代末90年代初,美国、英国、加拿大、日本、西班牙等各国都陆续实行限制或禁止有机锡涂料的生产和使用。尽管如此,由于有机锡在海洋环境中的长期残留,在限制使用近10年后,海水和底泥中的有机锡含量仍无明显下降。

(二)取代氯氟烃(CFCs)类化合物

前面已经介绍过,氯氟烃类是破坏大气臭氧层的主要因素,禁止使用这类化合物已达成共识。根据《保护臭氧层国际公约》要求,至1998年氯氟烃的生产量要降低50%,中国要在2010年前完全禁止生产使用氯氟烃类化合物。因此,世界上生产这类化合物的主要公司都在进行这方面的工作。

目前国际上使用的替代品为:

氢氯氟烃(HCFCs):包括HCFCs-22,HCFCs-123,HCFCs-124,HCFCs-141b ,HCFCs-142b;

氢氟烃(HFCs):HFCs-32,HFCs-134a,HFCs-143a,HFCs-152a,HFCs-227ea, HFCs-236fa, HFCs-245fa, HFCs-365mfc;

烃类(HCs):丙烷、丁烷、异丁烷、戊烷和环戊烷;

全氟烃(PFCs):全氟乙烷、全氟丙烷。

我国现阶段主要是用氢氯氟烃作为替代品。根据研究,人们认为氯氟烃对臭氧的作用主要是其中所含的Cl和Br,把氯氟烃中的Cl原子用H原子来替代,由于含有H原子的氢氯氟烃和氢氟烃在对流层被氧化,很少进入平流层破坏臭氧层,它们对臭氧层的破坏要小得多,但由于这些物质释放到大气中,会增加温室效应。所以,这些只是一类过渡替代物,最终也将被淘汰。

第三节 选择绿色原料和试剂

如何选择绿色原料和试剂是绿色化学的重要内容之一。原料和试剂对整个化学过程都产生重要影响，并因此对人体和环境产生重要影响。对化工生产过程来说，原料和试剂的影响主要体现在反应的类型、合成路线的长短、合成效率等；对生态环境和人体健康来说，其影响主要体现在会不会造成环境污染、对人的健康会不会有危害，包括原料和试剂本身的生产者、原料和试剂的保存和运输过程中的操作管理者、原料和试剂在使用过程中的加工者会面临多大的危险等，都必须在选择原料和试剂时加以考虑。总而言之，要对原料和试剂的优劣程度进行绿色化学评估，以确定在选择原料和试剂时应遵循的原则。

一、化学原料的评估与选择

在传统的化工生产中，由于没有将环境因素纳入生产成本核算，对于某种原料，企业所承担的主要是与原料价格相关的成本，所以对于原料评估与选择，企业主要考虑的是价格因素。事实上，原料在化学品的制造、加工与使用过程中所产生的环境负效应，如果折合成经济成本，有时可能会远远超过企业的利润，也即企业创造的可能是负的经济效益。而绿色化学主张把环境成本纳入生产成本，不仅要考虑原料的价格，还应考虑原料的环境效应，也即原料的评估与选择必须符合绿色化学的要求。对原料的评估也是绿色化学评估的重要环节之一，我们可以从以下几个方面考虑。

(一)原料本身有无危害性

评估原料的第一个问题是研究原料本身有无危害性。绿色化学每一步评估的核心问题都是考虑对人类健康和环境的危害性，对于原料的评估也不例外。选择原料时，必须要关注其对人体是否具有长期的毒性、致癌性和生态毒性，同时还要考虑发生意外事故的可能性以及是否存在其他不友好的性质等。因为生产化学品，常常涉及大量制备原料和对原料进行大批量处理，如果这个起始原料对人类健康和环境有明显的危害，那么在化学产品的整个生产周期中这种危害将一直存在。

20世纪80年代发生的博帕尔毒气泄漏惨剧至今还让人记忆犹新。博帕尔是印度中央邦首府，美国的跨国公司联合碳化物公司在这儿开办了一家农药厂。1984年12月3日凌晨，农药厂一个储气罐内的压力急剧上升，该储气罐装有45吨用于制造西维因和涕灭威等农药的原料——剧毒异氰酸甲酯。在0时56分因储气罐阀门失灵，罐内的液态异氰酸甲酯开始泄露并以气态形式迅速向外扩散，虽然农药厂在毒气泄漏后几分钟就关闭了设备，但仍有大部分的毒气被释放到大气中。第二天早晨，博帕尔市如同遭受了一场大的瘟疫，一座座房屋完好无损，但到处是人和牲畜的尸体，好端端的城市变成了一座恐怖之城。这就是震惊世界的博帕尔化学毒气泄露事件。这种剧毒的气体在极短暂的时间内，就会使人感觉眼睛疼痛，浓度稍大就会使人窒息。这次事件直接致使3 150人死亡，5万多人失明，2万多人受到严重毒害，近8万人终身残疾，15万人接受治疗。受这起事件影响的人口多达150多万，约占博帕尔市总人口一半。

这次由于剧毒原料所引发的惨案给我们的教训是深刻的，对于危险品即使有严密的防范措施，依然存在潜在的危险，一旦防范失控，后果是无法挽回的，而最有效的措施就是用安全化学品替代危险品。因此，我们在选择原料时，必须要考虑它可能带来的危险性和危害性，把危害的可能性消除在源头。对于有些物质，其性质诸如毒性、可燃性、挥发性等，都有大量数据信息可查，而对另一些物质，不一定能找到我们所需要的信息，但可能利用构效关系进行推测，以帮助我们找到更加无害的反应原料。

（二）原料的来源会不会引起危害

原料本身也许是没有危害的，但制备原料的过程会不会产生危害呢？这个问题与原料是怎么得来的有直接的关系。诸如原料是由开采、炼制、合成、分馏等哪一种方法制备的?这些方法可能带来什么样的后果？如果一个化学品的制备充分利用了在其他方面无用的废弃物，显然对环境是有好处的。然而，如果制备一种化学品的化学过程消耗了过多的自然资源，或对环境造成了不可逆转的破坏，那么，用这种原料就会对环境造成严重的负面影响。因此，不论是否已经考虑到所研究的物质本身是有害或无害，都应搞清这个物质是怎样制备的。

（三）原料对下游合成路线的影响

化学品作为原料是相对而言，对于整个化工生产过程来说，它可能是上游生产的产品或是下游生产的原料。如下式：

原料		产品
A	化工过程1 →	C
C	化工过程2 →	D

上式中的C既是产品，又是原料。所以，在选择原料时，不仅要考虑这个原料的来源对上游生产的影响，还要考虑利用这一原料对下游生产的影响。如果因某个起始原料的选择，使得在完成下一个合成步骤时需要使用毒性很强的试剂，那么，这种选择将会间接地对环境产生极大的负面影响，甚至超过在预先分析原料时作出的估计。比如某种原料，它本身是安全无害的，也许它就是来源于某种化学品生产过程中的副产物或城市废弃物，但如果利用了该起始原料，其下游所涉及的生产过程或产出的物质也可能会对人类健康和环境造成破坏。因此，对原料进行绿色化学评估时，在关注原料本身和原料来源的同时，还要考虑使用这种原料可能产生的不良影响和间接危害。

（四）原料的可再生性

使用可再生资源是符合可持续发展战略的，也是绿色化学所倡导的，这在前面的章节已阐述。问题是尽管人类已经强烈意识到即将面临资源紧张的难题，但消耗性资源仍占据资源使用的主要位置。目前，90%以上的有机化学品都是以石油为原料加工合成的。石油加工是一个高耗能的产业，比如，在美国石油炼制所耗能量就占其总消耗量的15%。由于原油质量在不断下降，这种能耗还会不断增加。目前石油作为能源占总能源消耗量约39%左右，在世界能源消费中比重最大。此外，由石油转化为有用的有机化学品的过程中，通常要发生氧化反应，而氧化步骤是污染严重的步骤。因此，减少对这类消耗性资源的依赖，是人类必须面对的问题。

农业资源和生物资源是很好的替代品。研究表明，许多农产品，比如玉米、马铃薯、大豆、糖浆等均可转化为有用化学品或燃料，诸如纺织品、尼龙和燃油等。农业废物、生物质和非食物性生物制品通常都含有木质纤维素，也可作为化学化工原料。生物质的有效利用不仅能够缓解资源危机，还可缓解环境危机。

我国每年产生6×10^8 t作物秸秆，其中2.8×10^8 t被就地焚烧，污染大气；每年有1×10^8 t林地废弃物未被利用；每年有2.8×10^8 t畜禽粪便及大量有机废弃物成为水体的污染源。我们可以将这些废物转化为有用的产品，使之无害化和资源化。这类生物质资源作为原料，有其独特的优越性，主要可概括为以下几个方面：

(1)生物质的结构单元通常比原油的结构单元复杂，可给出结构多样的产品材料，如能在最终产品中利用这种结构单元结构的复杂性，则可减少副产物的生成。比如生物质具有特定的立体结构和光学特征结构，使用者可在合成过程中利用这些已有的结构特征。同时，利用基因工程，还可以对植物的生长进行调变，使植物长出更多需要的化学品所需的结构。

(2)减少污染，有利环境。由石油的结构单元衍生所得物质，通常是没有被氧化的，在以石油产品为原料的化工生产中，常常需要经过氧化过程才能生产出所需要的产品，而在碳氢化合物中引入氧的方法是极其有限的，且经常需要使用有毒试剂，造成环境污染。而由生物质衍生所得物质常常已是氧化产物，无需再通过氧化反应引入氧。比如，1,3-丙二醇是一种重要的化工原料，一般应用于聚酯和其他有机化合物的合成中，也作为有机溶剂用于耐高压润滑剂、染料、油墨、冷冻剂等行业。传统的化学合成法以石油产品为原料，生产过程产生大量副产品，“三废”排放量也很大。而采用发酵法以生物质作为原料生产1,3-丙二醇可大大减少环境污染，也节省了治理费用。此外，生物质在形成过程中要吸收CO_2，故在大气中CO_2浓度的净增加会受到抑制，甚至达到平衡态，因此可减少CO_2在大气中浓度的量，减缓温室效应。

(3)增大生物质的使用量可增长原油的使用时间，缓解资源危机，最终将从根本上解决资源危机，有利于人类的可持续发展。

当然就目前生物质资源利用来看，也还存在需要解决的问题，和石油相比，生物质作为资源的竞争力还有待提高。石油工业无论从技术、工艺到设备均已相当成熟，从石油开采到从原油中提取出各种有用的烃类，再将其加工成为中间体或最终的化学品，已形成了大规模的、高效的生产体系，许多得到高纯单一产品过程的操作及其机理均已被人们掌握，这些都使石油工业在经济上具有相当的竞争力。如果要用生物质来替代石油，就必须重新建立一整套的生产体系，这包括技术、工艺、设备，甚至还包括生产技术人员。但事实上，目前利用生物质作原料的化学工业系统仍处于研究开发之中，有些虽然能够进入工业化生产，但生产成本过高，缺乏竞争力，短期内很难完全替代石油。比如，生物质的组成极为复杂，不同种类的物质，其组成和性质都可能不尽相同，若需要对每一类生物质有针对性地修建工厂，这将使生物质的利用变得十分困难。同时，传统的化学品生产装置可能还不能处理由生物质提取得到的结构单元，从而获得我们需要的化学品，故传统化学品生产商还需要重新认识、学习这方面的知识,也还需要再投资,这是目前他们还不十分乐意做的。然而,随着石油等消耗性资源的不断减少,必然会导致石油类的消耗性资源价格大涨,原料价格的提高也必然导致生产成本的提高,当生产成本比用生物质作为原料更高时,生物质的竞争力就会大为增强。我们坚信,这一天不久就会到来。

总之,可再生资源替代石油等矿物质资源将成为必然的发展趋势,但这条发展之路也将任重而道远,需要我们不懈的努力。

综合上述对原料的评估结果,可以总结这样两条原则作为选择原料所需要遵循的一般原则:第一要考虑原料本身及其可能带来的危害性;第二要注重原料的可再生性和循环性。

小资料　日本生活垃圾再利用

日本日立集团公司研制了一种生活垃圾处理装置,这种装置以生活垃圾及牲畜粪便为原料,利用加热器加热,通过高温发酵(约65 ℃),促使水分蒸发,无需使用水分吸收补充材料,即可获得干燥粉状体堆肥。并且,由于高温处理,使有害微生物及病菌被杀灭。此外,通过强化了防音、脱臭功能,更适宜于公共住宅区内使用。住宅区内的居民们可任意取出处理后的堆肥,用于菜园及花圃,因而受到广泛好评。事实上,这种装置每年可将130 t有机生活垃圾处理成堆肥,供农民使用。这不仅避免了垃圾带来的环境污染,还节约了资源。

二、化学试剂的评估与选择

试剂也存在和原料的评估与选择类似的问题,除了考虑试剂对合成效率的影响,也要考虑试剂选择的环境效应。当原料确定后,试剂可有多种选择,从经济效益来看,不同试剂的效率不同,成本亦有差别。绿色化学在选择试剂时,应在考虑传统标准的同时,充分考虑其对人类健康与环境的危害性,选择整体最佳的试剂。

所以,对于试剂的选择首先是考虑试剂本身会不会产生危害。有些化学反应采用了剧毒的试剂,虽然可能成本较低,但考虑到其危害性,应设法用安全的试剂取而代之;其次是试剂的使用后,会不会产生废弃物以及废弃物的危害性。有些试剂本身虽然没有危害,但在参与化学反应后,可能产生危害性的废弃物,这样的试剂也要避免使用;最后考虑尽量减少试剂的用量。当试剂的危害性不可避免时,也可以通过反应转换方法,用催化反应替代化学计量反应,用高效无害的催化剂来替代化学计量试剂以实现化学转化,获得我们所需要的产品。

三、绿色原料和试剂的应用实例

(一)生物质作为原料

1.生物废弃物的利用

美国德克萨斯农工大学(Texas A & M)研制开发一种技术,可将废弃的生物质(如城市固体垃圾、下水道中污物、粪便以及农作物秸秆等)转化为动物饲料、化工产品和燃料,过程见示意图3-3。

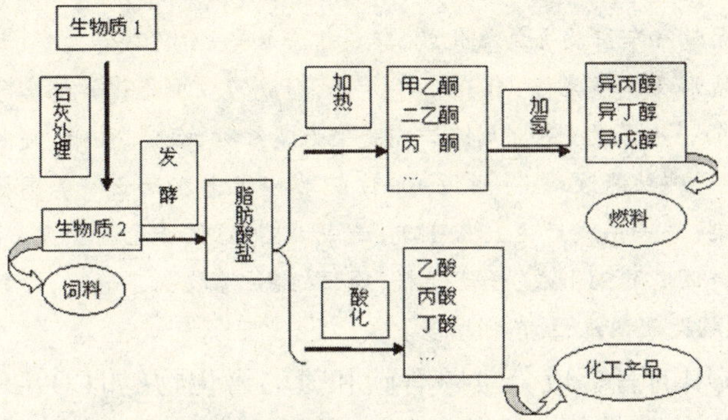

图3-3 生物质利用示意图

图3-3中生物质1是废弃的生物质,生物质2是经过石灰处理的生物质。如果生物质是农作物废料如稻草、秸秆之类,在经过石灰处理后可作为反刍动物饲料,替代玉米饲料。可见这种工艺技术对人类健康和环境保护都是十分有益的。这些废弃物在不同的条件下转化得到的产物也不同。

2.生物质制取机动车用燃料

在第一章就谈到,引起大气污染的罪魁祸首之一,就是机动车的尾气。汽车的尾气曾导致了世界范围内的八大公害事件中的洛杉矶光化学烟雾事件。此后,该事件在北美、日本、澳大利亚和欧洲部分地区也先后发生,这些现象的发生给人类敲响了警钟。

从20世纪50年代初开始,科学家们对这种现象进行了全面深入的研究,并有了关于烟雾形成的理论。该理论认为,汽车排出的氮氧化物、碳氢化物在阳光作用下和空气中的混合物作用形成臭氧等光化学氧化物,是造成洛杉矶光化学烟雾的主要原因。为了减少汽车尾气的污染,世界各国都在关注汽车尾气的治理,同时也在寻找适用于内燃机的高性能、低污染的燃料,汽油组分的优化已作为一种降低汽车尾气排放的方案备受重视。

小资料 洛杉矶光化学烟雾事件

洛杉矶光化学烟雾事件是指20世纪40年代初期至50年代，发生于美国洛杉矶市的一系列光化学烟雾事件的总称。40年代，为发展汽车工业，洛杉矶市政府不设置公共汽车这样的市政设施，鼓励家庭、私人购买小汽车。当时的洛杉矶有250万辆汽车，每天大约消耗1 100 t汽油，排出1 000 t碳氢(C_xH_y)化合物，300 t氮氧(NO_x)化合物，700 t一氧化碳(CO)。另外，还有炼油厂、供油站等其他石油燃烧排放。这些化合物被排放到阳光明媚的洛杉矶上空，不啻制造了一个毒烟雾工厂。

由于大量汽车排放含氮氧化物、碳氢化合物、一氧化碳等废气，加之洛杉矶市特殊的地形及气候条件，自1943年开始，形成了多次光化学烟雾事件。其中以1952年的一次最为严重，大批居民发生眼睛红肿、喉痛、咳嗽、皮肤潮红等症状，严重者心肺功能衰竭，导致近400位65岁以上老人死亡。美国植物因光化学烟雾污染，每一年减产达12%~13%，造成近1 973亿美元的损失。另外，光化学烟雾还会促成酸雨形成，并使染料、绘画褪色，橡胶制品老化，建筑物和机器受腐蚀，植物大面积死亡，车祸增多。

汽车尾气中的有害成分主要有碳和氮的氧化物(如CO、CO_2、NO_x)、硫化合物(如SO_2等)、醛、碳氢化合物(以苯、芳香烃、烯烃危害性最大)、颗粒物(如炭烟)及其他化合物等。汽车尾气这些有害成分的生成与汽油组成有直接的关系。我们所使用的汽油是一混合物，其组分中的烯烃、芳香烃、硫化物及含氧化合物都影响着尾气的排放，而其中的烯烃、芳香烃、硫化物对尾气中有害物质的排放起着推波助澜的作用，所以要在汽油中减少这些组分含量，添加有机氧化物(如乙醇)将会减少污染。另一方面，石油、天然气等消耗性资源的日趋紧张，使得利用可再生的生物质资源替代石油和其他化石燃料作为新能源，成为研究热点。燃料乙醇逐渐成为车用燃料的新秀，很多国家开始用汽油醇来替代纯汽油作为机动车的燃料。

汽油醇是指在汽油中加入一定比例的变性酒精(乙醇)形成的混合燃料，这是一种清洁实用的燃料。其中的乙醇是以玉米、小麦、薯类、糖蜜等为原料，经发酵、蒸馏而制成，将乙醇进一步脱水得燃料乙醇。为了避免燃料乙醇流入食用酒精市场而被饮用，要将燃料乙醇变性，即在燃料乙醇中加入变性剂(适量汽油)后形成变性燃料乙醇。研究实验结果表明，在汽油中掺入一定比例的酒精，能够减少汽车尾气中的有害物质，可降低对大气的污染程度。其环境效应主要表现在以下几个方面：

(1)降低了碳氢化合物、碳氧化合物和硫氧化物的排放量。由于酒精中含有的氧，可以帮助汽油更充分地燃烧，降低了CO和烃类化合物的排放量。

由于乙醇不含硫，可以减少二氧化硫的排放，减少酸雨危害。

(2)降低了炭烟生成的可能性。作为微粒核心的炭烟，其生成条件是高温和缺氧。在均匀可燃混合气中，缺氧不多则更多生成CO，很少生成炭烟，而汽油醇中含有氧，C/O比纯汽油小，所以生成炭烟的可能性就小。

(3)由于乙醇的加入，使组分中的C/O减小，也减少了CO_2排放量。同时，由于用于生产酒精的原料是生物质，生物质生长过程中的光合作用可以吸收CO_2，所以也减少了CO_2的排放。

小资料　酒精燃料

酒精作为汽车燃料已经有近百年的历史了，从1903年算起，人类就开始用酒精作为燃料了。只是到了20世纪50年代，随着石油的大规模开采利用，高成本的酒精逐渐被人们淡忘了，直至1973年的世界石油危机，巴西、美国才率先推行了“汽油醇计划”。“汽油醇计划”是1975年巴西政府在世界上率先倡导的。巴西一直保持着世界燃料乙醇生产和使用的领先地位，巴西目前有近400万辆以乙醇为燃料的汽车，乙醇的消费量已占到全国汽车燃料消费量的43%，年消费量达1 073万吨，汽油中乙醇量将高达22%～24%。巴西是世界上唯一不向消费者供应纯汽油的国家。实施“汽油醇计划”给巴西带来了巨大收益，刺激了农业、酒精工业及相关行业的大发展，大气和生态环境显著改善。很多发达国家也在积极发展燃料乙醇。美国可再生燃料协会于2012年4月20日发布乙醇行业展望报告称，美国乙醇行业仍将处于一个健康的位置，2011年是美国乙醇行业发展极好的一年，估计产量为1 390万加仑，与行业直接和间接相关就业人员达40.16万人，刺激了美国经济的提升。加拿大享受乙醇免税政策，并支持发展生物燃料，作为温室气体减排计划的重要举措。加拿大安大略省政府要求所有汽车至2007年1月1日起使用含5%的生物燃料。欧洲议会发布生物燃料指令要求：2005年生物燃料占运输燃料比例为2%，2010年此比例提高到5.75%。生物柴油将有很大需求，乙醇使用也将大大增多。德国一家糖业精炼公司投资1.85亿欧元，新建了大型乙醇装置。该装置在设计和规模上可称独一无二，成为欧洲最大的乙醇装置，于2005年初投产。该装置以70万吨/年谷物为原料，生产26万升/年燃料级乙醇。英国糖业公司投资3 800万美元在威兴顿建设5.5万吨/年生物乙醇装置，初期将采用甜菜为原材料，生产的生物乙醇将用作生物燃料，代替车用汽油。

2001年4月2日，我国《变性染料乙醇》和《车用乙醇汽油》两项国家标准正式公布。随即，我国用了三年的时间实施使用汽油醇的试点工作，从2004起开始逐步推广。

利用取之不尽、用之不竭的农林生物质资源作为原料生产燃料和石油化工产品，是绿色化学的重要研究方向，也是石油炼制和石化工业实现可持续发展的必由之路。这一新领域的突破将会重组传统的炼油和化学工业，必将引起化工产业的一场革命。但我们也要看到，目前以生物质资源生产的数量还不足化学品年生产总量的2%。作为再生资源，生物质只有代替石油等矿物质资源用于大规模制造各种燃料和有机化工原料时，才能够得上真正意义上的应用。生物质的利用作为世界发展之大势和新兴的朝阳产业，其当前成本与价格尚难与石油基产品竞争，以生物质为原料的醇经济尚缺乏与石油经济竞争的实力。比如用生物质生产酒精，传统的发酵工艺，以谷物为原料，原料成本高，且利用率低，能耗很大，因此酒精产品成本较高。要想将其大规模用于机动车燃料还必须降低成本。降低成本可有多种途径，比如利用基因工程改进酵母的性能以提高过程效率。日本三得利公司把从菌苗中分离得到的葡萄糖淀粉酶基因克隆到酵母中，可直接发酵生产酒精，省去了淀粉原料蒸煮糊化的传统工序及蒸煮物冷却设备，可减少60%的能耗。又如可采用更为廉价的纤维素原料。巴西盛产的甘蔗在当地是价廉物美的原料，从工艺上看，乙醇是蔗糖在酵母菌的作用下发酵转化生成的，甘蔗汁发酵制作酒精，在生物学上比谷物酒精节省了两个生化过程。一个是在植物光合作用形成蔗糖后，不必将蔗糖转化为淀粉，另一个是用甘蔗汁制酒精，节省了谷物作酒精必须将淀粉糖化为葡萄糖的生化过程，这在工业生产中可节约成本一半以上。我们还可以改进工艺，降低操作成本。如美国的Abengoa生物能源公司在2006年年底投产的一套生物质制乙醇的装置，每天可加工70 t农业废弃物，如小麦秸秆，年产500万升以上的燃料级乙醇，如果将这套装置和谷物乙醇装置组合成一体化，就可使生物质装置的投资和操作成本大大节约。

（二）替代光气的绿色原料

1.剧毒化工原料光气

光气，又称碳酰氯或氧氯化碳，分子式 $COCl_2$，常温下为无色剧毒气体，有窒息性气味，遇水缓慢分解生成二氧化碳和氯化氢，遇热分解产生有腐蚀性气体。若遇高热，容器压力增大，有开裂和爆炸的危险。吸入极微量时可引起咳嗽、咽喉发炎、黏膜充血、呕吐等；重症时，引起肺部淤血和肺水肿；深度中毒时，引起血管膨胀、心脏功能丧失，导致急性窒息性死亡。死者肺部溢出的血液为肺平时质量的3~4 倍，因而被称为“在陆地上的溺死”。第一次世界大战中，光气曾被用作化学武器。

光气是重要的有机中间体，主要用于生产化工基本原料碳酸二甲酯和异氰酸酯。由于这两种基本原料市场需求量相当大，所以光气的需求量也十分巨大，其潜在的危险性和显著的危害性是不言而喻的，所以用相对安全的化合物去替代光气是非常必要的。

2.非光气法制备碳酸二甲酯

碳酸二甲酯（DMC）毒性很低，欧洲在1992年将其列为无毒化学品，由于其分子中含有甲基、羰基和甲酯基等多种活性官能团，能进行羰基化、甲基化、甲酯化及酯交换等反应，有望在诸多领域全面替代光气、硫酸二甲酯、氯甲烷及氯甲酸甲酯等剧毒化学品，合成多种高附加值产品，所以其应用十分广泛，可用于农药、医药、工程塑料、染料、食品添加剂等方面。随着绿色化学的日益深入，碳酸二甲酯及其衍生物的许多新的应用领域将不断被开发，其在化工生产中的地位将越来越重要。

最初合成DMC采用的是光气作为原料，其原理为光气和甲醇反应生成氯甲酸甲酯,再与甲醇反应成DMC。反应过程见下式：

$$COCl_2 + CH_3OH \longrightarrow ClCOOCH_3 + HCl$$

$$ClCOOCH_3 + CH_3OH \longrightarrow (CH_3O)_2CO + HCl$$

该法不仅使用了剧毒的光气作为原料,同时副产物氯化氢对管道设备腐蚀严重，工艺复杂,操作周期长,属于淘汰型工艺,发达国家已禁止用该法生产。改进光气法也叫光气醇钠法,采用光气和甲醇钠直接反应合成DMC。反应过程见下式：

$$COCl_2 + 2CH_3ONa \longrightarrow (CH_3O)_2CO + 2NaCl$$

该工艺不同之处在于副产物为NaCl,减少了设备腐蚀,但仍然需要光气作原料。目前除了光气法、醇钠法以外，还开发出了酯交换法、甲醇羰基化氧化法、无机碳酸盐法及尿素醇解法等多种非光气法。目前被认为最有前途的方法是甲醇羰基化氧化法。该法采用CH_3OH、CO、O_2，原料价廉易得，成本低且理论上甲醇全部可转化为碳酸二甲酯，无其他有机物生成。反应过程见下式：

$$2CH_3OH + CO + 1/2\,O_2 \longrightarrow (CH_3O)_2CO + H_2O$$

3.非光气法制备异氰酸酯

异氰酸酯是异氰酸各种酯类的总称。这类化合物中都含有“$-N=C=O$”基团，它们是重要的化工原料，主要用来生产聚氨酯（PU）。一种聚氨酯自1937年开发出来以后，已成为世界六大具有发展前途的合成材料之一，广泛应用于建筑、制革、纤维及汽车等行业，需求量很大，仅1995年聚氨酯在世界中的总消耗量约600万吨，2000年约达870万吨。如此之大的市场需求量，使得其生产过程中产生的环境问题更为引人关注，多年来，化学家们一直致力于研究取代光气来制备异氰酸酯(见图3–4)。

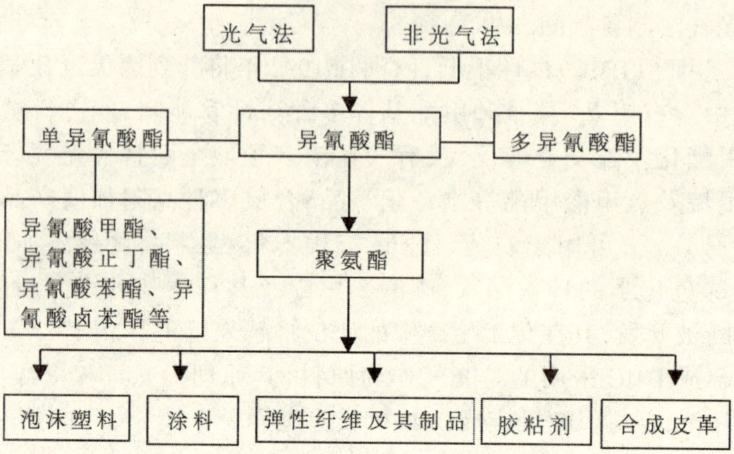

图3–4 聚氨酯应用领域

关于取代光气制备异氰酸酯方法的研究很多，下面介绍两种研究较多的方法。

(1)利用一氧化碳替代光气作为羰基化试剂，该方法可分为一步法和两步法。

一步法。利用硝基化合物和一氧化碳反应，直接生成异氰酸酯，如TDI的制备：

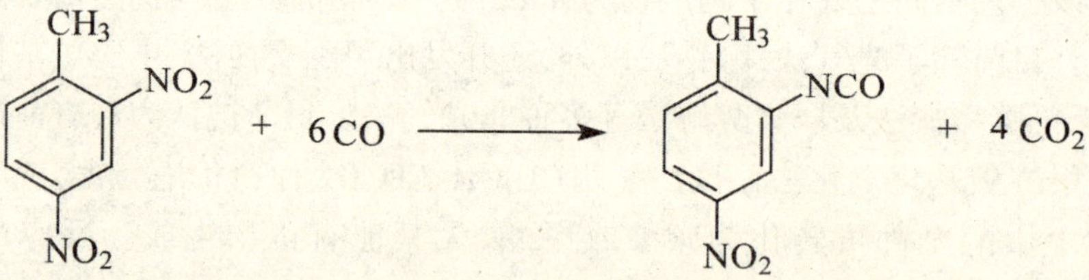

一步法反应条件苛刻，最大的困难是催化剂活性低，并且使用大量难回收的贵金属，因此到目前为止尚停留在小试开发阶段。

两步法。首先制备出氨基甲酸酯，然后再使之受热分解生成异氰酸酯。如日本旭化成工业公司用一氧化碳和苯胺在醇存在下，直接氧化羰化合成苯氨基甲酸酯，然后分解生成异氰酸酯，释放出甲醇，醇在这个过程中可以循环使用。该过程采用了选择性能好、高活性的氧化羰基化催化剂，副反应减少，目标产物产率高，是目前最有发展前景的工艺。反应过程见下式：

第一步

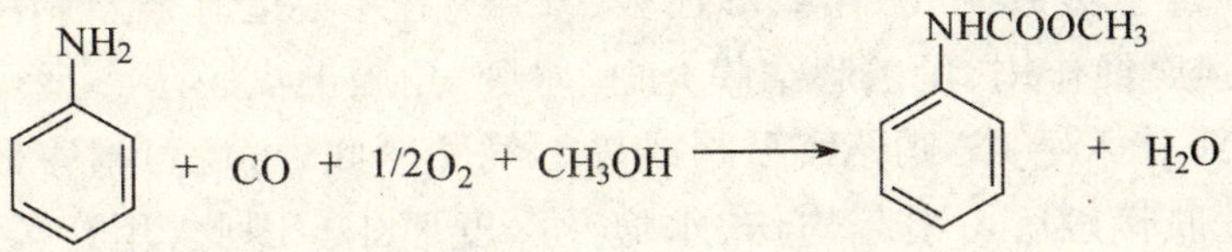

第二步

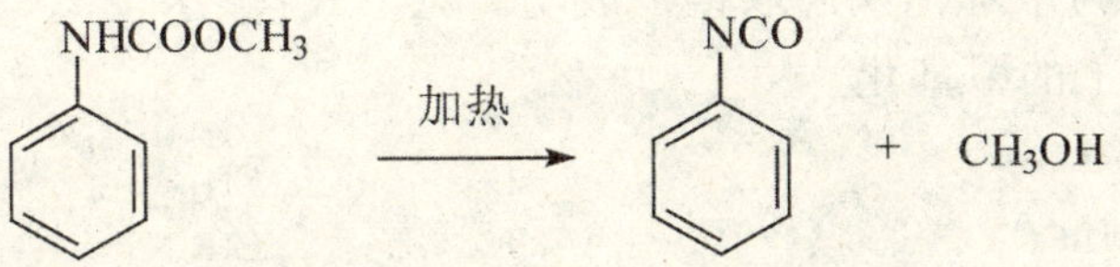

(2)利用碳酸二甲酯替代光气作为羰基化试剂,其反应过程见下式:

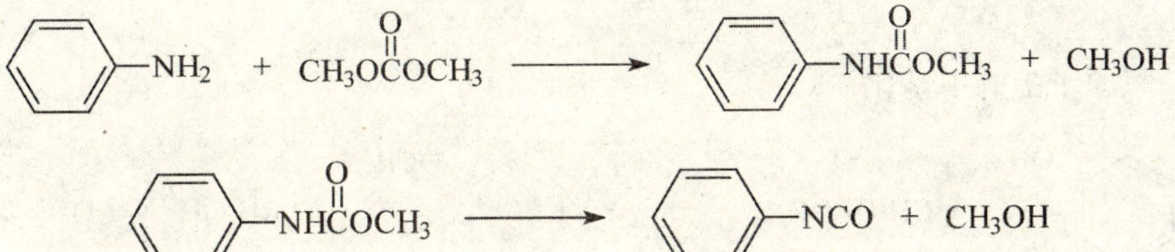

这个过程的第一步所用的催化剂不复杂易于回收利用,第二步由氨基甲酸酯制备异氰酸酯相对要容易得多,反应条件温和、反应速度快,容易进行且反应比较完全,产品纯度高,无催化剂亦能进行。这是一种很有前景的工艺。

两步合成方法是近年来报道比较多的一种非光气法,特别是绿色化学品碳酸二甲酯制备氨基甲酸酯的方法。利用这一方法可以制备多种异氰酸酯,是一种较有前途的方法。但就目前而言,由于非光气法比传统的光气法成本要高,因而缺乏竞争性。尽管如此,这些方法还是给我们指出了绿色合成异氰酸酯的颇为可行的途径。我们相信,未来由光气法带来的环境压力必将与时俱增,因此继续探究不断完善的异氰酸酯的绿色工艺最终将替代光气法用于生产。

(三)安全甲基化试剂替代品

所谓甲基化是在有机化合物分子中氮、氧、碳等的原子上引入甲基的反应,用作引入甲基的试剂称之为甲基化试剂。传统的甲基化反应所用的甲基化试剂主要有硫酸二甲酯或甲基卤代物。比如在医药行业,硫酸二甲酯常作为甲基化试剂用于合成环丙沙星、诺氟沙星(氟哌酸)、吡哌酸、乳酸环丙沙星等原料药。而硫酸二甲酯属高毒类,作用与芥子气相似,急性毒性类似光气,比氯气还大,对眼、上呼吸道有强烈刺激作用,对皮肤有强腐蚀作用,可引起结膜充血、水肿、角膜上皮脱落,气管、支气管上皮细胞部分坏死,穿破导致纵膈或皮下气肿。此外,还可损害肝、肾及心肌等,皮肤接触后可引起灼伤、水疱及深度坏死。因此,用这类化合物作为常用的甲基化试剂必然将危害人类健康,化学家们研究了以无毒的碳酸二甲酯作为甲基化试剂取得了成功。见下式:

碳原子上的甲基化

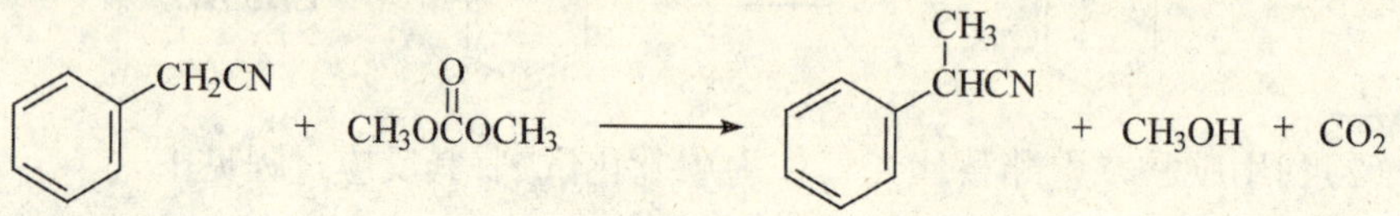

氧原子上的甲基化

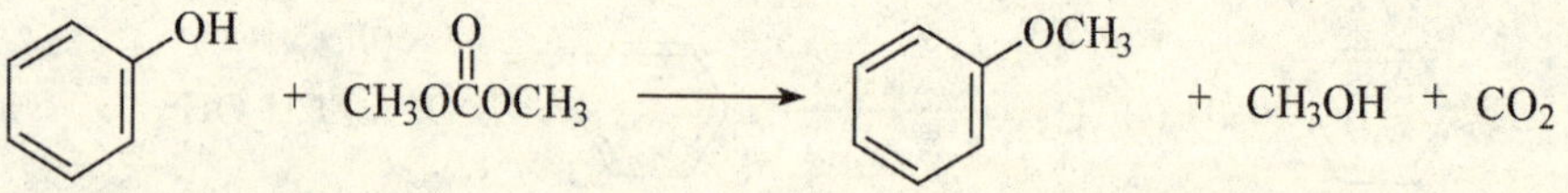

硫原子上的甲基化

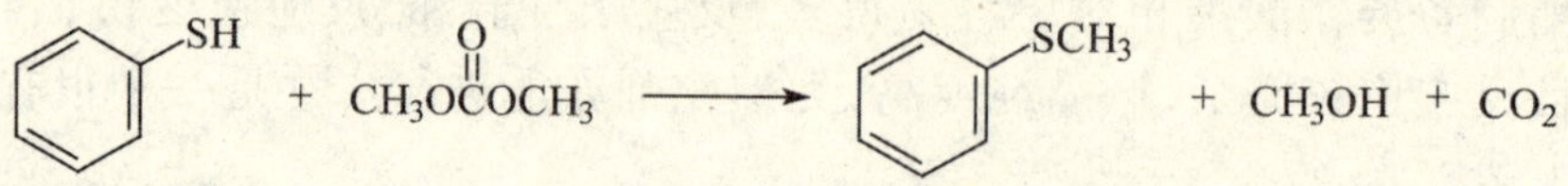

以上的甲基化反应中产生的副产物比例很小,且生成的副产物又可作为制备碳酸二甲酯的原料,即甲醇可以循环使用。

第四节 溶剂绿色化

传统溶剂主要是指有机溶剂。有机溶剂在工业生产中的应用始于19世纪40年代,至今其种类已发展达30 000余种。有机溶剂因其良好的溶解性(主要是脂溶性)而被广泛地应用。有机溶剂大多具有挥发性,对环境造成不同程度的危害,改进传统溶剂、采用环境无害的替代溶剂及减少溶剂的使用、开发无溶剂反应体系是绿色化学的重要研究领域。

一、传统溶剂存在的主要问题

有机溶剂的基本化学结构为脂肪烃类（如已烷）、脂环烃类（如环己烷）和芳香烃类（如苯、甲苯），这些基本化学结构与不同的官能团结合形成不同的有机溶剂。如与卤素结合成卤代烃类溶剂，与羟基结合成醇类溶剂。按照官能团的不同，有机溶剂有烃类、卤代烃、醇类、酚类、酮类、酯类、胺类等，还有其他有机硫化物等。在工业生产中较为常见的有机溶剂有苯、甲苯、二甲苯、溶剂汽油、二氯乙烷和四氯化碳等。

化学工业中大量地使用溶剂，主要用于稀释、萃取和分离等过程或作为反应媒介，如涂料和油漆的有机溶剂就是作为稀释剂；有机溶剂也被大量用作清洗剂，如微电子器件等的精密清洗、服装干洗的清洗剂等。有机溶剂产生的毒害作用多样，且由于其挥发性使之更容易对环境构成危害。几乎所有的有机溶剂都是原发性皮肤刺激物，当它们进入空气中后，对皮肤、呼吸道黏膜和眼结膜具有不同程度的刺激作用，能引起中枢神经系统的非特异性抑制、周围神经疾患和全身麻醉作用。其中有些有机溶剂可特异性地作用于周围神经系统、肺脏、心脏、肝脏、肾脏、血液系统和生殖系统，造成特殊的损害，有的甚至具有致癌或潜在的致癌作用。这些挥发性溶剂还会进一步污染海洋和饮用水，对水生动物产生危害。总之，和其他有毒化学品一样，当它们在给人类带来方便的同时，也给人类带来了危害。因此，研究开发有机溶剂的替代品势在必行。

二、改变传统溶剂

由于有机溶剂存在上述问题，所以我们在设计一条合成路线时，首先应考虑的一个问题就是合成过程是否需要溶剂。按照绿色化学的原则，如果可能最好是采用无溶剂系统，如果溶剂是必需的，则需要从一系列物质中选择一个最佳的溶剂。所谓的最佳，除了要考虑溶剂发挥应有作用外，还应考虑溶剂作为化学品所必备的安全性。由于溶剂在合成过程中被大量使用，因此其危害性及安全性是溶剂选择的一个必须考虑的因素，包括毒性、易燃、易爆性等，还有就是那些具有强挥发性的溶剂，更易暴露于人类与环境中，产生危害。

因此，我们对溶剂的使用问题应遵循两条原则，其一是尽量采用无溶剂系统；其二选择的溶剂在满足反应需要的同时也必须符合安全化学品的要求。关于溶剂绿色化问题，可有多种途径，下面介绍几种常见的思路和方法。

(一)不用溶剂

从节约资源减少污染的角度来看,不用溶剂是最好的。虽然对于大多化学反应来说,适当溶剂的加入可以降低反应的活化能,提高反应速度使反应得以顺利进行,但不是所有的反应都必须有溶剂的介入。如果我们搞清楚了溶剂的作用机理,也可以尝试用其他方法来使反应顺利进行而无需加入溶剂。据报道,美国的研究人员依据溶剂能够削弱稳定的分子晶体结构,从而使反应发生的原理,利用高能球磨产生的机械能,获得与加入溶剂后类似的效果,改变了固体有机材料的结晶度,使固体有机材料结合形成新的化合物。研究人员利用球磨方法对一些有机磷化合物进行实验,结果证实,球磨能促使这些化合物发生多种此前仅在溶剂条件下才能进行的化学反应,且反应效率很高。此外,有些反应是可以在无溶剂状态下进行的,比如原料本身为液体状态且可以互溶,或反应物是固体状态,但反应可在熔融的状态下进行,这样的反应有可能不用溶剂仍能进行,还有的反应可在固体表面进行,这样也可避免溶剂的使用。事实上除了一些化学反应可以采用无溶剂体系外,在其他有些溶剂使用领域也可以考虑不用溶剂,如无溶剂的涂料干粉或固体涂料在其使用过程中就避免了有机溶剂的使用,可以直接喷在涂层表面。

(二)采用绿色溶剂

当溶剂的使用不可避免的情况下,尽量选择绿色溶剂。用水、超临界流体、离子液体等来替代有机溶剂成为开辟绿色溶剂的有效途径,也是绿色化学的研究热点。

1.水作溶剂

水是地球上最无害、最安全也是最廉价的溶剂,可以称为环境友好的溶剂。

以水作为反应介质的水相有机反应研究已涉及多个反应类型,如周环反应、亲核加成和取代反应、金属参与的有机反应、路易酸和过渡金属试剂催化的有机反应、氧化和还原反应和水相中的自由基反应等。中国留美学者李朝军教授用金属铟在水相反应方面做了大量工作,因此获得2001年美国“总统绿色化学挑战奖”。对于有些化学反应,通过选用适当的催化剂,以水为溶剂,可同时解决产物的分离和环境污染问题。例如水/有机两相体系中的烯烃氢甲酰化反应,20世纪80年代以前,这一生产过程是采用溶于有机溶剂的钴或铑络合物作催化剂,在均相催化反应体系中进行的,不仅使用了有机溶剂,催化剂与产物的分离也要消耗许多能量。为了避免使用有机溶剂,有利于产物的分离,减少有机溶剂的挥发和排放对环境的污染,1984年德国一家公司成功开发了在以水溶性铑—膦络合物为催化剂的两相体系中，用丙烯氢甲酰化合成丁醛的生产过程。反应如下：

$$2\,CH_3CH{=}CH_2 + 2\,CO + 2\,H_2 \xrightarrow{HRh(CO)(TPPTS)_3} CH_3CH_2CH_2CHO + CH_3\overset{\overset{CHO}{|}}{C}HCH_3$$

该反应完成后，产物存在于有机相，催化剂保持在水相，通过两相机械分离，即可将催化剂与产物分开，不需要采用蒸馏方法分离回收催化剂，不仅有利于催化剂循环使用，同时也显著降低了分离催化剂的能耗。铑—膦络合物水溶液催化的丙烯氢甲酰化反应和有机溶剂中进行的均相催化相比，生成醛的选择性也由90%提高到98%，采用两相催化体系比均相催化体系节约了丙烯，相应也节约了大量合成气，铑催化剂的消耗也显著减少。此反应生成的产物正、异丁醛，可用于制备生产增塑剂用的丁醇和异辛醇。两相催化体系中丙烯氢甲酰化工业生产过程的成功开发，大大推动了水溶性有机金属络合催化的研究和发展。

但以水为介质必然会引出许多新问题，如有机底物在水中的“疏水作用”、反应物和试剂在水中的稳定性、水中存在的大量的氢键对反应的影响等，而这些问题并非完全不利或无法解决。水溶剂特有的疏水效应对一些重要有机转化还是十分有益的，有时可提高反应速率和选择性，如周环反应在水中的反应速度比在有机溶剂中要大得多。问题的解决需要我们对水中有机反应的机理、水中反应的立体化学、适于水相反应的新试剂和新反应的发现及应用等进行进一步的研究。

目前，人们所研究和关注的水相有机反应主要有：

(1)水相有机反应的特点和反应机理；

(2)水对反应的特殊作用，以及相关的理论问题，研究有机金属试剂或路易斯酸催化的水相反应，特别是相应的水相不对称反应；

(3)探索将水相有机反应和生物转化反应相结合的新合成方法；

(4)实现水相中的“原子经济性”反应；

(5)加强对水相有机反应工业应用中基本问题的研究。

可以预见，水相有机反应的研究将会在有机合成化学中开辟出一个新的绿色的研究领域。

水在其他溶剂应用领域也有拓展，如市场需求量很大的涂料问题。传统家装用的涂料和油漆都属溶剂型涂料，在使用过程中必须用有机溶剂稀释。随着人们健康意识的加强和环境问题的恶化，用水替代有机溶剂的水性涂料逐渐受到人们的青睐。据悉，目前德国市场上90%都已被水性漆占据，2004

年欧共体国家全面禁止生产、销售溶剂型涂料，全面使用水性涂料。我国目前面临的情况是，水性涂料市场占据份额很少，只是墙面采用的是水性涂料，不少家具用的仍是溶剂型涂料，这是由于水性漆的技术含量较高，多数国内厂家生产困难较大，所以溶剂型漆仍旧大行其道，占绝对主流。但这种状况不会持续很久，随着人们健康环保意识的不断加强，加之国外环保涂料引进对国内市场的冲击，溶剂型涂料最终将在市场消失。

2.采用超临界流体

流体是液体和气体的总称，因两者都富有流动性，又有相似的运动规律，故合称流体。临界状态是物质的气、液两态能平衡共存的一个边缘状态。在这种状态下，液体和它的饱和蒸气密度相同，因而它们的分界面消失。这种状态只能在一定温度和压力下实现，此时的温度和压力分别称为“临界温度”和“临界压力”。各种物质的临界温度和临界压力不同。物质在临界温度以上，它只能处于气体状态，不能用压缩体积的方法来使它液化，所以临界温度是物质以液态形式出现的最高温度，临界压力是液体在临界温度时的饱和蒸汽压。超临界流体(Supercritical Fluid，简称SCF)是指物质处于其临界温度和临界压力以上而形成的一种特殊状态的流体。19 世纪法国物理学家发现了这种“特殊状态”下的很多物质具备了其常态下不具备的良好的溶解性，这种特殊状态就是指超临界流体。常见的超临界流体有二氧化碳、水、氨、甲醇、乙醇和低级烷烃(C_1－C_5)。超临界流体与普通的液体和气体不同，是一种介于气态与液态之间的流体状态。它既具有部分气体的性质，如黏度、扩散系数等，又具有部分液体的性质，如溶解度、密度等，所以它既能像气体那样具有极好的流动性，又能像液体那样具有很好溶解性，而且它的这些性质非常敏感，随着温度、压力的变化而显著变化，尤其是在临界点附近，温度和压力微小的变化可能导致溶质溶解度发生几个数量级的突变。根据这些性质，超临界流体作为溶剂在萃取、色谱分离、重结晶以及有机反应等方面表现出特有的优越性，从而在化学化工中获得实际应用。比如超临界二氧化碳不仅能使反应体系安全无危险性，反应选择性大为提高，同时反应完成后体系各物质的分离问题也变得容易了。

超临界流体还可替代有机溶剂作为绿色清洗剂应用于电子、光学、医疗以及宇宙航天精密仪器的清洗。传统通常采用有机溶剂如氯氟烃系列等作为清洗剂，但由于其对臭氧层的危害，早在1995年就为许多国家禁止使用，而新的水系清洗剂可能会遇到金属零件的腐蚀、处理以及废液后处理等问题。在这样的背景下，超临界流体作为新的清洗剂为人们所期待。与传统的水系清洗方法，超临界清洗具有明显的优点：

(1)无孔不入。超临界流体的表面张力极低，扩散能力较强，可以清洗几何结构复杂的零件，在清洗中可以深入零件的微孔除去污染物；

(2)常温操作。用超临界清洗，温度只需要控制在室温下，不会带来任何的材料损伤和结构变形；

(3)没有残留。如用超临界CO_2作为清洗剂，由于常温常压下CO_2是气体，清洗完后，不会在仪器的表面或孔内有残留；

(4)无需干燥。对于多孔材料来说，使用水系清洗后，往往需要很长时间进行干燥，而在超临界清洗后，只需要减压操作，无需干燥过程。

3.采用离子液体

我们知道，盐类化合物高温下可呈现熔融状态，此状态下的液体完全由离子组成，如熔化态的氯化钠。由于这类离子液体只存在于高温下，所以也称之为(高温)熔盐。如果我们选择合适的材料，可以使熔盐在低温下形成，这种在较低的温度下形成的液体，我们称之为离子液体，也称为低温溶盐。与一般高温熔融态盐类化合物相似，在该液体盐体系中只有阴离子和阳离子，不存在中性分子。

与传统有机溶剂、水、超临界流体等化学反应的溶剂相比，离子液体在以下几个方面表现出其突出的优势：

(1)溶解能力好。对大量的无机和有机物质甚至是高分子材料都表现出良好的溶解能力，且具有溶剂和催化剂的双重功能，可作为许多化学反应溶剂或催化活性载体；

(2)温度范围宽。从目前的研究结果看，离子液体可存在-96 ℃~300 ℃，且具较高的热稳定性，有利于动力学控制；

(3)可调性强。离子液体的物理、化学性质可以通过选择适宜的阴、阳离子的组合在很广的范围内改变。如酸性、溶解性、熔点、热稳定性等属性；

(4)蒸汽压低，不易挥发。可以用在高真空体系中，同时可减少因挥发而对环境产生的污染；

(5)低配位能力。离子液体通常由难与其他化合物配位的离子构成，因此它们可以是高极性而不产生配位作用的溶剂；

(6)成本低廉且易于制备。离子液体作为有机溶剂的替代物在众多有机反应中得到应用，如聚合、烷基化、酰基化、异构化、氢化和Diels-Alder等反应。

由于离子液体的这些特殊性质和表现，它被认为与超临界 CO_2和双水相一起构成三大绿色溶剂，具有广阔的应用前景。

（三）改进传统溶剂

在没有合适的绿色溶剂可以选择的情况下，我们还可以通过多种途径对传统溶剂进行改进，从而达到减少污染的目的。

1.采用固定化溶剂

传统有机溶剂对人体健康和环境的危害主要是由于它们的易挥发性造成，如果能降低溶剂的挥发性，就可以大大减少其对环境的危害。固定化溶剂就具备了这一特点。所谓固定化溶剂，就是通过把溶剂分子固定在固体载体上或将溶剂分子键在聚合物的骨架链接。有时新的聚合物本身就有溶解性，可作为固定化溶剂。比如以传统的溶剂为基础进行聚合反应得到聚合衍生物，它们在化学合成、分离和清洁等过程中具有传统溶剂的溶剂化作用，但却不会挥发到空气中和释放到水介质中造成污染。这类溶剂可单独使用，也可用高级烃类稀释后使用，并可以通过过滤等方法分离回收。麻省理工学院（MIT）的研究人员就开发了这样一类聚合物溶剂，这些聚合物溶剂可以很容易地用机械分离比如过滤，无需用蒸馏的方法回收，不仅减少了污染，还节约了能源。

2.使用相对安全的溶剂

有些结构相似的溶剂有相似的溶解能力，但毒性可能大相径庭，所以可以用毒性相对较小的溶剂去替代毒性相对较大的溶剂，以减少污染。比如甲苯和苯有相似的溶解性，但甲苯比苯的毒性要小得多，所以通常可以用甲苯来替代苯作为溶剂使用。

除了考虑溶剂本身的替代或改进以外，改进工艺以减少溶剂的使用量，也是减少溶剂危害的有效途径。

三、绿色溶剂的应用实例——超临界二氧化碳

二氧化碳不仅在自然界的含量十分丰富，在很多化工生产中，它也是可回收的副产物。CO_2本身性质比较稳定，无色、无味、无臭、无毒、不燃，所以作溶剂应该是十分理想的。但气态的CO_2对一般有机化合物的溶解能力很差，难以满足工业生产的要求，如果通过物理手段把它的状态改变一下，情况将大为改善。当温度超过31℃、压力超过7.38 MPa时，CO_2处于超临界状态，此时CO_2的性质就会发生变化，其密度近于液体，黏度近于气体，是一种可压缩的高密度流体。处于超临界状态或液态下的CO_2，其溶解性大为提高，成为非常好的溶剂。目前以超临界二氧化碳代替有机溶剂在一些领域应用已获成

功。此外，将超临界二氧化碳用作溶剂的环境效应如何，会不会对温室效应有推波助澜的作用呢？回答是否定的。因为超临界二氧化碳中的CO_2不是额外生产的，它可以来自于回收其他化工生产中的副产物，如合成氨厂和天然气井的副产物，而且，这个过程中，CO_2是可循环的，所以不会增加CO_2的排放量。由此可见，超临界二氧化碳替代有机溶剂在工业生产中具有极为显著的优势和应用前景。下面介绍几种超临界二氧化碳的应用。

（一）超临界二氧化碳萃取

我们知道分离混合物的方法有多种，比如我们可以利用物质沸点的差异，用蒸馏的方法将两种物质分开。所谓萃取也是分离混合物的方法，它是利用不同物质在某种溶剂中溶解度的不同来达到分离目的。比如我们食用的大豆油，就可以利用萃取的方法得到，由于大豆中的油可以溶于一种专用的有机溶剂，其余固体部分不溶于该溶剂，所以可用这种有机溶剂将其中所含的油从大豆中萃取出来，从而达到分离的目的。超临界二氧化碳萃取就是利用超临界二氧化碳去替代有机溶剂进行萃取。超临界二氧化碳萃取是20世纪80年代以来国际上取得迅速发展的分离新技术，也是超临界流体技术中研究开发应用较多的一门绿色新技术。运用该技术不仅可以避免有机溶剂的使用，可以生产高附加值的提取产品，还可提取过去用化学方法无法提取的物质，且廉价、无毒、安全、高效，适用于化工、医药、食品等工业。

1.超临界二氧化碳萃取原理

超临界二氧化碳萃取就是在超临界状态下，利用流体CO_2从混合物中有选择地溶解其中的某些组分，然后通过减压、升温或吸附的方式将被溶解的组分分离析出。具体程序是将CO_2在超临界状态下，与待分离的混合物充分接触，并根据需要控制压力或温度参数，使被萃取的组分充分溶解到流体中，然后可降低体系的压力，此时，流体CO_2变成气体状态从被萃取的组分中自然逸出，从而达到分离目的。这就是超临界流体萃取分离的基本原理，其萃取分离两个过程是合为一体的。

由于体系参数对超临界流体溶解能力的影响十分敏感，所以可通过改变体系的温度和压力，调节组分的溶解度和萃取的选择性，这是超临界流体萃取的独特优势。如超临界二氧化碳的密度和介电常数均随着密闭体系压力的增加而增加，其溶解度和极性增大，所以利用程序升压可将不同极性的成分进行分步提取。当然，对应各压力范围所得到的萃取物不一定是单一的，但依然可以通过控制体系参数得到最佳比例的混合组分，然后再通过调节体系参数使各组分得到逐步分离。

2.超临界二氧化碳萃取的特点

传统提取物质中有效成分的方法常采用水蒸气蒸馏法、减压蒸馏法、溶剂萃取法等，其工艺复杂、产品纯度不高，而且易残留有害物质。比如采用专用的有机溶剂从大豆中提取的豆油，溶剂在其中的残留是难免的，只是残留多少的问题，合格的油中溶剂残留量符合国家有关标准，对人体是安全的。我国油脂工业企业目前使用的专用溶剂是6号溶剂油，它是经石油裂解、蒸馏后的产品，是由C_5-C_7的多种化合物组成的饱和烃类，当油中这类物质残留量超标时对人体就是有害的。但如果采用超临界二氧化碳替代溶剂油来提取豆油，完全可以避免溶剂油可能带来的隐患。事实上，超临界二氧化碳萃取和一般的溶剂萃取相比较，有很多特点，具体可概括如下：

(1)溶解度可调。压力和温度都可以成为调节萃取过程的参数，尤其是临界点附近，超临界流体的相关性质十分敏感，温度压力的微小变化，都会引起超临界二氧化碳密度显著变化，从而引起待萃取物溶解度发生显著变化，因此我们可通过控制温度或压力的方法达到萃取分离目的。比如在超临界状态下，保持恒温，可通过增加压力使萃取物在CO_2中的溶解度大大增加，当萃取过程完成后，可以通过降低压力，萃取物在CO_2中溶解度迅速降低，当压力降至CO_2的临界压力以下时，CO_2就变成了普通的气体而自动从萃取混合物中进入气相，萃取物则留在液相，从而达到分离目的。

(2)溶解范围可调。通过外加合适的物质，可以使超临界二氧化碳的溶解范围得以扩大。通常超临界二氧化碳可以很好地溶解一般的、分子量比较小的有机化合物，如碳原子数在20以内的脂肪烃、卤代烃、醛酮酯等；若再加入适当的表面活性剂，可以溶解许多工业材料，如聚合物、重油石蜡、油脂、蛋白质、水、重金属盐等；若再加入极性提携剂，可提高其对极性物质的溶解能力或形成化学缔合。

(3)萃取温度低。由于CO_2的临界温度为31.3 ℃，临界压力为7.4 MPa，因此我们可在室温下进行萃取，这在植物萃取方面是很有意义的。因为有很多植物的生物活性在高温下就可能被破坏，所以用超临界二氧化碳进行萃取可以有效地防止热敏性成分的氧化和逸散，完整保留生物活性。而对于一些高沸点、低挥发度、易热解的物质，可以在其沸点温度以下萃取出来。

(4)无残留。超临界二氧化碳流体常态下是气体，无毒，与萃取成分分离后，完全没有溶剂的残留，有效地避免了传统提取条件下溶剂残留，同时也防止了提取过程中对人体的毒害和对环境的污染，是百分百的纯天然。生活中很多食品添加剂，化妆品中的有效成分以及保健品中的营养成分很多都是从植物中提取，也就是我们所说的纯天然制品。但如果用有机溶剂进行提取，难免会有溶剂的残留，而用超临界二氧化碳萃取，才是真正意义上的纯天然。

（5）节能省耗，环境友好。当饱含萃取物的超临界二氧化碳流体流经分离器时，由于压力下降使得CO_2从流体状态迅速变为气态，而萃取物呈液态，两者分别处于气液两相，分离过程也十分简单迅速，没有原料的相变过程，也不用专门对溶剂进行蒸馏回收。一般的溶剂萃取，如果要采用蒸馏操作来完成溶剂与萃取物的分离，就必须供给蒸馏塔大量的热能，所供热能只有少部分能得到利用，大部分被塔顶冷凝器的冷凝剂带走。相比之下，超临界萃取和分离合二为一，操作方便，不仅萃取效率高，而且工艺流程短，能耗少、时耗少，萃取流体可循环使用，节约成本，真正实现生产过程绿色化。

3.超临界二氧化碳萃取技术应用

目前，超临界二氧化碳萃取技术应用最为广泛的就是用于植物提取，提取天然植物中的有效成分。和常规的溶剂提取法相比，由于超临界二氧化碳萃取技术独有的特点，使得它在多个行业或领域的应用中显示出其特有的优越性。

（1）在医药行业。超临界二氧化碳萃取为植物药的制取提供了更为先进的方法，所提取的药物有效成分，不仅保持了其生物活性还能达到很高的纯度。如用超临界二氧化碳萃取技术提取维生素E，所得的产品无毒、无有机溶剂残留，其生物活性是合成法的2~3倍。在抗生素药品生产中，传统方法常使用丙酮、甲醇等有机溶剂，但要将溶剂完全除去，又不要变质非常困难，用超临界二氧化碳替代有机溶剂就不会存在溶剂残留问题，抗生素的药性也不会因高温而受到影响。

超临界二氧化碳萃取在中药有效成分的提取方面更是有着明显的优势。根据中医药理论，中药复方中有效成分是彼此制约、协同发挥作用的。超临界二氧化碳萃取可以根据需要有选择性地提取或分离某些组分，有利于中药复方优势的发挥，同时也有利于中药现代化对有效成分浓缩的要求。如从红花中提取红花醌、从长春花中提取长春碱和羟基长春碱，用于治疗淋巴细胞白血病等；从鱼油、海豹油中提取并浓缩EPA、DHA，用于治疗心血管疾病；从黄山药中提取薯蓣皂素，合成淄体激素药物用于治疗有关疾病等。超临界二氧化碳还可以单方或复方中药为原料，通过设计不同的提取工艺参数进行有效成分筛选，开发新药，提高新药筛选速度。此外，采用不同的辅助溶剂，超临界二氧化碳可提取许多传统方法难以提取的有效成分，从而开发更多的中药新成分原料，促进新药的研制。

(2)在保健品行业。超临界二氧化碳萃取技术的应用为保健品生产提供了优质原料。随着人们生活水平的不断提高,保健品的开发生产成为热点,如大蒜素、番茄红素、茶多酚、卵磷脂等保健品的市场需求量不断扩大。这些保健品的原料通常都是由常规溶剂提取法所得,难免有溶剂的残留,且有些有效成分是不能在高温下操作的,而用超临界二氧化碳萃取技术,这一切问题就迎刃而解了。利用超临界二氧化碳萃取技术还可以将茶叶和咖啡中含有的咖啡因脱去,过多咖啡因对人体有害,国外用超临界二氧化碳提取技术,不仅大大降低咖啡中咖啡因的含量,而且保留了咖啡中的芳香物质,解决了传统的使用二氯乙烷提取技术中二氯乙烷的污染问题。

(3)在食品行业。用超临界二氧化碳萃取技术几乎可以萃取所有油类。目前已经可以用超临界二氧化碳从葵花籽、红花籽、花生、小麦胚芽、可可豆中提取油脂,这种方法比传统的压榨法的回收率高、纯正,而且不存在溶剂法的溶剂分离问题。

(4)在天然香精香料提取方面。由于二氧化碳的临界温度在常温下能够完好地保存有效成分不被破坏或发生变化,尤其适合于那些对热敏感性强、容易氧化分解的成分的提取。比如植物中精油的提取,由于精油不稳定,易受热变质或挥发,因此操作温度低的超临界二氧化碳萃取就成为传统水蒸气蒸馏和有机溶剂萃取的理想替代技术。如从桂花、茉莉花、菊花、梅花、米兰花、玫瑰花中提取花香精;从胡椒、肉桂、薄荷、生姜、茴香、砂仁、八角、孜然、大蒜等提取挥发油,用作调味香精;从啤酒花中提取啤酒花油等。由于精油在超临界二氧化碳流体中的溶解度大,与CO_2完全相容,因此精油的超临界二氧化碳萃取几乎可以定量。这些香料香精用于食品行业的添加剂或作为化妆品,不会因溶剂残留而对人体健康构成任何危害。

(5)在天然色素提取方面。随着国际社会对用于食品加工、医药和化妆品的合成色素的限制和禁用,溶剂法生产的色素有异味和溶剂残留,无法满足国际社会对高品质色素的要求,超临界二氧化碳技术克服了以上缺点。如用超临界二氧化碳提取红色素、红花黄色素、叶黄素等可广泛应用于食品、药品、化妆品业。

此外,超临界二氧化碳萃取技术还可用于分离乙醇水溶液、醋酸水溶液;处理含苯废水、含酚废水,以去除有机污染物,达到排放要求;超临界二氧化碳萃取与有机溶剂络合作用相结合,可用于某些原料、泥土和放射废水中有害重金属离子的去除;超临界二氧化碳萃取技术还用于石油工业中的脱沥青、渣油萃取及精炼等。总之,超临界二氧化碳萃取技术作为一种绿色的先进技术，其应用领域将不断扩展。

(二)超临界二氧化碳的喷漆技术

涂料（也称油漆）在我们日常生活中随处可见，如我们的家具表面、墙面、地板以及很多固体表面均有一层涂料，它不仅给人五彩斑斓的视觉美感，还对固体起到保护作用。然而，很多涂料在其使用过程中对人体健康和环境可能产生的危害也日益引起人们的重视。所谓涂料也是一种材料，这种材料可以用不同的施工工艺涂覆在物件表面，形成黏附牢固、具有一定强度、连续的固态薄膜。这样形成的膜通称涂膜，又称漆膜或涂层。涂料为什么会存在污染问题呢？这层固态薄膜并不会对环境构成危害，涂料的环境污染主要是在其使用过程中产生的。涂料主要由四部分组成：成膜物质、颜料、溶剂、助剂。其中主要组分之一是成膜物质，它是固体材料，通常是由一种或几种聚合物组成，它们相互结合在一起形成一层光滑的固体膜覆盖在固体表面；另一主要组分是有机溶剂，是用来溶解固体涂料，使它们在使用过程中有较好的流动性。这类溶剂的使用是涂料产生污染的根源，它们是由不同挥发能力的溶剂混合而成，其中挥发快的溶剂占溶剂总量的2/3，主要作用是降低涂料使用过程中的黏度，以便于喷雾，在涂料被喷到需要覆盖的固体表面之前就挥发了，余下的1/3是挥发慢的溶剂，它和涂料的固体部分一起补喷到覆盖的固体表面，它的主要作用是控制涂料的黏度，它的加入使得涂料的黏度高而不易流动，它在涂料的干燥过程中逐渐挥发，控制着涂料形成均匀、光滑和牢固涂料膜。我国目前油漆涂料行业中仍普遍采用C_7-C_{10}芳烃作溶剂。由于芳香烃有较大毒性，而在涂料整个使用过程中，这些有毒的有机溶剂全部挥发进入环境，据估计全世界每年消耗约两千多万吨的涂料，其中几百万吨的有机溶剂因此而进入大气中，对环境造成污染，同时也对油漆工人构成健康威胁，油漆中毒事件也时有发生。值得庆幸的是超临界二氧化碳已成功地用于喷漆生产过程，该过程采用对环境友好的超临界二氧化碳，来代替传统喷漆过程中的快挥发溶剂，而保留仅为原溶剂总量1/5到1/3的慢挥发溶剂，以获得良好的喷漆质量。在有些情况下，由于使用超临界二氧化碳具有非常好的喷雾质量，有些慢挥发溶剂也可以不再使用。这种新开发的喷漆系统能减少多达80%污染环境的挥发性有机溶剂的排放。此外，在CO_2溶液中的新型反应性液体聚合物喷漆系统也已开发成功，从而可以实现挥发性有机溶剂“零排放”的喷漆过程。

和有机溶剂相比，CO_2挥发极快，它在喷雾前稀释涂料，使涂料的黏度极低，而更易形成雾状，一旦喷出后，CO_2几乎在瞬间就挥发掉，余下的是高黏度的涂料被喷涂在固体表面，其中少量的低挥发性的溶剂控制着涂料的黏度，以使涂料在固体表面很好地凝聚并而不会流动，获得高质量的涂层。这项技术不仅保持了喷漆质量，又可以极大减少传统喷漆在喷射过程中大量有害挥发性有机溶剂的排放，减轻了环境污染，也保护了操作工人的身体健康。

(三)超临界二氧化碳替代有机发泡剂

所谓发泡剂又称起泡剂，顾名思义，它是一类促进发生泡沫而形成闭孔或联孔结构的物质，它是泡沫塑料和海绵橡胶制品不可缺少的加工助剂。发泡是使塑料、橡胶等物料产生气泡而制成泡沫产品的过程，将发泡剂掺进聚合物体系中，在加工过程中释放出气体，就能使高分子材料形成微孔。发泡剂可用来改善塑料和橡胶的性能，以满足各种不同需要。随着各种新兴工业发展，对塑料的性能要求越来越高，传统的塑料已无法满足这种需求，人们通过在传统塑料基础上改进工艺、添加助剂等方法，使之在精度、质量和功能方面都得到很大的提高，诸如泡沫塑料、改性塑料和填充塑料等新品种。在高聚物中添加发泡剂即可获得质轻、隔热性好、强度高以及能吸收冲击载荷的泡沫塑料，其应用范围十分之广泛，比如用作建筑、食品及包装等行业。

目前发泡剂大多采用氯氟烃系列，该气体对臭氧层有破坏力，所以各国都在寻求这种发泡剂的替代物。人们开始重视以二氧化碳、丁烷和戊烷等物理发泡剂为主的发泡方法，但丁烷和戊烷易燃易爆，在塑料的挤出过程中，易产生静电聚集而放电，易产生火花而引起火灾，既不安全又浪费能源，而CO_2发泡是以超临界二氧化碳或液态二氧化碳作为物理发泡剂，而且其密度和黏度等都可以通过温度和压力控制。起初，有人将CO_2和传统的有机发泡剂一起混合使用，以减少有机发泡的使用量，但其中的CO_2只占发泡剂总量的25%，依然不能根治污染问题，后来美国的Dow公司开发了一种以100%的液态CO_2作为发泡剂，生产挤压型聚苯乙烯泡沫塑料的工艺获得成功。

用超临界二氧化碳作为发泡剂可以用来生产微孔发泡塑料，和普通发泡塑料相比，其力学性能更为优越。它的工作原理是将超临界二氧化碳的聚合物饱和溶液形成均相的发泡剂/聚合物体系，在某温度下恒温迅速降压，由于快速降低压力使CO_2在聚合物中的溶解度突然降低，导致CO_2聚合物溶液变成过饱和溶液，CO_2气体从溶液中逸出在聚合物中形成气泡，从而得到具有微泡结构的聚合物材料。采用超临界流体作为发泡剂主要有以下几方面优点：其一，能够缩短气体在聚合物熔体中的饱和时间，这是由于流体的传质性能好，可在较短的时间内使体系达到饱和浓度；其二，通过调控体系参数来调节聚合物饱和溶液浓度，从而更好地对泡孔大小及密度进行控制，这样也有利于增加气泡密度，生产泡孔尺寸更小的微孔塑料。

(四)超临界二氧化碳替代有机清洗剂

很多行业都要用到清洗剂，诸如机械、电子、医药和食品等行业。目前工业清洗除了用水以外，大多采用具有挥发性的有机溶剂，其中还包括对大气臭氧层有破坏作用的氟氯烃。大量挥发性溶剂的使用严重污染了大气，导致许多环境问题的出现。用水作为清洗剂虽然比较安全，但水的溶解性有一定的局限性，且也会涉及废水处理问题和水资源紧张问题。因此，用安全的绿色清洗剂去替代有机溶剂是非常必要的。而超临界二氧化碳以其独特的优越性充当了这一角色。超临界二氧化碳有良好的溶解性，且其溶解度对温度和压力又十分敏感，当改变温度和压力时，其溶解度可以在 10^2~10^3 范围内变化。利用这个特性，在进行清洗时增加压力，可以使污染物最大限度溶于超临界二氧化碳中，清洗结束后，通过减压或降温，可以使 CO_2 与污物自然分离。超临界二氧化碳还可以用来清洗更为精密的仪器。

美国北卡罗来纳大学的J.M.Desimone等人发明了提高超临界二氧化碳溶解能力的表面活性剂，这种活性剂使大多数原来不溶于超临界二氧化碳中的化合物能够被溶解，从而使 CO_2 作为溶剂可以更为广泛使用，以代替含卤素的常规有机溶剂，减轻对环境的污染和人身危害。每年，全世界要用几百万吨的挥发性有机化合物和氯氟烃化合物作为溶剂和清洗剂，这一发明的推广应用无疑将大大减轻环境污染，该发明也因此获得1997年美国“总统绿色化学挑战奖”。利用这种表面活性剂，将超临界二氧化碳用于微电子和精密光学仪器的高要求清洗成为现实。我们以半导体行业为例来看超临界二氧化碳作为清洗剂所具有的特殊优势。

半导体芯片在现代人的生活中无处不在，从闹钟到超级计算机，使用传统的有机溶剂不仅污染严重，清洗的程度也有局限性。洛斯阿拉莫斯国家实验室(Los Alamos National Laboratory)研究的一种使用超临界二氧化碳取代有害溶剂的生产新工艺(即SCORR)解决了这个技术上的问题。

集成电路的生产依赖光刻工艺在芯片电路的各个层面刻制设计好的电路，这就必须用到光阻材料(一种光化学反应聚合物)，目的是为了在硅片上蚀刻电路图案。这一过程有点类似于在蛋糕上做图案，先将选好的图案布放在蛋糕上，然后在上面撒糖粉，去掉图案布，图案就留在蛋糕上。硅片的生产也极其相似，只是去掉“图案布”的难度要大得多。这里的蛋糕相当于芯片，“图案布”就是涂在芯片上的一层光阻材料。为了除去这层光阻材料，通常是用大量溶剂和超级纯净水将芯片上残留的光致抗蚀剂等腐蚀性物质冲洗掉。美国一般的芯片制造工厂，平均每天要消耗数千加仑的硫酸和盐酸等腐蚀性物质，并产生400万加仑的废水，不仅消耗大量水，对环境也造成了很大危害。此外，随着芯片制造业的进步，所要求的芯片体积将越来越小，要求有一种能够深入集成电路的纵（穿过光阻层的垂直孔）横沟壑的清洗技术。超临界流体表面张力极低，黏度与气体相似，可以打破光阻材料与半导体硅片表面之间的结合面，对这些微小空间进行清洗。采用超临界二氧化碳清洗半导体芯片，能减少有机溶剂使用量，因而减少了有毒废物的排放，减少了水资源的消耗。正如开发SCORR技术的项目负责人克雷格·泰勒所说："在高温高压下，超临界二氧化碳呈流体态，可以起溶剂的作用，在少量其他溶媒的帮助下，能有效去除芯片上残留的光致抗蚀剂。当压力和温度下降后，超临界二氧化碳呈气态挥发，使硅芯片变得干燥无尘。"在电子技术高速发展的今天，这项技术的大规模推广无疑会产生良好的环境效益。

（五）超临界二氧化碳作为反应介质

随着对超临界流体性质研究的深入，人们发现了在超临界流体中进行化学反应的一系列特殊性能：它不仅是反应物、催化剂和产物的溶剂，在保持或改善反应选择性的同时，可以改变反应历程、提高反应速率，而且还能方便地使产物从反应混合物中分离出来。比如用超临界二氧化碳作聚合反应的介质，在一定温度下超临界二氧化碳压力越大，溶解的该聚合物的分子量就越大，在聚合反应中利用这一原理可得到某些特定分子量分布很窄的产品，产品易纯化，超临界二氧化碳通过减压成为气体很容易与产物分离，完全省却了使用传统溶剂带来的一系列复杂的后处理过程，直接得到纯净的聚合物。超临界二氧化碳流体作为介质的化学反应有：酶催化反应、氧化还原反应、二氧化碳加成反应、Diels-Alder反应、自由基反应、光化学反应、聚合反应等。用超临界二氧化碳流体作为反应介质还有许多优点，主要表现在：可循环使用，节约能源和资源；代替传统的有机溶剂作为反应介质，具有较低的反应活性，不会导致副反应的发生，为反应提供了惰性环境；通过改变其压力或温度即可控制其密度、黏度、介电常数、导电率和溶解能力，从而调控其作为介质的反应速度，可适用多种反应所需的条件。

事实上，在多年的基础应用研究的推动下，液态和超临界二氧化碳的应用已开始进入工业规模。随着技术的不断创新和进步，使用超临界二氧化碳技术必将大量地减少危害环境和身体健康的挥发性有机溶剂的排放，减轻在全球经济发展中由于使用传统溶剂带来的空气和水污染的负担，缔造更加美好的明天。

第五节　催化剂绿色化

一、催化剂在绿色化学中的重要作用

化学工业把消耗性资源转变成为人们所需要的各种产品和材料，在这个过程中，催化剂扮演着不可缺少的重要角色。比如我们日常生活中穿的、用的，大多都是由合成材料制作的，而这些合成材料都是石油、煤或天然气借助催化剂的作用经过种种反应制得的。人们利用各种各样的催化剂，把煤转化成为汽油，把石油和天然气变成了五光十色的塑料，把石油化学原料变成鲜艳夺目的“的确良”和毛线等（见图3-5）。

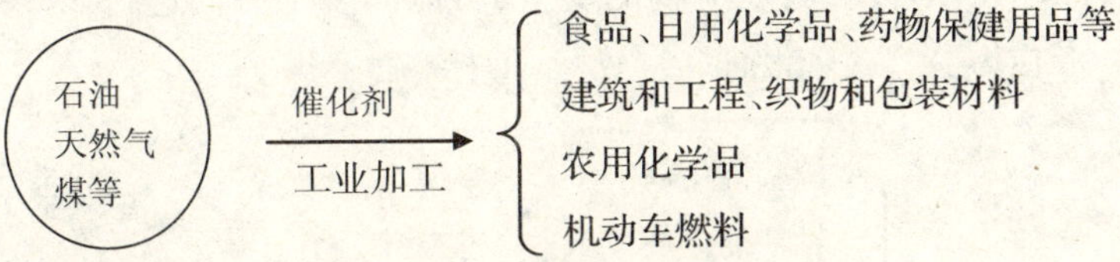

图3-5　催化剂的重要作用

据统计，80%以上的化学品均是通过催化反应制备的。催化剂在化学工业中之所以占据重要地位是因为催化剂对化学反应具有其特殊功能，这种特殊功能主要表现在以下两个方面：

（一）加快反应速率，降低能耗

很多化学反应从理论上讲是可以进行的，但是速度非常之慢，因此这种化学反应是没有实际意义的。对于这种情况，催化剂的加入就可以使反应速率大大加快。由于催化剂改变了反应的途径，降低了反应的活化能，不仅使反应速率加快了，也降低了反应的能耗。

例1　合成氨　$N_2 + 3H_2 \longrightarrow 2NH_3$

这个反应在一般的条件下反应速度很慢，且转化率很低，没有实际意义。由于它是个放热过程，所以不能单纯依赖升高反应温度来提高其速度，因为这样不利于反应向正方向进行，加大压力有利于提高速度和反应的转化率，但压力过高对生产设备要求太高，也不利于工业化生产，如果加了催化剂，就可以大幅度提高反应的速度（见图3-6）。加入催化剂后，反应变成了两步（图中实线），其中E是未加催化剂时的反应活化能，E_1、E_2是加入催化剂后的活化能，显然$E>E_1$、$E>E_2$。

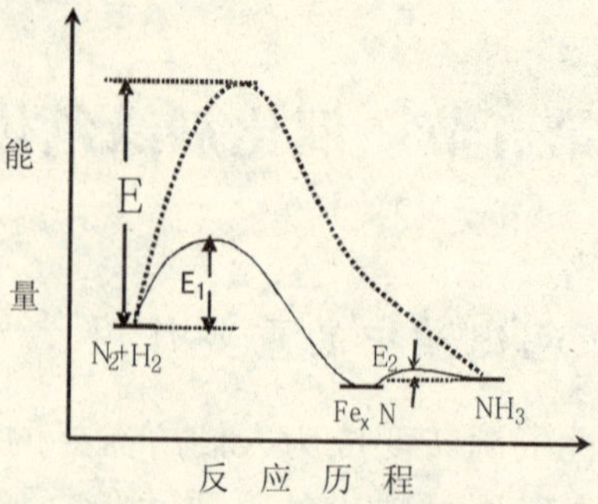

图3-6　催化剂对反应活化能的影响

由于降低了反应的活化能，所以也降低了反应所需的能耗。

(二)提高反应的选择性

1.控制化学反应方向

例1　以合成气($CO+H_2$)为反应物的反应，可以向多个方向进行。

反应物	催化剂体系 →	目标产物
合成气	镍基催化剂	甲烷
	钴基催化剂	乙二醇
	铑基催化剂	低碳醇
	铜基催化剂	甲醇
	钌催化剂	聚甲醛
	铁基催化剂	汽油
	……	

在上式中，列举了反应可以向六个方向进行的示例，这六个方向可以生成六种目标产物。我们可以根据需要，采用相应的催化剂，以加快某一个反应的速度，生成所需要的目标产物。

2.控制产物立体结构

不同结构的化合物呈现不同的性质和功能，比如对映异构体，很多会呈现出不同的生物活性。对于一些具有对映异构现象的药物(也称为手性药物)而言，其不同的对映异构体在活性、代谢过程及毒性等方面往往存在显著的差异。“反应停”就是一个典型的例子。无独有偶，Ele Lilly公司生产的抗感染药物Craflex，因发现此种药物中的R-对映体对肝脏有损害，所以该公司被迫取消了它的生产。欧洲、美国和日本的药政部门均作出相应的规定:对于具有这种结构特征的手性药物，必须将其不同的异构体分别给出药理、毒性数据，并倾向于以单一异构体出售。单一手性化合物的合成也称不对称合成，如何合成单一的手性化合物,这在药物合成中尤显重要。事实上,早在19世纪人们就开创了不对称的合成领域,随着人们对手性化合物生物活性认识的不断加深,手性技术得到迅速的发展,尤其是在制药工业领域。

现行的手性药物的合成方法主要有四种途径:拆分法分离手性药物,不对称化学合成法,从天然产物中提取手性化合物和不对称催化合成手性化合物。拆分法首先要利用合成得到外消旋化合物,即两种对映体各占一半,因此必须经拆分才能得到单一的异构体,这意味着有一半产物是无用的;不对称化学合成前进了一大步,它采用化学计量的手性试剂选择性合成手性化合物,但由于手性试剂昂贵,限制了它在工业上的推广应用;从天然产物中提取手性化合物,其原料有一定的局限性;目前应用最广的是不对称催化合成法,即是利用手性技术来合成手性药物,它也是近期研究最多的单一手性化合物的合成方法。不对称催化具有独特优势,主要是利用手性催化剂具有高度的选择性,可以合成出单一的手性化合物,同时由于催化剂的"手性增殖"或"手性放大"作用,即通过使用等量的手性催化剂,可以立体选择性地生成大量手性化合物,比不对称化学合成法如不对称催化氢化反应节省了大量手性试剂的使用,用好的手性催化剂可使手性增值效应高至10万倍,即用1个手性催化剂分子可产生10万个手性产物。因此近年来不对称催化方法引人注目,吸引了世界上许多著名的有机化学研究室和各大制药公司的研究开发部从事手性催化研究,其中既有创新性的基础研究工作,又有具实际应用价值的手性药物合成。

由此可见,催化剂上述独特的功能使其在绿色化学中显得尤为重要。传统上,人们在选择与开发合成方法、设计合成路线时主要追求效率与效益,很少考虑其对人类健康与环境的影响,化学合成中许多常用的反应对人类健康与环境具有负面影响。因此,绿色化学提出的新思维是对传统化学工业提出了新的要求,也让传统化工技术面临了新的挑战,对于现存的重要合成过程需要用绿色化学的原理进行重新评估,并对其进行改进或用新的合成方法取而代之。开发新的绿色化学工艺或对老的化学工艺进行绿色化改造需要新的催化方法和新的催化剂,选择新的反应原料必然要涉及新的合成路线的设计,也需要相应的新的催化剂;利用催化剂的选择性可以提高合成路线的原子经济性,减少副反应的发生;利用催化剂可以降低化学合成中的能量消耗等。

总而言之,催化剂可从若干方面满足绿色化学的要求,通过改进和选择新催化剂可使合成过程在更加友好的环境条件下进行,合成路线更为优化。

因此，可以说绿色化学目标的实现离不开催化剂的作用。催化剂的选择、改进及新型高效催化剂的开发，是绿色化学的重要研究方向，也是发展绿色化学的关键之一，催化剂研究也因此成为绿色化学三大研究热点之一。在过去的几十年里，催化剂方面的研究成果为化学与化学工业带来了巨大的效益与进步。

二、传统催化剂存在的主要问题

依据绿色化学原理，我们除了要设计出新型高效的催化剂以外，还要关注催化剂本身可能带来的环境问题。由于催化剂本身也是各种化学物质，因此它们的使用就有可能对人体及环境构成危害。历史上由于催化剂的毒性引起的污染曾给人类带来沉痛的教训，典型的实例就是发生在日本因汞催化剂污染引发的水俣病。20世纪中叶，世界主要的化学原料是煤，当时大量采用由煤经电石法制备的乙炔为原料，在硫酸汞($HgSO_4$)催化剂作用下制取乙醛。废硫酸汞催化剂掺在污水中排放到大海里转化为甲基汞，这种物质溶于海水中，经过鱼食用后被浓缩，人又不断食用这种鱼，就在体内积累了汞，最终导致脑细胞破坏，造成震惊世界的水俣病事件。20世纪60年代至70年代，世界各地多处出现水俣病，造成一定数量的人员死亡。

随着环境问题的日益突出，催化过程所引起的腐蚀、污染问题引起了人类越来越多的关注。特别是像无机酸、碱、金属卤化物、金属羰基化合物、有机金属络合物等均相催化剂，其本身具有强烈的毒性、腐蚀性，甚至有致癌作用，它们的使用会引起严重设备腐蚀问题且对操作人员的安全构成危害，而且这些催化剂与产物难于分离，产物处理产生的大量废物以及废旧催化剂的排放造成严重的环境污染。其中问题最为严重的是酸催化过程。酸催化反应和酸催化剂是烃类裂解、重整、异构等石油炼制以及包括烯烃水合、芳烃烷基化、醇酸酯化等石油化工在内的一系列重要工业的基础，目前酸催化过程中仍大量使用硫酸、氢氟酸和三氯化铝等无机酸或酸性较强的催化剂。硫酸是一种具有强烈腐蚀性、脱水性和氧化性的三大无机强酸之一，它在工业生产过程中对设备的腐蚀可能会导致设备泄漏事故的发生而危及操作人员的安全，同时在其作催化剂后很难分离回收，而是掺入废水中排放，危害环境；氢氟酸属剧毒化学品，具有强烈的脱水作用和腐蚀作用，它的排放对植物危害很大；三氯化铝本身具有较强的腐蚀性，在其充当催化剂时还要加氯化氢作助催化剂，使之腐蚀性进一步加强，采用它作催化剂的生产工艺是目前腐蚀、污染最为严重的。因此，设计既有很高的催化效力又对环境友好的绿色催化剂是我们需要解决的问题。

三、绿色催化剂研究与应用

(一)固体酸催化剂

由于液体酸催化剂有强烈的腐蚀性,再加之其在各种催化剂中的使用量占3/4之多,在烷基化、酯化、水合、烃类异构化、酰化等需要强酸催化剂的反应中,一直在采用硫酸、氢氟酸和三氯化铝等为催化剂。因此,开发无毒无害的固体酸(多相)催化剂来替代液体酸(均相)催化剂进行酸催化就显得更为重要。和均相催化相比,多相酸催化由于在工艺上实现连贯生产,不存在原料、产物和催化剂分离以及防止设备腐蚀等问题。目前已有一批固体酸用于酸催化,其固体酸有混合氧化物(如 $Al_2O_3-SiO_2$)、杂多酸、超强酸(SbF_5/SiO_2-ZrO_2, ZrO_2-SO_4等)、沸石分子筛、金属磷酸盐\硫酸盐、离子交换树脂等。

例1 固体酸作为催化剂合成烷基化油。

这里的烷基化油是指由一种烷烃(通常是异丁烷)和烯烃(一般是丙烯或丁烯)反应所得到的C_7和C_8异构烷烃,它是汽油的调和组分,可以提高汽油的辛烷值。高辛烷值的汽油防爆能力强,可以保护汽车的发动机,提高汽车的行驶性能。不仅如此,烷基化油的加入,还可以降低尾气的污染。因为汽油主要是催化裂化汽油、催化重整汽油、烷基化油、异构化油、加氢裂化汽油及含氧化合物等调和而成,其中的芳烃和烯烃虽然辛烷值较高,但它们不仅会导致排放物中活性烃和有毒物数量的增加,烯烃蒸发到大气中,可与臭氧发生反应,它的燃烧产物中也含有毒的多烯产物。此外,尾气的污染还与汽油蒸汽压有关。而烷基化油具有高辛烷值、敏感性小、蒸汽压低,不含或很少含容易产生污染的芳烃、烯烃和硫等物质,可以大大减少汽车尾气污染,也可以降低能耗,这种油是理想的汽油调和组分。但目前烷基油生产本身却存在污染,原因是这个过程采用了强腐蚀性的强酸——硫酸和氢氟酸作为催化剂。一方面,为了减少汽车的污染需要大量的烷基化油,另一方面,大量烷基化油的生产又会导致污染的产生。解决这一矛盾,问题的关键就在于催化剂的开发。事实上,固体酸烷基化的研究早在20世纪六七十年代就已经开始,经过30多年的艰难探索,到90年代以后,才对这一反应规律尤其是对催化剂在反应中的作用机理有了深入的认识。搞清了研制这个反应固体酸催化剂的关键,一是要提高酸的强度,二是要力求酸强度的分布要集中,以保证酸的强度足以使C–H键活化,酸的密度足以维持活性的稳定性和较高的选择性。

基于这一理论认识，一些新的固体酸催化剂和新工艺被开发出来。如丹麦Haidor-Topsoe公司开发的CF_3SO_3 / SiO_2催化剂，这个催化剂具有很高的活性和选择性。美国UOP公司为Baku Heydar Aliyev炼油厂设计了一套高辛烷值汽油联合生产装置，所采用的是UOP公司开发出的一种固体酸烷基化(Alkylene)工艺，烷基化油产能为每年3×10^5 t。2005年初，鲁姆斯公司与雅宝公司及富腾(Fortum)石油公司合作，采用专有沸石催化剂，完成了A1kyC1ean烷基化新工艺验证，烷基化油产品质量优于现有HF及H_2SO_4法液体酸技术。

我国研究人员在研究杂多酸作为反应的催化剂方面也取得了可喜的成果，成功地将固体杂多酸催化剂应用于烷基化反应。如我国研究人员采用杂多酸作为催化剂，催化异丁烷与1-丁烯进行烷基化反应，在控制一定温度，保持一定的烷烯比条件下，C_8的选择性可达100%。该项成果于1996年申请了国家专利。

烷基化技术的长远目标是开发采用固体酸催化剂的工艺，这些固体酸催化剂及其相关工艺的开发与应用使之与传统HF及H_2SO_4法液体酸技术的竞争成为可能，并显示出良好的发展前景。

例2　用分子筛固体酸替代三氯化铝合成乙苯和异丙苯。

所谓分子筛是一类结晶型的硅酸盐，具有均一的孔结构而能在分子水平上筛分物质，一些小分子被吸附，大分子则被排斥在外，起到筛子作用。20世纪60年代在石油催化裂化过程中采用分子筛，大大提高了裂化的效率，被誉为炼油工业的革命。由于分子筛具有较强的离子交换性能，经氢离子和稀土金属离子交换可制备酸性较强的固体酸，从而广泛用于催化剂或催化剂载体，为固体酸催化剂的使用开辟了一条理想途径。分子筛无毒无害无污染、可再生，是一类理想的绿色催化材料。

乙苯和异丙苯都是重要的有机化工原料。乙苯主要用来制备聚苯乙烯的单体，聚苯乙烯广泛用于注塑电话机、吸尘器、录像带外壳等高光泽部件，注塑各种容器，用于食品、医药、日用等领域，可挤压成片、膜，还可发泡用于食品包装等。异丙苯主要用于合成苯酚，苯酚是重要的基本有机化工原料，广泛应用于化学工业、染料工业和医药工业，是制造洗涤剂、香料和农药的原料，还被用来制造溶剂、实验试剂和消毒剂。因此，需求量巨大，随着经济的高速发展，这种需求量还在不断增长。

如此大量的需求必然导致生产量的加大，传统乙苯和异丙苯的生产均采用三氯化铝作为催化剂，这种催化剂本身就具有腐蚀性，再加之在使用过程中还要用氯化氢作为助催化剂，其生产过程中要用大量的强碱氢氧化钠去中和废酸，如果生产量再大，其产生的废水、废酸、废渣和废气所对环境产生的污染可想而知。而采用分子筛固体酸催化剂工艺，污染状况大为改善。以异丙苯生产为例，其化学反应如下：

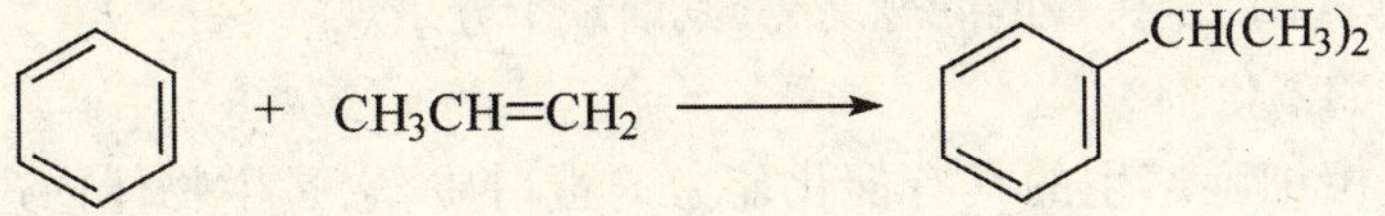

将其两种不同的催化剂工艺作一对比（见图3–7）。

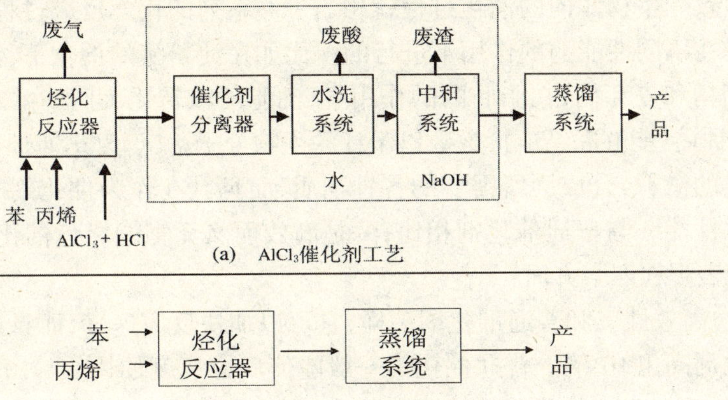

(a) $AlCl_3$催化剂工艺

(b) 分子筛固体酸催化剂工艺

图3–7 异丙苯生产过程比较

改造先后“三废”排放情况对比见表3–4。

表3–4 异丙苯生产“三废”排放情况

对比项目	用三氯化铝作催化剂工艺	用分子筛作催化剂工艺
异丙苯产量（万吨/天）	6.7	8.5
污水量（吨/小时）	9.6	0
稀盐酸（千克/小时）	90	0
废气（千克/小时）	211	4
废渣（千克/小时）	126	4.6

从对比的结果可见，分子筛固体酸催化剂工艺显然要优越得多。

固体酸催化剂的问世是酸催化研究的一大转折，这不仅可进行多相反应，解决均相反应带来的问题，而且由于可在高达700 ~800 K温度范围内使用，大大扩大了热力学上可能进行的酸催化反应的应用范围。但目前仍有许多反应依然使用传统的酸工艺，一方面液体强酸对许多反应具有高的活性，另一方面针对某一反应采用固体酸催化剂不论在其活性还是在其工艺上仍有许多问题有待深入。但固体酸催化剂及其新的催化工艺的研究仍是21世纪绿色化学中广泛关注的问题之一，其前景十分乐观。

（二）酶催化剂

酶是由细胞产生的具有催化能力的蛋白质，它是生物体内进行自我复制、新陈代谢所不可缺少的生物催化剂，它在生物体内发挥的作用可以说是淋漓尽致。生物体内的消化过程就相当于一系列的化学反应过程，而这个过程都是在不同性能酶的作用下进行的。比如在淀粉酶的催化下，淀粉可以水解成糊精和麦芽糖，在脂肪酶的作用下，油脂可以转化为脂肪酸和甘油。酶在1秒钟内，能够联结或拆散数以千计的生物分子，又可以迅速地把分解的各种各样的微粒，合成为所需要的各种物质，而且其在作为催化剂时表现出诸多优异性能。与普通催化剂相比，酶是高效而又无害的绿色催化剂，它的优异性能表现在四个方面：

（1）高效性。和普通催化剂一样，它可以加快反应速度，而且通常要比普通催化剂高出10^5倍。普通催化剂一般能使反应速度加快10^4~10^5倍，而酶可以加快10^9~10^{10}倍；

（2）专一性。酶催化作用具有很强的专一性，这是酶与非生物催化剂的最主要区别。酶催化剂作用的专一性大致有三种类型：其一反应的专一性，即某酶只能催化某一类型的反应；其二为反应物专一性，即某种酶只对某种反应物或具有某种特定键型的反应物进行催化；其三为立体专一性，指某种酶只对具有某种特定的立体结构的反应物，如光学异构体中的一种，或立体构型异构或几何异构体中的某一种实施催化。这类专一的催化作用对生命的存在和新陈代谢过程是必不可少的。正是依靠了这种特别的专一性，各种酶才能在周围许多共同存在的反应物中，准确无误地识别出其作用对象，定向地引发反应。没有酶的专一性，就不可能在生物体内进行有规则地、协调地进行物质和能量的代谢，生命亦就无法存在了。而一般的催化剂通常都有催化若干个化学过程的功能，如盐酸作为一种无机催化剂能催化淀粉水解成葡萄糖，也能催化蛋白质水解成氨基酸，故一般催化反应的反应物中往往伴有或多或少的副产品；

（3）反应条件温和。所有酶催化的反应都是在常温常压下进行，而普通催化剂大部分情况下对反应的条件要求较高，比如高温、高压、强酸和强碱等，对设备的要求也非常之高；

(4)多样性。就微生物的催化作用看,现有2万多种含酶的微生物几乎可以催化所有的化学反应,而我们目前发现的酶只有4 000多种。

大量酶催化剂的使用,还可以提高资源的利用率,减少“三废”的排放,有利生态环境。在石油化工业,利用微生物细胞内复合酶的作用,可将乙烯、丙烯和丙腈等合成环氧乙烷、环氧丙烷和丙烯酰胺及其他所需产品;在食品工业,应用的酶多达数十种,诸如淀粉酶、蛋白酶、葡萄糖氧化酶、果胶酶等,广泛用于制造酱油、饴糖、啤酒等产品制作与生产,既简化设备、流程,又节约大量粮食;在皮革工业,利用角蛋白酶使兽皮脱毛、裘皮软化、丝绸脱胶,降低了能耗、缩短了工时,提高了产品的质量,减少了污染;在农业上,用淀粉酶和纤维酶处理饲料,制成青贮饲料和糖化饲料,提高了饲料的营养价值。值得一提的是化学模拟生物固氮已有很大进展,人们从固氮微生物内将固氮酶分离出来,对固氮酶的结构及固氮功能间的相互关系积累了大量基础知识,为化学方法模拟生物固氮酶在温和条件下固定氮的方法奠定了基础。此外,酶还以广泛应用于生物工程、纺织和医疗等行业。

关于酶催化剂的研制与开发还在不断深入,据悉,南伊利诺大学(Carbondac)的研究人员已开发出一种采用三种酶来转化CO_2排放气体成为甲醇的方法。该工艺技术对于要控制CO_2全球性温室气体排放的能源密集型工业来说,是一种经济有效的方法。该工艺就是让CO_2通过一种浸入有两种细菌酶的水中的多孔硅胶,这两种酶菌是:纤维素脱氢酶和甲醛脱氢酶。纤维素脱氢酶把CO_2转化为甲酸,然后由甲醛脱氢酶使其进一步转化为甲醛,最后在人肝酶(醇类脱氢酶)的作用下,甲醛转化为甲醇。该工艺的一个缺点是存在潜在的可逆性,但有一种叫做NAD的物质可以阻止这种可逆性,目前研究人员正在开发一种可循环利用这种物质的工艺,以降低生产成本,使之能够大规模的工业化。

值得一提的是,美国的杜邦(Dupont)公司曾因开发出用微生物法生产1,3-丙二醇而荣获2003年度美国“总统绿色化学挑战奖”。1,3-丙二醇能合成很好性能的聚酯,这一点早为化学家们所认识。前面章节已介绍过传统的1,3-丙二醇合成仅依赖于传统化学和石油产品原料领域,不仅污染大,且高昂的原料成本使其远离市场。而杜邦公司利用可再生资源经生物催化生产1,3-丙二醇,有着显著的优越性。其一、其催化葡萄糖变成1,3-丙二醇的生产效率足以代替石油原料的合成路线,它的应用将是第一次使可再生资源大量转化成一种化学品;其二、大大降低生产中需要的能量、提高生产安全的优点,不仅经济可行,而且具有环境价值;其三、用1,3-丙二醇与对苯二甲酸酯制造的聚酯PTT(聚对苯二甲酸丙二醇酯),更有利于该聚合物在服饰、室内装潢、树脂、无纺布等领域的应用,将会使消费者享受到柔软、回弹性好、易于料理、防污和不褪色的聚合物织品,作为树脂使用时,PTT隔板防潮、无臭无味。

随着各种高新技术的广泛应用及酶工程研究工作的不断深入,未来的发展前景更令人鼓舞。可以相信,将来人们可以用化学的方法随心所欲地构造出各种性能优异的人工合成酶和模拟酶,甚至可以采用生物学方法在生物体外构造出性能优良的产酶工程菌。这些无疑将为绿色化学的研究和发展开辟了一条绿色通道。

第六节 设计原子经济的合成路线

依据绿色化学的基本原理,合成化学家在设计合成方法时应考虑能使反应过程所用的所有材料最大限度地进入到最终产物中,这实际上体现了原子经济的基本思想。合成方法设计的最重要环节就是合成路线的设计,合成路线的优劣将会影响化学过程乃至整个化工过程的绿色化。一条理想的合成路线必须是原子经济的,才能最大限度地减少“三废”的排放,提高资源利用率,降低污染与危害。

一、合成路线原子经济性评估

Trost教授提出了原子经济性概念,把化学反应的原子经济性和选择性作为评估化学合成效率的新标准,这个新标准得到了广泛的认可。事实上,合成路线能否达到原子经济,也正是取决于这个新标准,即构成合成路线的每一个化学反应的原子利用率和生成目标产物的选择性问题。因此,在评价一条合成路线的原子经济性时也需要关注这两个主要因素。下面分别讨论化学反应的原子经济性和选择性对合成路线原子经济性的影响。

(一)化学反应的原子经济性

合成路线的原子经济性程度首先受化学反应原子利用率的制约。因为化学反应的原子利用率是依据计量反应式计算出的理论值,揭示了化学反应的反应物能否全部转化为目标产物的内在潜力。这种潜力取决于化学反应的本质特征,是由化学反应的内因所决定,与反应条件无关。如果一个计量化学反应的反应物不能全部进入目标产物,那么在实际生产中必然有副产物产生;反之,如果一个化学反应的反应物能够全部进入目标产物,那么在实际生产中我们可以利用反应条件(诸如温度、压力和合适的催化剂等)来实现其高的原子经济性。比如,加成反应的原子利用率是100%,说明这类反应在实际生产中的原子经济性有较高的期望值,而消除反应的原子利用率<100%,在实际生产中肯定有副产物生成,其原子经济性肯定较低。所以,若从原子经济性考察合成路线优劣,最理想的合成路线应该是由原子利用率为100%的化学反应所构成。

(二)化学反应的选择性

合成路线的原子经济性实现程度受化学反应选择性的制约。理论上一条合成路线中的化学反应均达到100%,实际生产中不一定能实现零排放,因为有机化学反应的副反应现象十分常见,而原子利用率不能反映其他副反应存在,即使所有反应的原子利用率均达到100%,也可能由于其他副反应的存在,使反应向着目标产物方向进行的同时,也向其他副产物生成的方向进行,使合成过程的原子经济性下降。反应过程见下式:

$$A + B \longrightarrow C \tag{3-1}$$

$$A + B \longrightarrow D \tag{3-2}$$

如果(3-1)式是我们所需要的反应,产物C是目标产物,那么(3-1)式的原子利用率为100%。但实际上,由于(3-2)式副反应的同时发生,反应物实际上是不能全部转变成为目标产物的。要保证反应向着目标产物的方向进行,就必须要考虑化学反应的选择性。

综合上述可见,只有反应的原子利用率和选择性均是在理想的情况下,其组成的合成路线才可能有理想的原子经济性。

二、原子经济合成路线的设计与应用

合成路线的原子经济性取决于化学反应的原子利用率和反应的选择性,下列因素均可影响合成路线的原子经济性。

(一)新的催化剂

对于一个原子利用率达到100%的化学计量式反应,必须要有很高的选择性,才能保证反应完全向着目标产物的方向进行。而催化剂具有良好的选择性,可以控制反应方向(单加成或多加成),控制反应位置(如α-甲基化还是β-甲基化),控制立体化学、光学活性,它对化学反应这种“导向”作用,可使反应向着预定的方向进行,减少了副反应的发生,将废物的产生降至最低,使起始原料的利用率提高,节约了资源。所以,开辟新的催化剂可以提高合成路线的原子经济性。

以化工生产中的氧化技术为例。氧化技术是重要的化工技术，将石油转化为有机化学品，大多需要经历氧化过程，因为石油烃分子是处于还原状态，因此要通过氧化将其转化为带有不同含氧基团的有机化合物，才能获得人类所需要的化工产品，它包括将碳氢化合物氧化成含氧化合物和含氧化合物的氧化转化。据统计，全世界生产的主要化学品中有50%以上是与这个过程相关的。而这个氧化过程也是化工生产中最容易产生污染的过程，因为氧化反应是有机反应中最难控制反应方向的一类反应，它们往往在生成主产物的同时，生成许多副产物，这使得氧化反应的选择性较低。加上至今不少氧化反应采用的仍然是化学计量的氧化剂，特别是含重金属的无机氧化物，反应完成后还有大量的残留物需要处理，它们对环境会造成严重污染。因此，通过开辟新的高选择性而无害的催化剂来提高氧化过程的选择性和原子经济性是十分重要的。

对于氧化剂的要求是，它们参与反应后不应有氧化剂分解的残留有害物，因此最好的氧化剂是氧气，其次是过氧化氢，其他氧化剂均不能满足此要求。但由于分子氧的动力学惰性，使得分子氧的高温催化活化过程还难以控制，需要新的催化剂，使分子氧的活化能在温和条件下实现烃类的氧化。目前，石油化工中一些非常重要的催化氧化工艺都是在温和条件下用廉价氧源过氧化氢实现的，例如环氧丙烷和己二酸的合成。利用钛硅分子筛催化过氧化氢氧化烃类是提高氧化选择性的新方向。意大利埃尼集团首先发现钛硅分子筛能作为氧化催化剂，第一次把分子筛的应用从过去的酸催化扩展到氧化催化，并且已成功地用于丙烯环氧化合成环氧丙烷和环己酮氨氧化制备环己酮肟。

以环氧丙烷的制备为例。环氧丙烷是一种重要的有机化工原料，在丙烯衍生物中是产量仅次于聚丙烯和丙烯腈的第三大品种，主要用于生产聚氨酯、不饱和树脂和表面活性剂等。此外，还可用作溶剂和制取其他精细化学品的原料，其市场需求量不断增长。目前全世界产量为450万吨/年，我国的产量约为30万吨/年。国内外现有的生产技术是氯醇法，这个反应经过两步：

第一步

$$2\,CH_3{-}CH{=}CH_2 + 2\,HOCl \longrightarrow CH_3{-}\underset{OH}{\underset{|}{CH}}{-}\underset{Cl}{\underset{|}{CH_2}} + CH_3{-}\underset{Cl}{\underset{|}{CH}}{-}\underset{OH}{\underset{|}{CH_2}}$$

第二步

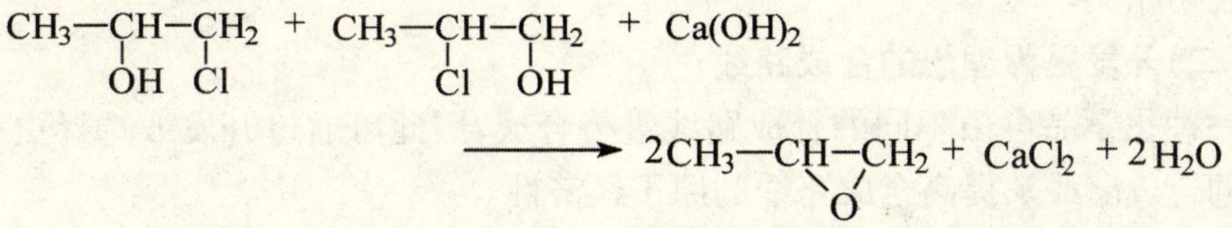

该反应的原子经济性只有44.1%，大量的无用的氯化钙成为废物，对设备和环境都十分不利，反应还消耗了大量的石灰和使用了有毒气体氯气。

自从开发了钛硅分子筛TS-1催化剂后，此反应采用了新工艺，用过氧化氢直接氧化丙烯一步生成环氧丙烷，其反应如下：

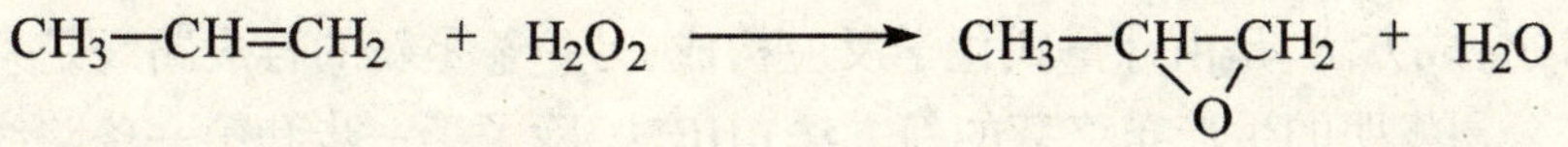

从反应式可以看到，反应物的分子虽然没有全部进入目标产物中，但副产物是水，且该反应的条件也很温和，温度在40℃~50℃，压力在0.1 MP以下，氧化剂是30%的过氧化氢水溶液，无毒无害，不产生环境污染，是理想的绿色化学反应。

据报道，我国已研究开发出一种理想的绿色环氧丙烷生产新方法，其关键是发明了反应控制相转移催化剂。这种催化剂同时具有均相催化剂催化性能好和多相催化剂易回收的优点，其本身不溶解于反应溶剂，但在过氧化氢的作用下，催化剂变得可溶，均相状态下催化烯烃环氧化，当过氧化氢随着反应进行消耗完全时，催化剂又恢复到起始状态从反应体系中析出，像多相催化剂一样，可通过简单的过滤或离心回收，并可循环使用，有效地解决了上述难题。该方法利用原位生成的过氧化氢，不经分离直接用于丙烯环氧化，适用于氯丙烯、环已烯、苯乙烯等烯烃的环氧化，使合成环氧丙烷的过程避免了传统方法存在的缺陷。它利用最为环境友好的氧气、氢气体系，直接转化丙烯生产环氧丙烷，催化剂可循环使用且无污染，是非常理想的"绿色"环氧丙烷生产方法。目前已研究开发了三代反应控制相转移催化剂，其合成成本大幅度降低，并在保持了催化剂原有高活性、高选择性和稳定性的同时，使其消耗成本达到了技术要求。工业生产证明新型反应控制相转移催化剂易于分离、回收和循环使用，而其本身在反应中不消耗、可循环使用，也不结合到终产物中，同时具有增量作用，和计量试剂相比，催化剂的用量也很少。

需要说明的是，催化剂提高反应原子经济性作用的发挥并不是孤立的。从上述例子中也可以看到，伴随着新型催化剂的使用，其生产工艺、试剂也相应地改变。事实上，提高合成路线的原子经济性可能涉及化工过程各个环节，其中还包括原料及各种辅助试剂的选择，新材料、新方法、新途径、新设备等在内的诸多方面的研究和设计，只是这些研究和与之相应的新型催化剂的开发密切相关。

（二）开发更为理想的合成路线

一种化学品可由不同的合成路线进行合成，因此可通过开发或选择更为理想的合成路线来提高合成路线的原子经济性。

一个很典型的例子就是布洛芬的合成。布洛芬是一种药物，化学名为2-甲基-4-（2-甲基丙基）苯乙酸，具有解热镇痛及抗炎作用，用于扭伤、劳损、下腰疼痛、肩周炎、滑囊炎、肌腱及腱鞘炎、牙痛和术后疼痛、类风湿性关节炎、骨关节炎以及其他血清阴性（非类风湿性）关节疾病，市场需求量很大。图3-8是生产布洛芬的两条合成路线。一条是传统的合成路线采用了Boots公司的Brown合成方法，是由计量式化学反应构成；另一条是新的合成路线是采用了BHC公司发明的生产布洛芬的新方法BHC法，除了第一步和第一条路线相同，采用计量化学反应，其他步骤均采用了催化反应步骤。由图3-8可见，传统的合成路线从原料到产品要通过六步反应，而且每步反应中的原料只有一部分进入产物，其他则变成废物。由表3-5可见，这条路线生产布洛芬，所用原料中的原子只有40.03%进入最后产品中去。新的合成路线，只用了三步反应即可得到产品布洛芬，其原子经济件达到77.44%（见表3-6），也就是说新发明的方法少产废物约37%。

表3-5 Brown 法合成路线原子经济性

反应物分子式	分子量	产物中被利用部分	式量	产物中未被利用部分	式量
$C_{10}H_{14}$	134	$C_{10}H_{13}$	133	H	1
$C_4H_6O_3$	102	C_2H_3	27	$C_2H_3O_3$	75
$C_4H_7ClO_2$	122.5	CH	13	$C_3H_6ClO_2$	109.5
C_2H_5ONa	68		0	C_2H_5ONa	68
H_3O	19		0	H_3O	19
NH_3O	33		0	NH_3O	33
H_4O_2	36	HO_2	33	H_3	3
合计		布洛芬分子式		废物	
$C_{20}H_{42}NO_{10}ClNa$	514.5	$C_{13}H_{18}O_2$	206	$C_7H_{24}NO_8ClNa$	308.5

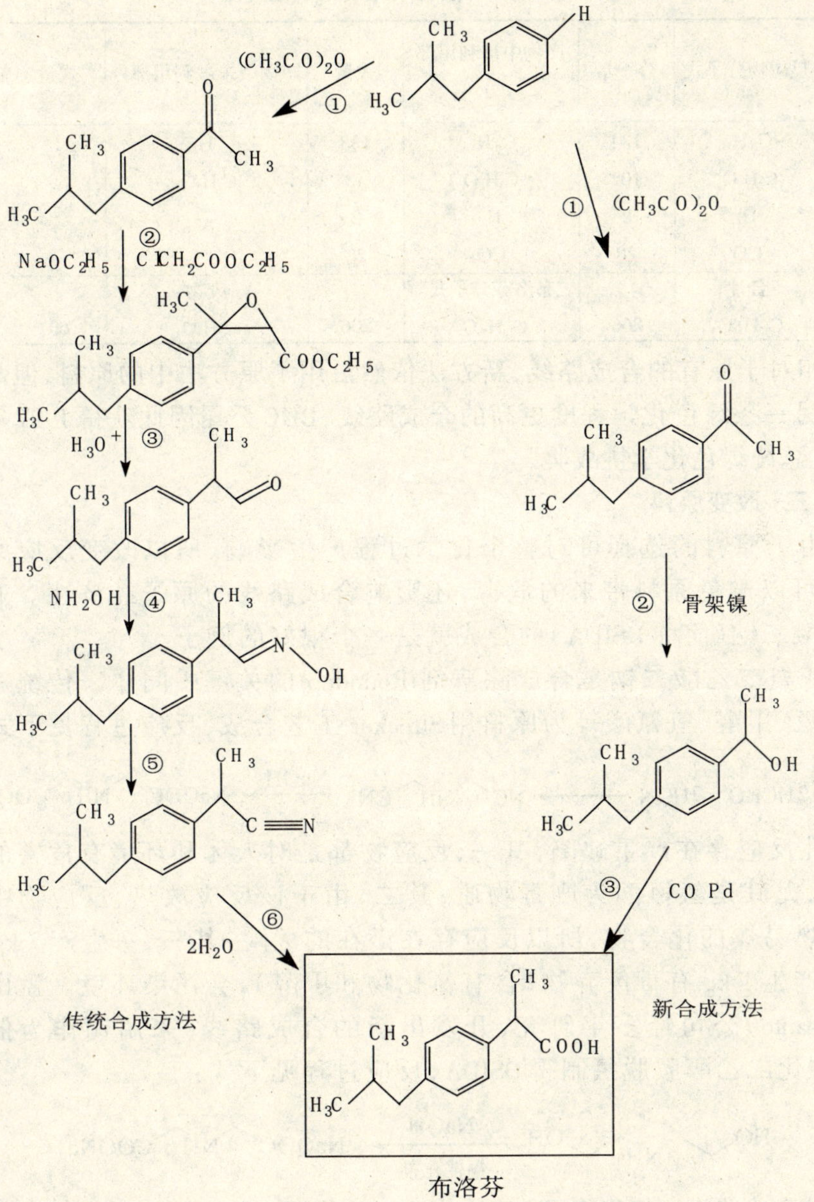

图3-8 两种合成布洛芬方法的对比

表3-6　BHC法合成路线原子经济性

反应物分子式	分子量	产物中被利用部分	式量	产物中未被利用部分	式量
$C_{10}H_{14}$	134	$C_{10}H_{13}$	133	H	1
$C_4H_6O_3$	102	C_2H_3O	43	$C_2H_3O_2$	59
H_2	2	H_2	2		
CO	28	CO	28		
合计		布洛芬分子式		废物	
$C_{15}H_{22}O_4$	266	$C_{13}H_{18}O_2$	206	$C_2H_4O_2$	60

相对于原有的合成路线，新方法依然沿用了原方法中的原料，但却开发出另一条绿色化学程度更高的合成路线，BHC公司因此获得1997年度美国“总统绿色化学挑战奖”。

（三）改变原料

由于原料的选择可对整个化学过程产生影响，所以改变反应原料不仅可以避免原料带来的危害，还影响合成路线的原子经济性。亚氨二乙酸二钠（简称DSIDA）的合成就是一个很好的例子。

亚氨二乙酸二钠是合成除草剂(Roundup)的关键中间体。传统工艺采用氨、甲醛、氢氰酸等为原料用Strecker 工艺合成，反应过程见下式：

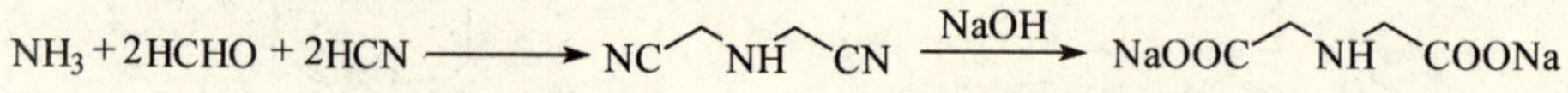

此反应存在严重缺陷，其一，反应物都是对人体和环境有危害的化合物，尤其是氢氰酸为剧毒物质；其二，由于该反应放热，反应物中又有易燃易爆的化合物，所以反应存在潜在的危险；其三，每生产7 kg产品就产生1 kg有毒废弃物（含有氰化物和甲醛），会污染环境。孟山都（Monsanto）公司经多年研究，开发出新的合成路线，采用铜作为催化剂，催化二乙醇胺脱氢制得DSIDA，反应过程见下式：

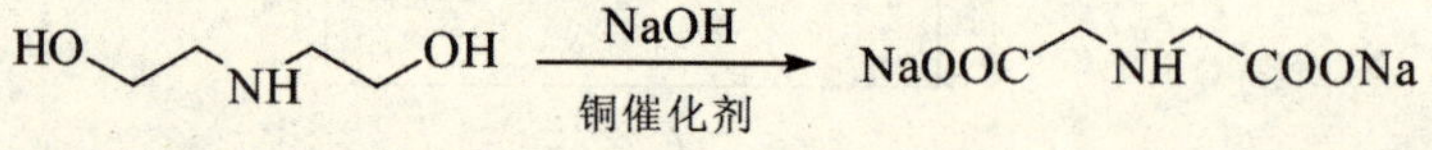

该合成路线不仅避免了有毒有害原料的使用，而且反应本身又是一个吸热过程，从而消除了潜在的危险；此外还提高了合成路线的原子经济性，使生产过程中实现零排放，而且生产过程步骤减少，总收率较高，产品的纯度也高，不需要进行纯化或分离副产物。因此，这一新合成路线从多个方面贯彻了绿色化学的宗旨，是一项优秀的绿色化学成果。

又如采用新的原料和催化剂合成甲基丙烯酸甲酯，不仅避免了传统方法中有害试剂的使用，还提高了甲基丙烯酸甲酯生产的原子经济性。

甲基丙烯酸甲酯(简称MMA)是一种重要的有机化工原料，主要用于生产有机玻璃(PMMA)和模塑料，还广泛地用于制造其他产品，如涂料、黏合剂、PVC改性剂、润滑剂、浸透剂、上光剂、印染助剂、绝缘材料及高档轿车漆等，市场前景十分广阔。传统工业上生产MMA主要采用丙酮-氰醇法(ACH)。反应过程见下式：

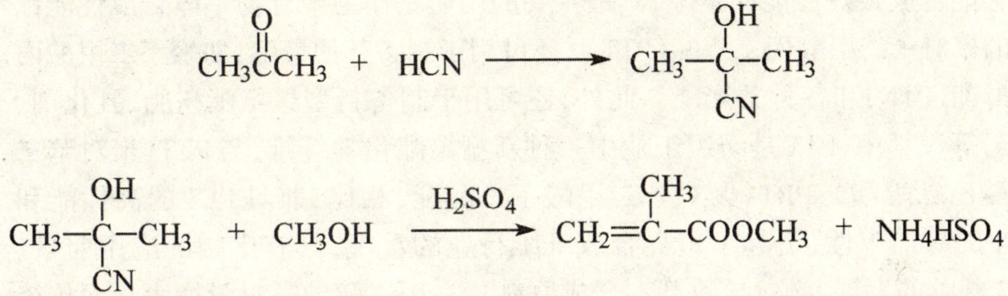

该方法是英国帝国化学工业公司(ICI)于1932年首次实现工业化的。该方法有很多弊端，主要有生产工艺流程长，涉及原料多，且原料中含有剧毒的氢氰酸，还有高浓度强酸硫酸。此外，该方法还带来大量的硫酸氢氨废弃物，反应的原子利用率只有47%。这样的生产过程，无论从绿色环保还是从经济效益方面考虑都已显得很不合理，没有继续发展的价值，因而研究开发替代氢氰酸路线的MMA绿色工艺技术是十分必要的。

近年荷兰阿姆斯特丹的Shell国家研究所开发了丙炔制MMA工艺。该工艺采用固体酸催化剂体系，使丙炔羰基化制得MMA，原子经济性可达100%，MMA选择性高达99.8%。具体工艺(已获美国和欧洲专利权)是在甲醇存在下，丙炔用CO羰基化，反应后经两步减压蒸馏从无水系统回收高纯度的MMA。反应过程见下式：

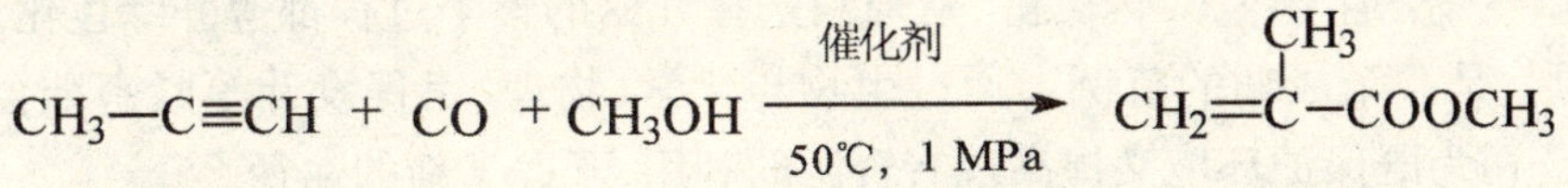

(四)开发新的转换反应

传统上，人们在选择与开发合成方法、设计合成路线时主要追求生产效率与经济效益，很少考虑其对人类健康与环境的影响。所以，化学合成中许多常用的反应对人类健康与环境具有严重的负面影响。开发新的转换反应，设计新的合成路线，就可以避免传统合成过程所造成的危害。如化学计量反应可为催化反应所替代,因为计量化学反应通常要用大量的化学试剂,如果能选择合适的催化剂就可以用催化反应来替代计量化学反应,这样不仅可避免大量试剂的使用,还可减少污染、节约资源。上述合成布洛芬新路线的后两个步骤正是实现了催化转换,才节省了大量试剂的使用,减少了废弃物的排放,提高了合成的绿色化程度。此外,有些化学合成方法可为生物发酵方法所替代,其优越性可体现在多个方面。

以1,3-丙二醇合成方法为例。1,3-丙二醇是一种无色黏稠状透明液体,用它能合成很好性能的聚酯,其最主要的用途是作为聚合物单体合成性能优异的聚对苯二甲酸丙二醇酯(PTT),还可用于制备其他聚酯,如聚萘二甲酸丙二醇酯(PTN)和各种共聚酯。此外,还可用于制备新型聚氨酯树脂、乳化剂、医药等。其中,PTT是纺织工业中一种新型聚酯化学纤维,与PET(聚对苯二甲酸乙二醇酯)、PBT(聚对苯二甲酸丁二醇酯)相比,兼具PET的高性能和PBT的易加工性,引起了世界合成纤维行业的重视,具有广阔的应用前景。PTT纤维的发展,必然导致基本合成原料1,3-丙二醇的需求量增大。而传统的化学合成法合成1,3-丙二醇有诸多的问题,如环氧乙烷碳基化法,其设备投资大,技术难度高,催化剂体系复杂,制作工艺苛刻,需要有较高的综合技术水平;丙烯醛水合法虽然反应条件比较温和,工艺简单,加氢工艺成熟,催化剂体系简单,对设备要求不高,但丙烯醛不仅对人体产生毒性而且还有危险性,这种方法危害性很大。此外,这两种方法都依赖于传统化学和石油产品原料,原料成本也较高。美国的杜邦公司,将生物技术引入1,3-丙二醇的制备,利用可再生资源经生物催化生产1,3-丙二醇,不仅有良好的经济效应还有颇佳的环境效应。这种用催化葡萄糖变成1,3-丙二醇方法的生产效率很高,足以代替以石油为原料合成路线,它的应用将是第一次使可再生资源大量转化成一种化学品成为可能,同时这种微生物法还具有大大降低生产中需要的能量、提高生产安全的优点。

微生物法生产1,3-丙二醇,从原料选择开始的整个过程都遵守绿色化学的原则,是一个成功的范例。通过生物与化学、物理、工程设计等紧密结合,杜邦公司为既保护环境又提高现有资源的利用,开辟了新的途径。

习　题

一、思考题

1.我们在设计化学品时,只需要考虑对人体有没有毒性,如果对人体没有毒性就是安全的化学品。这种看法正确吗?为什么?

2.理论上一个反应的原子利用率是100%,在实际生产中能保证没有副产物的生成吗？为什么？举例说明。

3.谈谈你对可再生资源利用的看法。

二、简答题

1.简述设计更安全化学品的主要的六种方法。

2.从正反两方面举例说明你生活中化学品的双面效应。

3.谈谈DDT的发明和应用给人类的警示。

4.常见的有机溶剂有哪些，简述它们的危害性。

5.简要回答改变反应原料和反应溶剂应遵循的原则。

6.简述催化剂的特殊作用。

7.和传统的生产方法相比，BHC公司发明了生产布洛芬的新方法有哪些进步？

8.超临界流体有什么特性？

9.什么是酶？酶催化剂有哪些优异的性能？

10.以环氧丙烷的制备为例，对氯醇法生产技术和一步法的新工艺进行绿色化学的评估。

11.试从光气的危害及其在工业上的广泛应用两方面，阐述取代光气的重要性。

12.试说出十种以上可利用生物质作为原料生产的化学品。

13.什么是汽油醇？从环境效应的角度和汽油相比，汽油醇的优越性表现在哪些方面？

14.超临界二氧化碳作为萃取剂有哪些特点？

15.举例说明超临界二氧化碳替代有机发泡剂、有机清洗剂的优越性。

16.通过实例说明固体酸催化剂替代液体酸催化剂的优越性。

17.有机锡防垢涂料的使用会造成哪些危害？

18.杀虫剂ConfirmTM这一成果获得1998年美国“总统绿色化学挑战奖”的设计更安全化学品奖。试从其杀虫的原理上说明其优越性。

第四章　绿色产业革命

第一节　绿色产业革命

倡导绿色化学就是要用绿色化学的要求来重新审视传统的化学化工，将绿色化学的科学理念和基本思想贯穿到实际生产过程中，用绿色化学的基本原理来指导化学化工的生产。由于化学特殊的中心地位，化学工业的绿色化将对其他产业的绿色化产生重要影响。因此，绿色化学的兴起必然引发一场绿色产业革命，这场绿色产业革命对生态建设、保障人类可持续发展是至关重要的。

一、绿色产业的内涵

（一）绿色产业定义

“绿色产业”的概念，是来源于1989年加拿大环境部长提出的“绿色计划”一词。它第一次从宏观层次上把“绿色产业”同整个社会经济的发展计划结合起来，并在20世纪90年代初得到12个工业发达国家的认同，即把绿色计划作为推进各国社会经济可持续发展的重要战略。

绿色产业就是以绿色资源开发和生态环境保护为基础，以实现经济社会可持续发展和满足人们对绿色产品消费日益增长的需求为目标，从事绿色产品的生产、经营及提供绿色服务活动，并能获取较高经济与社会效益的综合性产业群体。它包括环境保护产业、绿色食品产业、绿色技术产业、绿色旅游产业、绿色农业产业、绿色服务产业和绿色贸易产业等多个产业部门。

（二）绿色产业的特征

1.绿色产业的综合性

绿色产业的内涵决定了它与其他产业相比较更具有综合性特征。一是绿色产业所涉及的学科多，它包括生态学、生物学、环境保护学、经济学、法学、生态经济学、未来学、政治学等多个学科；二是绿色产业所涉及的产业门类多，如林业、农业、工业、商业、旅游业、建筑业、信息产业等，包含了国民经济的第一、第二、第三产业，是一个比较特殊的综合性产业群体；三是绿色产业所分布的部门广泛。仅从我国现有的9 000多个环境保护企事业单位来看，这些企事业单位广泛分布于冶金、化工、石油、机械、轻工、纺织、水电、商业、环保、农业、城建、地矿、电力、军工、交通、邮电、航天、科技、教育、卫生、民政、公安、劳动、侨联、台联等40多个部门之中，而它们又分属部、省（市、自治区）、地（州、市）、县（市）、乡（镇）等五个层次管理。正因为绿色产业所涉及的学科多、产业门类多和部门多，才表现出其综合性的特点。

2.绿色产业的区域性与实效性

一般而言，地球表面最显著的特点就是它的自然现象和人文现象空间分布的不均衡性。作为在一定自然和社会经济条件下，新兴发展起来的绿色产业，由于不同国家和地区或者是一个国家的不同地区的自然和社会经济环境的不同，而形成了国家、地区和居民对绿色产业的发展需求的区域性特点。例如国家与国家、地区与地区间由于环境污染的类型和程度不同，居民对绿色食品的需求不同。绿色资源的不同，就会使各国或各地区所发展的绿色产业的内容产生差异，而且发展的速度与规模也会有所不同，这样就会形成各国或各地区只能根据其实际，建立和发展适宜于本国或本地区资源开发利用的绿色产品。同时，发展绿色产业的目的是为了控制和消除各地的环境污染，满足人们对绿色产品、食品等消费需求。所以，绿色产业所生产的产品必须具有针对性和实效性，才能有效地解决经济与社会发展和人类生存问题，只有这样绿色产业才能生存和发展。

3.绿色产业的社会性

首先，绿色产业是一项全球性的产业。它直接涉及各个国家和地区，直接与人类的生存、生活环境相联系，不是仅靠哪一个国家、地区所能解决的，而是需要世界各国、各地区协调一致，共同努力才能达到的。比如治理环境污染，如果不能形成全球性行为，传统工业生产中向大气中排放的氟氯烃化合物（CFCs）、烟尘、一氧化碳和二氧化硫不能得到有效控制，南极臭氧空洞不能得到逐步修补，地球气温将逐步升高，南、北两极冰山融化加速，太平洋、印度洋等四大洋沿岸国家的一半以上的沿海城市将被海洋吞食，日益增高的地球表面的温度，也将危及人类的生存。所以，推动绿色产业的发展，需要全球的一致行动，需要全人类的促进与保护。

其次，绿色产业是与自然环境相和谐的产业。全球的环境污染、食品污染、生态破坏、疾病增加等问题是在人类社会经济发展的历史演变过程中所产生的。尽管不同的社会制度和不同经济发展水平的各个国家和地区，往往对发展绿色产业认识及发展速度存在着差异，但拥有一个优美的生态环境、生活环境，不断提高人类的生活质量，推动全球可持续发展是世界各国政府和各国人民的共同愿望。正因为如此，联合国及各国政府都重视世界及各国的环境保护与可持续发展。如联合国环境与发展委员会的《我们共同的未来》、中国政府的《中国21世纪议程》等，都体现了国际组织与国家政府对创造绿色优美环境发展绿色产业的支持行为。

4.绿色产业的高新技术性

绿色产业中除某些部门对高新技术的需求不大外，大部分产业部门都是技术性很强的产业部门，即高新技术的大量应用是该产业发展的基础与内涵。绿色产业在发展过程中，无论是在产业管理、产品质量、信息传递、产品开发还是在市场服务等方面都与科学技术水平紧密相关。其一是绿色产业发展大量采用高新技术。如广泛应用于产业发展之中的脱硫、脱氨技术，烟尘与城市垃圾处理技术，城市污水净化处理技术，无氟制冷技术等。特别是，近10年来随着生物工程技术、计算机技术和新材料的广泛应用，为绿色产业的发展提供了强有力的科技支撑，使其变成了一个科技产业；其二是绿色产业发展对产业人才提出了更高要求。由于绿色产业发展的综合性和高技术性特征，决定该产业的发展需要大量的从事研究与开发、设计与制造等专门的高质量人才来从事工作。因此，发展绿色产业，除必须建立依靠科学技术的思想观念外，还要促进产业部门与高等院校和科研单位的结合，建立绿色产业生产经营实体，及时将一些先进的科技成果转化为实用的绿色新产品、新设备、新材料，加速其生产科学化、现代化进程，促使绿色产业向提高产品标准化、系列化、规模化水平方向发展。

二、绿色化学所引发的绿色产业革命

绿色化学及其带来的产业革命正在全世界迅速崛起，给化学、化工科技工作者提出了严峻的挑战，同时也带来了巨大的发展机遇。确立“原料—工业生产—产品使用—废品回收—二次资源”的新观念，替代“先污染、后治理”的粗放经营模式，采用“源头预防及生产全过程控制”的清洁工艺取代以“末端治理为主”的被动环保策略，实现化学工业的“绿色化”。走资源—环保—经济—社会协调发展的道路，这是人类21世纪的必然选择。下面就介绍绿色化学所引发的绿色产业革命的例子。

(一)绿色磷酸盐工业

1. 湿法磷酸清洁工艺

湿法磷酸工艺因其原料易得,能耗较低和工艺操作比较简单而成为磷酸的最重要的工业生产方法。但在湿法工艺中,“三废”的排放量大,尤其是磷石膏的处理和利用是摆在湿法磷酸生产厂家面前必须解决的问题。如何实现湿法磷酸的清洁生产,各国科学工作者进行了大量的研究和探索,取得了一系列可喜的成果。现在人们应用绿色化学的基本原理,通过相关化学反应的集成,构成资源综合利用的反应体系,实现了零排放。该法的特点是可以和小碳铵厂的改造结合起来,生产多元复混肥料,通过封闭循环,工艺消化,实现资源的综合利用。

2.亚磷酸生产的新工艺

亚磷酸(H_3PO_3)大量用于有机合成、医药、化妆品、农药、水处理剂以及亚磷酸盐的制备,也是出口创汇的重要产品,工业上通常采用水解法制备亚磷酸。该法工艺技术成熟,生产过程比较简单,但是预处理和盐酸的脱除比较麻烦,加之设备腐蚀严重,工作环境恶劣,该法存在严重的弊端。如何有效的制备亚磷酸是人们极感兴趣的研究课题。化学工作者经过深入的研究和探索,提出了由黄磷直接氧化法制备亚磷酸的新工艺,化学反应式为:

$$P_4 + 12H_2O \longrightarrow 4H_3PO_3 + 6H_2\uparrow$$

该法采用贵重金属作催化剂,反应选择性可达95%,条件比较温和(温度t<200℃,压力p<2 Mpa),基本上没有“三废”排放。

(二)绿色石油化学工业

现代工业的快速发展,对于石油化工产品的需求大幅度增长。石油化工原料的结构变化,保护生态环境的严峻挑战,使得21世纪的石油化工技术将突破第一代石化技术的原料、工艺和设备等限制。应用绿色化学的原理,逐步实现石油化学工业的绿色化,这是可持续发展之必然。例如,用沸石催化剂替代三氯化铝生产乙苯、异丙苯;用离子交换树脂催化剂替代硫酸生产仲丁醇;不用光气生产聚碳酸酯(PC)、甲苯二异氰酸酯(TDI)和二苯基甲烷二异氰酸酯(MDI);乙烯催化氧化制备乙酸;乙烷直接氧化生产乙醇;在硅铝磷酸盐分子筛催化作用下,甲烷两步转化生产乙烯等,这些被称为“第二代石化技术”,将在21世纪的绿色石油化工中发挥中坚作用。随着化石燃料的日渐枯竭,以生物质为原料通过生物工程技术转化为石油化工产品,越来越受到人们的关注和青睐。例如,已二酸是制造尼龙-66纤维、聚氨基甲酸酯弹性纤维、增塑剂等的重要中间体。全世界己二酸的年生产能力约2.3×10^6 t。目前，工业上生产己二酸的方法是以石油提取的苯为原料，经Ni催化加氢生成环己烷，后者经催化氧化成环己酮和环己醇，然后利用HNO_3进一步氧化为己二酸。该法的主要问题是原料苯属致癌物，以HNO_3作为氧化剂，腐蚀严重；加之高温高压操作，能耗高。美国密执安州立大学J.W.Frost和K.M.Draths开发出以纤维素和淀粉水解制得的葡萄糖为原料，经DNA重组技术改进的微生物催化作用，将葡萄糖转化为己二烯二酸，再在温和条件下催化加氢合成己二酸。该法原料易得，安全可靠，反应条件温和，是绿色化学的典型范例。因此，J.W.Frost和K.M .Draths获得1998年度美国"总统绿色化学挑战奖"的学术奖。

（三）绿色化学制药工业

化学制药工业是环境因子较大的产业，其特点是品种多，更新快，反应步骤多，原辅材料用量大，总产率比较低，"三废"排放量大，成分复杂，容易造成环境污染。因此，化学制药工业的绿色化，不仅具有重要的经济效益，而且具有深远的社会和环境效益。前面介绍的布洛芬合成就是一个典型的例子。新的合成方法依然沿用了传统的原料，但采用了新的试剂，并进行了反应转换，不仅减少了反应步骤，也提高了合成路线的原子经济性，使废物排放量大为减少。

（四）绿色新材料

1.可降解材料

近10年来，由难降解塑料制品造成的"白色污染"对水体、土壤和城市环境的危害越来越严重，于是可降解高分子材料的开发应用成为社会关注的热点。可降解材料主要包括：生物降解型高分子材料、光降解型高分子材料以及光生物双降解型高分子材料。目前，人们已研究开发出许多可生物降解高分子材料。例如，聚羟基丁酸酯（PHB）、聚羟基脂肪酸酯（PHA）、壳聚糖及其衍生物、聚乳酸（PLA）、聚酸酐、聚对二氧六环酮、聚乙烯醇（PVA）、淀粉接枝共聚物、磷腈聚合物等，其中相当一部分可作为生物医学材料。光降解型高分子材料，是在高分子材料的合成制备中添加适量的光敏剂，即可赋予其光降解性。

2.智能材料

智能材料（Intelligent Materials，简记IM）是能够感知环境变化和通过自我判断得出结论并执行相应指令的材料。当它受到外界条件诸如温度、压力、声音、电流等变化时，其性能和状态也随之改变。智能材料系统和结构集传感、控制和驱动（执行）等功能于一体，能在高水平上实现自检测、自诊断、自监控、自修复及自适应。它是新型功能材料发展的重要方向之一，支撑着高新技术的发展。

(五)绿色能源工业

能源是人类社会生存和发展的重要物质基础。目前，人类所用的能源主要是石油、天然气和煤。20世纪以来，人类对矿物能源的消耗一直呈指数增长，导致矿物能源的储量日趋枯竭。第十三届世界石油大会预测，全球石油总储量约3×10^{11} t。若按1992年世界石油生产量30亿桶计算，只能开采46年，天然气也只能维持66年。全世界煤炭的保有储量虽达1.0391×10^{12} t，按目前的开采水平，也只能开采232年。而且这些矿物能源的生产和消费也带来了大气污染、酸雨、温室效应和臭氧层破坏等严重的环境问题。因此，开发新能源、发展绿色能源工业一直是世界各国政府和科技界极为关注的重要问题。太阳能、水力能、海洋能、风能、生物质能均属于清洁能源。我国的水力资源丰富，三峡水电站的建成将极大地促进华东、华中和中西部地区的经济建设；我国风能的理论储量为16×10^{9} kw实际可利用2.5×10^{8} kw；海洋能在技术上可利用的约为4×10^{8} ~5×10^{8} kw；我国各地的太阳能年辐射量为每平方米930~2 330 kwh，全国陆地表面每年接收的太阳能相当于1.7×10^{8} t标准煤的能量。而且这些能源基本上是可以再生的，如果合理地开发和利用，既可以替代相当部分的矿物能源，又可减少环境的污染。

三、绿色化学是我国化学工业可持续发展的必由之路

我国在可持续发展战略的指引下，清洁生产、环境保护受到各级政府部门的高度重视。1994年，国务院常务会议通过了《中国21世纪议程》，并把它作为中国21世纪人口、环境与发展的白皮书。在其第三部分“经济可持续发展”中明确提出：改善工业结构与布局，推广清洁生产工艺和技术。同年，原化工部召开了第八次全国化工环保工作会议，发出了“全面推行清洁生产，实现化学工业可持续发展”的号召，明确提出实施化工清洁生产是化工系统的重要任务，强调依靠科技进步，加强“三废”治理与废物综合利用，节约资源，并取得了明显的成效。化学工业万元能耗，由1990年的7.41 t标准煤下降到1996年的4.80 t标准煤，下降35%，化工废物综合利用产值由1990年的12.57亿元增至1996年的49.77亿元，同时每年可少排放废水1.3×10^{9} t、废气3×10^{11} m^3以上、废渣近1×10^{7} t。然而，由于人口基数大，工业化进程的加快，大量排放的工业污染物和生活废弃物使我国正面临日益严重的资源短缺和生态环境的危机。

据统计，我国矿产资源总储量虽名列世界第2位，但人均占有量仅为世界人均占有量的1/2，居世界第80位。目前，我国已有45种矿产资源严重不足，据已探明的储量和现有的开采水平推算，铁的维持期限为47年，铜68年，铝80年，锌和铅73年，锡55年，石油只能维持约50年。从1993年起我国已成为石油进口国。而且，我国是一个水资源严重缺乏的国家，水资源总储量虽为2.8×10^{12} m^3，但人均占有量为2 300 m^3，为世界人均占有量的1/4，居世界第88位。全国有300多个城市缺水，其中100多个城市严重缺水，尤其是我国北方地区缺水严重，已成为社会经济发展的重要制约因素之一。与此同时，我国每年废水排放量达3.66×10^{10} t，其中工业废水2.33×10^{10} t，86%的城市河段水质超标，江河湖泊重金属污染和富营养化问题突出，七大水系污染殆尽。我国是世界上煤产量最大的国家，每年煤产量超过1×10^9 t，成为世界上以煤为主要能源的国家。但是，我国能源的利用率却很低，目前总能源利用率为30%左右，矿产资源利用率为40%~50%。如此巨大的资源、能源消耗，不仅造成了极大的浪费，而且也成为环境污染的主要来源，因此，以SO_2和烟尘为主要污染物的大气污染将长期存在，酸雨形势不容乐观。据调查，我国的酸雨现象遍及全国22个省份，受害耕地面积达2.67×10^4 km^2，形成由西南、华南向华中、华东和东北蔓延之势，全国500多个城市空气质量不符合国家标准。据估算，仅大气和水污染造成的经济损失每年达540亿美元，相当于国民生产总值的8%。

总之，由于传统的以大量消耗资源、粗放经营为特征的发展模式，加之产业结构不尽合理，科学技术和管理水平较为落后，使得我国的生态环境和资源受到严重污染和破坏，且近年来呈现恶化之势。因此，大力发展绿色化学化工，走资源—环境—经济—社会协调发展的道路，是我国化学工业乃至整个工业现代化发展的必由之路。

第二节　绿色能源

20世纪能源的开发和利用得到了空前发展。人类在这100年中，年能源供应量增长了10倍，以化石燃料为主的能源利用为我们的生存与发展起到了关键性作用。但是由于燃烧煤、石油等化石燃料，每年有数十万吨含硫等有害物质向天空排放，使大气环境遭到严重污染，直接影响居民的身体健康和生活质量，局部地区形成酸雨，严重污染水土。化石能源的利用产生大量的温室气体而导致温室效应,引起全球气候变化,给地球环境造成了严重危害,使人类生存空间受到了极大的威胁。人们逐渐认识到,人类赖以生存的地球不是取之不尽的能源资源库,也不是可以随便排放的垃圾场。人类迫切需要绿色能源。

一、绿色能源定义

绿色能源又称清洁能源,可分为狭义和广义两种概念。狭义的绿色能源是指可再生能源,如水能、生物能、太阳能、风能、地热能和海洋能等。这些能源消耗之后可以恢复补充,很少产生污染。广义的绿色能源则包括在能源的生产、消费过程中,选用对生态环境低污染或无污染的能源,如天然气、清洁煤(将煤通过化学反应转变成煤和成“煤”油,通过高新技术严密控制的燃烧转变成电力)和核能等。

二、几种绿色能源

(一)太阳能

太阳是一个巨大无尽的能源,辐射到达地球表面的总能量高达50×10^{18} kJ,相当于目前全世界能量消费的13 000倍。它既免费使用,又不需运输,既不会出现大气污染,也不必担心生态平衡被破坏,可持续时间长,而且太阳光所及的地方都有可利用的太阳能。因此,太阳能是一种清洁的再生自然资源。尤其,在目前世界性能源短缺和对环境保护要求日益严格的情况下,太阳能的利用具有特别重要的意义。

目前,太阳能的利用方式,主要是太阳能的热利用和太阳能的光利用,且主要用于发电。太阳能的热利用,就是使用各种形式的集热器将太阳光转换成热能收集起来,利用气体、液体等中间介质输送到需要热量的设备中,以达到热力发电、供暖、干燥、海水淡化、制冷等生产生活目的。其中,用于太阳能热力发电的技术与设备是多年来研究的重点,其大型集热器需要应用镜面反射及日光定向跟踪系统将太阳光聚集起来,在集热器上形成较高的温度,再由中间介质吸热产生蒸汽,推动汽轮机组发电。目前,发达国家已取得了较大进展,美国单机容量已达80 MW 。太阳能热利用的其他形式对技术的要求相对简单,已趋于成熟,如现已大量用于家庭的小型太阳能热水器、供暖器等 。

太阳能的光利用是根据半导体的光电效应制成太阳能电池,太阳光照到这种电池上直接转换成电能。太阳能电池重量轻,无活动部件,使用安全,单位重量的输出功率高，适用于小型或大型发电，所以，一问世就备受关注。太阳能的光利用关键是研制高效、长寿、廉价的光电转换材料。经过多年努力，光电转换材料不断得到了改进。1998年，日本设置的太阳能电池的发电量已达到1.33×10^5 kw，居世界第一，且还在以每年1×10^5 kw的速度增长。其中，家庭用户占了大部分，其家庭用户的太阳能电池系统安装在屋顶吸收太阳光发电。我国太阳能资源十分丰富，全国2/3地区全年日照在2 200 h以上，高的达到2 800 ~3 300 h。其中，内蒙古、新疆、甘肃、宁夏、青海、西藏等地区都是日照充足，气温较低，居民分散，在这些地区发展太阳能，利用太阳能进行发电、供暖、制冷，解决当地能源需求，意义十分重大。在我国西部大开发中，这一点理应得到足够的重视。

(二)生物质能源

生物质能源是蕴藏在生物质中的能量，是绿色植物通过叶绿素将太阳能转化为化学能而贮存在生物质内部的能量，仅次于煤炭、石油、天然气的第四大能源。据估计，目前世界总能源消费中，14%的能源供应来自生物质能。据估计，地球上每年植物光合作用固定的碳达2×10^{11} t，含能量达3×10^{21} J。因此，每年通过光合作用贮存在植物的枝、茎、叶中的太阳能，相当于全世界每年耗能量的10倍。生物质遍布世界各地，其蕴藏量极大，仅地球上的植物，每年生产量就相当于目前人类消耗矿物能的20倍，或相当于世界现有人口食物能量的160倍。虽然不同国家单位面积生物质的产量差异很大，但地球上每个国家都有某种形式的生物质，生物质能是热能的来源，为人类提供了基本燃料。

生物质能具备下列优点：①提供低硫燃料；②提供廉价能源（于某些条件下）；③将有机物转化成燃料可减少环境公害（例如，垃圾燃料）；④与其他非传统性能源相比较，技术上难题较少。其缺点有：①小规模利用；②植物仅能将极少量的太阳能转化成有机物；③单位土地面积的有机物能量偏低；④缺乏适合栽种植物的土地；⑤有机物的水分偏多（50%~95%）。

生物质能用于发电或车用燃料，是通过发酵或用化学手段实现的。如美国10年来已建成生物质燃烧发电站约6×10^6 kw，处理的生物质大部分是农业废弃物或木材厂、纸厂、森林废弃物；荷兰则要求到2010年，生物质发电量达1.5×10^9 kwh，比2000年提高10倍；当前英国已有350多座电厂采用生物质能燃料发电，总发电量达7 000 MW多；巴西大量种植甘蔗，生产酒精，作为汽车的乙醇燃料，代替常规的汽油、柴油。研究表明，乙醇调入汽油后，汽油中的辛烷值及含氧量明显升高，从而可以促进汽油的燃烧，而且还可以降低汽车尾气的排放。也就是说，乙醇不仅仅可以起到节能效果，而且还可以起到环保的效果。目前，乙醇燃料已占汽车燃料的50%以上。美国是世界第二大乙醇燃料生产国，其车用汽油大部分都由10%的乙醇和90%的汽油混合而成。在目前，石油价格高涨以及汽车尾气困扰城市大气环境的背景下，推广乙醇汽油也就成为大势所趋。在21世纪，汽车数量将急剧增加，大力发展乙醇代用燃料是解决能源危机、缓解环境恶化的一个有效办法。中国是一个农业大国，生物质能源十分丰富，生物质废弃物的总量，约相当于我国煤炭年开采量的50%，总计约6.56×10^8 t标煤。但是长期以来，这些生物质并未得到充分合理的利用，目前利用率仅有30%左右，而且其能源利用方式极为原始，大多数生物质以直接燃烧为主，这是一项巨大的资源浪费。因此，开发利用生物质能源，缓解我国21世纪的能源、环境和生态问题具有重要意义。

（三）生物柴油

1983年，美国科学家首先将菜籽油甲酯用于发动机，燃烧了1 000个小时，并将以可再生的脂肪酸甲酯定义为生物柴油。生物柴油的原料可以是植物油脂，如蓖麻油、菜籽油、大豆油、花生油、玉米油、棉籽油等；也可以是动物油脂，如鱼油、猪油、牛油、羊油等；或者是上述油脂精练后的下脚料——“皂脚”；或者是城市潲水油（地沟油）以及各种废油。把它们进行改性处理后，与有关化工原料复合而成，颜色与柴油一样清亮透明。

生物柴油燃料是一种高脂酸甲酯，它是通过以不饱和油酸C_{18}为主要成分的甘油酯分解而获得的。与常规柴油相比，生物柴油具有优良的环保特性、较好的低温发动机启动性能、较好的润滑性能、较好的安全性能、良好的燃料性能及可再生性能，无须改动柴油机，可直接添加使用。生物柴油以一定比例与石化柴油调和使用，可以降低油耗，提高动力性，并降低尾气污染，生物柴油作为可再生能源，不必担心能源会被耗尽。生物柴油的生产、加工、消费过程，是碳的一个有机的可连续循环过程。其原料植物通过光合作用把太阳能转化为能储存的生物能，通过加工制成生物柴油，生物柴油通过人的消费，其中的碳以CO_2的形式回到大气中去，作为下次光合作用的原料。

生物柴油是一种环境友好的能源，对人类健康损害很小。生物柴油中硫含量低，使得二氧化硫和二氧化碳排放量减少50%，产生的废气对人体的损害低于柴油。检测表明，与常规柴油相比，使用生物柴油可降低90%的空气毒性，降低94%的患癌率。因此，发展生物柴油产业有利于生态环境综合治理。

（四）绿色电池

1.镍氢电池

镍氢电池容量较高,无记忆效应,制造材料环境污染较少,故人们习惯称其为环保电池。该系列电池的正极为镍,负极为氢,使用前无须放电。

2.锂离子电池

锂离子电池的正极用锂化合物,负极为碳。在充电过程中,锂离子在正负极间转移,因而称为锂离子电池。该系列电池具有体积小、重量轻、寿命长、比能量高、无记忆效应的特点(与同容量镍氢电池相比,体积减小30%,重量降低50%)。

锂离子电池的发展又可分为液态锂离子电池和聚合物锂离子电池两种。

(1)液态锂离子电池(LTB)在手机和笔记本电脑等信息通讯设备的使用上前景广阔,产量呈逐年稳步上升趋势。2000年产量为4.76亿只,世界市场的需求量约为5亿只。然而,由于价格和安全性问题,液态锂离子电池在电动汽车的使用上,并不像在手机上那样占据优势,而是将呈现出与镍氢电池齐头并进的发展局面。

(2)聚合物锂离子电池(LTP)的发展非常看好,随着高新技术的突飞猛进,将逐步取代目前常用的液态锂离子电池及镍氢电池。该电池容量估计比目前的液态锂离子电池大一倍,同时由于聚合物锂离子电池材料柔软,类似塑料片,故一直被认为是超薄型锂离子电池,也是手机、笔记本电脑和儿童玩具的理想电源。

3.太阳能电池

太阳能电池主要可以分为硅太阳电池和化合物半导体太阳电池两大类。

(1)硅太阳电池

硅太阳电池又可分为单晶硅、多晶硅和非晶硅太阳电池三类。

①单晶硅和多晶硅太阳电池:单晶硅和多晶硅太阳电池是对P型(或n型)硅基片经过磷(或硼)扩散做成Pn结而制得的。单晶硅太阳电池效率高、寿命长、性能优良,但成本高,而且限于单晶的尺寸。单片电池面积难以做得很大,目前比较大的为直径为10 ~20 cm的圆片。多晶硅电池是用浇铸的多晶硅锭切片制作而成,成本比单晶硅电池低。单片电池也可以做得比较大(例如30 ×30 cm的方片),但由于晶界复合等因素的存在,效率比单晶硅电池低。

②非晶硅太阳电池:由于非晶硅对太阳光的吸收系数大,因而非晶硅太阳电池可以做得很薄,通常硅膜厚度仅为1~2 μm,是单晶硅或多晶硅电池厚度(0.5 mm左右)的1/500,所以制作非晶硅电池资源消耗少。非晶硅太阳电池一般是用高频辉光放电等方法使硅烷(SiH_4)气体分解沉积而成的。由于分解沉积温度低(200 ℃左右),因此制作时能量消耗少,成本比较低,且这种方法

适于大规模生产。单片电池面积可以做得很大(例如0.5 m × 1.0 m),整齐美观。非晶硅电池的另一特点是对蓝光响应好,在一般荧光灯下也能工作,因此,被广泛用作电子计算器和手掌电脑的电源。

目前非晶硅单结电池的最高效率已可达到14.6%左右,大量生产的可达到8%~10%左右,叠层电池的最高效率可达到21.0%。

(2)化合物半导体太阳电池

在化合物半导体太阳电池中,目前研究应用较多的有GaAs、InP、$CuInSe_2$和CdTe太阳电池。由于化合物半导体或多或少有毒性,容易造成环境污染,因此产量少,常常使用在一些特殊场合。

①砷化镓太阳电池:砷化镓(GaAs)太阳电池可以得到较高的效率,实验室最高效率已达到24%以上。一般航天用的太阳电池效率也在18%~19.5%之间。砷化镓太阳电池目前大多用液相外延方法或金属有机化学气相沉积(MOCVD)技术制备,因此成本高、产量受到限制。目前主要用在航天器上,降低成本和提高生产效率已成为绿色化学的研究重点。

②磷化铟太阳电池:磷化铟太阳电池具有特别好的抗辐照性能,因此在航天应用方面受到重视,目前这种电池的效率也已达到17%~19%。

③$CuInSe_2$多晶薄膜太阳电池:这种电池的效率也达到17.6%左右,而且性能稳定,作为多晶薄膜电池是很有发展前途的。但成分较复杂,制作工艺重复性差。

4.燃料电池

燃料电池(也可成为电力型电化学发动机)不经过燃烧而通过电化学反应直接获得电能,没有任何机械和热的中间媒介,且污染物的排放少,是一种高效率、低噪音、低污染的发电系统。特别是以氢为原料的燃料电池,其燃烧放热高,产物为水,被认为是未来最理想的高效清洁能源。以燃料电池为动力的新一代电动汽车,被普遍认为是解决城市机动车排气污染的有效途径,其中以氢氧燃料电池为动力的机动车,各种污染物排放量几乎为零。

燃料电池中发生如下的电化学反应:

阳极:$H_2 \longrightarrow 2H^+ + 2e$

阴极:$2H^+ + O_2 + 2e \longrightarrow H_2O$

电池反应:$H_2 + O_2 \longrightarrow H_2O$

氢和氧的催化反应可以产生电能,作为汽车的动力。在能量的利用效率方面,汽油机的热效率为30%,柴油机为40%,而燃料电池的有效能源利用率可达65%，这使燃料电池有很好的应用前景。

（五）氢 能

氢是自然界中含量最多的元素，约占宇宙质量的75%。而且氢的来源非常广泛，水、化石燃料、植物和有机废物中都含有大量的氢，因此只要制氢技术成熟，氢能将是取之不竭、用之不尽的能源。此外，氢是极好的能量载体，燃烧热为121 380 kJ/kg，高达汽油的2.8倍，煤的5倍，且燃烧时的产物只有水，不存在污染性和腐蚀性。氢能“高效”和“绿色”的特征，决定了氢能成为人类历史的选择，它将是人类历史上能量利用率最高的，也将是无污染的可持续发展的绿色能量。

1.氢气的制备

（1）从含烃的化石燃料中制氢。它以煤、石油或天然气等化石燃料作原料来制取氢气。

用蒸汽和煤作原料来制取氢气的基本反应过程为：

$$C + H_2O \longrightarrow CO + H_2;$$

用蒸汽和天然气作原料的制氢的化学反应为：

$$CH_4 + H_2O \longrightarrow CO + 3H_2$$

上述反应均为吸热反应，反应过程中所需的热量可以从煤或天然气的部分燃烧中获得，也可利用外部热源。自从天然气大规模开采后，现在氢的制取有 96%都是以天然气为原料。天然气和煤都是宝贵的燃料和化工原料，其储量有限，且制氢过程会对环境造成污染，用它们来制氢显然摆脱不了人们对常规能源的依赖和对自然环境的破坏。

（2）电解水制氢。这种方法是基于如下的氢氧可逆反应：

$$H_2O \xleftrightarrow{\text{通电}} H_2 + O_2$$

分解水所需要的能量是由外加电能提供的。为了提高制氢效率，电解通常在高压下进行，采用的压力多为 310 ~510 MPa，目前电解效率约为 50%~70%。由于电解水的效率不高且需消耗大量的电能，因此利用常规能源生产的电能来大规模的电解水制氢显然也是不合算的。

（3）热化学制氢。这种方法是通过外加高温使水起化学分解反应来获取氢气。到目前为止虽有多种热化学制氢方法，但总效率都不高，仅为 20%~50%，而且还有许多工艺问题需要解决。

在现实生活，以上这些方法中，90%以上都是通过天然的碳氢化合物——天然气、煤、石油产品中提取出来的，从煤、石油和天然气等化石燃料中制取氢气，国内虽已有规模化生产，但从长远观点看，这已不符合可持续发展的需要,从非化石燃料中制取氢气才是正确的途径。

(4)生物制氢是利用微生物在常温、常压下,以含氢元素物质(包括植物淀粉、纤维素、糖等有机物及水)为底物,进行酶生化反应来制得氢气。迄今为止,已研究报道的产氢生物可分为两大类:光合生物(厌氧光合细菌、蓝细菌和绿藻)和非光合生物(严格厌氧细菌、兼性厌氧细菌和好氧细菌)。

光合生物蓝细菌和绿藻可利用体内巧妙的光合结构转化太阳能为氢能,故其产氢研究远较非光合生物深入。二者均可光裂解水产生氢气,光裂解水产氢是理想的制氢途径,但蓝细菌和绿藻在光合放氢的同时,伴随氧的释放。除产氢效率较低外,如何解决放氢酶遇氧失活是该技术应解决的关键问题。厌氧光合细菌与蓝细菌和绿藻相比,其厌氧光合放氢过程不产氧,故工艺简单。目前鉴于光合放氢过程的复杂性和精密性,研究内容仍主要集中在高活性产氢菌株的筛选或选育、优化和控制环境条件以提高产氢量,其研究水平和规模还基本处于实验室水平。

非光合生物可降解大分子有机物而产氢,使其在生物转化可再生能源物质(纤维素及其降解产物和淀粉等)生产氢能,研究中显示出优越于光合生物的优势。该类微生物作为氢来源的研究始于20世纪60年代至20世纪90年代末。我国科学家任南琪等研究开发了以厌氧活性污泥和有机质废水为原料的"有机废水发酵法生物制氢技术",该技术突破了生物制氢技术必须采用纯菌种和固定技术的局限,开创了利用非固定化菌种生产氢气的新途径。中试试验结果表明,生物制氢反应器最高持续产氢能力达到5.7 $m^3/(m^3 \cdot d)$,生产成本约为目前采用的电解水法制氢成本的一半。

利用生物制氢技术,可节约不可再生能源,减少环境污染,可能成为未来能源制备技术的主要发展方向之一。

2.氢气的储存

储氢技术是氢能利用走向实用化、规模化的关键。储氢材料为能够可逆地吸放大量氢气的材料,它通常由一种吸氢元素或与氢有很强亲和力的元素和另一种吸氢量小或根本不吸氢的元素共同组成。

国内的储氢合金材料已有小批量生产,但较低的储氢质量比和较高的价格仍阻碍其大规模的应用。镁系合金虽有很高的储氢密度,但放氢温度高,吸放氢速度慢。因此,研究镁系合金在储氢过程中的关键问题的解决,可能是氢能规模储运的重要途径。近几年来,纳米碳在储氢方面已表现出优异的性能。清华大学碳纳米材料研究小组发现一种经处理后表现出显著储氢性能的碳纳米管,它有望成为新的清洁能源——氢能电池的制造材料。该研究小组的科技人员对定向碳纳米管的电化学储氢特性进行了系统研究，发现这种碳纳米管具有许多全新的力学、电学、热学和光学性能，尤其是将它混以铜粉后表现出的显著的储氢性能。他们将碳纳米管制成电极，进行恒流充放电电化学实验。结果表明，混铜粉定向多壁碳纳米管电极的储氢量是石墨电极的10倍，是非定向多壁碳纳米管电极的13倍，比电容量高达1 625 mA·h/g，对应储氢量为5.7%（质量分数），具有优异的电化学储氢性能。根据美国能源部对车用储氢技术制定的标准，该研究小组目前发表的实验结果，已经接近该标准对储氢材料的重量和储氢密度的要求。

3.氢能的应用

氢能的应用主要通过氢燃料电池来实现的。氢燃料电池发电的基本原理是电解水的逆反应，把氢和氧分别供给阴极和阳极，氢通过阴极向外扩散和电解质发生反应后，放出电子通过外部的负载到达阳极。氢燃料电池与普通电池的区别主要在于：干电池、蓄电池是一种储能装置，它把电能储存起来需要时再释放出来；而氢燃料电池严格地说是一种发电装置，像发电厂一样，是把化学能直接转化为电能的电化学发电装置。而使用氢燃料电池发电，是将燃料的化学能直接转换为电能，不需要进行燃烧，能量转换率可达60%~80%，而且污染少，噪声小，装置可大可小，非常灵活。从本质上看，氢燃料电池的工作方式不同于内燃机，氢燃料电池通过化学反应产生电能来推动汽车，而内燃机车则是通过燃烧产生热能来推动汽车。由于燃料电池汽车工作过程不涉及燃烧，因此无机械损耗及腐蚀，氢燃料电池所产生的电能可以直接被用在推动汽车的四轮上，从而省略了机械传动装置。现在，各发达国家的研究者都已强烈意识到氢燃料电池将结束内燃机时代这一必然趋势，已经开发研制成功氢燃料电池汽车。

第三节　绿色农药

传统有机合成农药在农业上的应用，曾一度提高了有害生物防治效率。20世纪50年代以来农药就一直是防治农业病虫草害、保证作物高产、实现农业现代化的重要手段。这在人口激增的时代，具有十分重要的意义。据估计，如果停止使用农药，作物产量将减少30%。然而，大量的化学农药长期滥用，不仅带来了环境污染，而且严重地危害着人类健康，影响农业可持续健康发展。随着“绿色食品”的兴起，人们对无公害的“绿色农药”的要求也越来越迫切。

一、化学农药的危害

据估计，每年大量使用农药后，仅有0.1%左右的农药可以作用于目标病虫，99.9%的农药则进入农业生态系统。农药的广泛使用使得大量化学物质长期存在于土壤，同时进入生物组织，并在食物链中不断传递、迁移。它们在空气和阳光的作用下结合成新的化合物，这样对害虫及其天敌、水生物及土壤生物造成影响，对长期生活在农业生态系统中的人类构成危害，同时也对大气、水源造成污染。

（一）对大气的污染

农药可以通过喷雾中的飘移以及由土壤和水中挥发而进入到大气中，并随着大气的运动而扩散，从而使大气污染的范围不断扩大。据估计，20世纪70年代之前所生产的1/6的DDT都在大气中。另外，一种土壤熏剂——甲基溴在使用后最终会全部进入大气，并且它是导致臭氧层损耗的显著因素之一。据联合国环境规划署（UNEP）1992年的估计，甲基溴损耗臭氧层的能力至少是氟氯化碳（CFCs）的30倍，全球每年臭氧层的损耗有5%~10%是由于甲基溴引起的。

（二）对土壤的污染

许多农药是直接施用于土壤的，即使是用于作物上的农药，在施用后也有很大一部分降落到土壤中，并被土壤吸附。另外，大气中残留的农药和吸附在作物上的农药经雨水淋洗也落入土壤中。一旦土壤中农药数量超过一定的水平，就会造成对植物的损害，造成经济严重损失。据推算，全国约1/7的耕地受到了农药的污染。而且，存在于土壤中的农药多为持久性毒剂（例如有机氯类杀虫剂的降解速度非常慢，在干旱环境下它的半衰期可以达到几年甚至几十年），会对土壤中多种生物产生毒害，会损害土质或影响到以后的作物，甚至渗漏到地下水中危害人体健康。农药残留在土壤中，对土壤中的微生物、原生动物以及其他的节肢动物、环节动物、软体动物等均产生不同程度的影响。研究发现，有机磷农药废水灌溉，严重影响土壤动物群落，土壤动物种类和数量随着农药影响程度的加深而减少。在农药污染严重的试验区，动物的种类和数量都显著低于轻度污染区和对照区，有一些种类甚至完全消失。与此同时，农药污染对土壤动物的新陈代谢以及卵的数量和孵化能力均有影响。

(三)对水质的污染

农药可以通过从土壤表面的流失而进入水环境,农药加工厂的工业污水、生活污水等可能使农药进入水体。农药进入水体后对各类水生生物都将产生一定的影响,从而可能破坏水体生态系统的平衡。例如,20世纪80年代马来西亚因水稻的农药使用量增加而使稻田鱼患了一种称为“wabak kurdis (Scabies epidemic)”的病,结果鱼的数量大减。当水生动物对农药产生抗性时,以前的死亡剂量不再影响其生存,从而它们会把这些农药残留携带到食物链中(这当然也会影响到人体健康)。虽然我国地下水中的有机氯农药残留呈下降趋势,但是很多地区的地下水受到了不同程度的有机磷和呋喃丹农药的污染。中国水稻研究所1998年对稻田中流入和流出水中的生物种类和数量进行了比较,发现稻田中农药使用不仅减少了水生生物的数量,还对它们的质量产生了影响。

(四)对动物的影响

昆虫、鸟类、哺乳动物等都会因为直接喷洒农药、土壤或水中的农药及食物中的农药而受到危害。1983年英国农业、渔业和食品部(MAFF)在其“农民允许使用的产品清单”中指出大部分农药对动物有危害:88%的农药对鱼类有害,46%对蜜蜂有害,43%对牲畜有害,42%对野生动物有害。发展中国家由于更多地使用价格相对低廉的广谱性农药,其危害程度会远远超出这些数字。危害主要有三个方面。其一,导致害虫抗药性的产生。生长在一个原始种群中的昆虫在生理状况上有很大差异,杀虫剂杀死弱者,保留强者,幸存者繁殖的下一代由于遗传性而具备抗药性。20世纪50年代全世界只有几十种害虫和害螨对杀虫剂有抗性,到90年代初期达到了500多种;其二,害虫的再猖獗。例如,用对硫磷防治蚜虫,可将蚜虫的数量控制下去,但同时也杀死了蚜虫的天敌,如瓢虫、草蛉等。由于蚜虫的繁殖能力强,天敌的繁殖速度跟不上,残存的蚜虫很快增长,天敌的控制力量被削弱,因而造成蚜虫再猖獗。如在华北棉田使用化学农药后棉田瓢虫类、捕食性蝽类和捕食性蜘蛛对害虫捕食效率分别降低了45.1%、31.9%和83.7%;其三,原来的次要害虫上升为主要害虫,有些害虫由于受天敌控制,本来数量不多,但由于杀虫剂的施用,大量杀伤其天敌,降低了其自然控制,因而数量大增,上升为主要害虫。

(五)对人类健康的影响

农药进入人体后,参加人体内各种生理过程,使人体产生致命的病变,破坏保护身体的酶,阻碍器官发挥正常的作用,从而导致神经系统功能失调等。更为严重的是,大多数农药具有“致畸、致癌、致突变”的“三致”特性。例如,在我国杀虫剂占农药使用量的70%,其中就有70%有“三致”作用。据报道,我国每年因农药中毒的人数占世界同类中毒事故的50%。1987年至1996年我国共发生农药中毒事件958 228例,其中因农业生产而引起的中毒455 791例;这一期间农药中毒死亡102 725人,其中生产性死亡4659人(其他为服毒自杀、误服等)。

(六)对食品污染

食品污染是由于人们消费含有农药残留的食物或饮用水,而间接引起的对人体健康的危害。据我国1982年16省份部分地区的调查显示,六六六、DDT等农药在肉、蛋、奶、植物油中残留污染较严重,其平均含量分别为0.22 mg/kg和0.175 mg/kg。

二、绿色农药

(一)绿色农药的定义

绿色农药又称环境无公害农药或环境友好农药。绿色农药是指对防治病菌、害虫高效,而对人畜、害虫天敌、农作物安全,在环境中易分解,在农作物中低残留或无残留的农药,是在绿色化学的基础上发展而来的。

(二)绿色农药的主要研究的原则

绿色化学为绿色农药的发展提供了理论依据和指导原则。当前,有关绿色农药的研究应具有以下几个方面原则:

(1)应当在农药工业的源头阻止污染的产生,而不是在末端处理。合成方法应具有“原子经济性”,即尽量使参加过程的原子都进入目标产物,尽量减少农药生产过程中的副产物,或将一个反应的废物作为另一个反应的原料,实现“封闭循环”和“零排放”。

(2)在生产过程中尽量不使用和不产生对人类健康和环境有毒有害的物质。如变换催化剂,使用高效绿色催化剂,尽量不使用有机溶剂。

(3)设计高效低毒环境友好的农药。新开发的农药要对靶标生物活性高,每公顷耕地使用量应在10 ~100 g,且对人畜、害虫天敌、农作物安全,在环境中易分解、在农作物中低残留或无残留。

(4)尽量采用可再生原料。大力发展微生物农药、植物源农药、基因工程农药。

(5)尽量使用合理的新剂型农药。如开发使用微乳剂、水乳剂、微胶囊剂等,以取代乳油、油剂。

(6)使用后的农药,应能尽快降解为无害物质,并能尽快进入生态循环。

(三)绿色农药的发展方向

1.生物农药

生物农药是指利用生物活体或代谢产物对有害生物进行防治的一类制剂。主要有微生物农药、植物源农药、基因工程农药等。

(1)微生物农药。微生物农药是指能够用来杀虫、灭菌、除草及调节植物生长的微生物活体及代谢产物,可分为原生动物型、线虫型、真菌型、细菌型、病毒型以及农用抗生素。细菌制剂以苏云金杆菌(简称Bt)为代表,Bt制剂的全球年销售额1997年已达到9.84亿美元,我国的年产量在20 000 t以上;其次是日本金龟子芽孢杆菌和缓死芽孢杆菌。农用抗生素是一种应用广泛、品种众多的微生物农药,它是由微生物产生的次级代谢产物在低微浓度时即可抑制或杀灭作物的病、虫、草害或调节植物生长发育的制剂。国外以日本发展最快,居世界领先地位,先后开发了春日霉素、灭瘟素、多氧霉素、杀螨霉素等。我国也成功开发有井冈霉素、农抗23-16、农抗120、武夷菌素、宁南霉素、杀枯肽等。

(2)植物源农药。与传统的化学合成农药相比,植物源农药更适合我国农业的可持续发展和人类健康的需要。近几年来,从天然植物中分离提取了许多具有杀虫防病活性的新化合物。例如从印楝树的种子中提取的印楝素,作为害虫的拒食剂和生长抑制剂,对多种害虫有效。近几年来,我国对植物源杀虫剂的研制也取得了新进展。例如中科院植物研究所的科研人员,从几十种治虫植物中筛选了10余种杀虫活性物质,研制了“0.25%莨菪烷碱乳剂”,它对蚜虫、菜青虫、棉铃虫、黄刺蛾等多种害虫具有较强的杀伤力,其虫口减退率已达90%以上。河北农业技术学院开发的植物源杀虫剂“蚜螨杀”,其杀虫率可达98%以上,这些都是十分理想的“绿色农药”。

(3)基因工程农药。随着生物技术的发展,人们逐渐发现具有杀虫防病作用的基因,可以通过遗传操作,把DNA重组技术应用于制造农药的研究。美国加利福尼亚大学成功使用DNA技术,将两个不同Bt蛋白进行融合,产生新蛋白质,从而扩大了杀虫范围。同时,还将Bt毒素基因分别转移到根部荧光假单胞菌和植物维管内生菌,可以不断地分泌杀虫蛋白,保护植物。世界上第一个商品化的遗传工程杀菌剂为Noga,它是通过K84菌株的遗传改造,构建出比K84菌株更为安全可靠的工程菌K1026。该菌通过田间试验和安全性评估定名为Noga，已在澳大利亚、美国、日本等国登记销售。国内彭于发等人于1987年通过遗传操作技术，筛选出对小麦全蚀病菌离体拮抗作用提高2~3倍并有明显的刺激作用菌株D93，连续5年防效保持稳定，增产20%，定名为“荧光93”。此外，美国还通过遗传操作，构建出生物诱抗剂，将这些基因工程菌制剂喷洒到植物表面，可以诱导作物对多种病害的抗性，从而达到防治病害的目的。

2.现代化学农药

化学农药是利用化学物质来影响、控制和调整各种有害生物（包括植物、动物、微生物）的生长、发育、繁殖等生命过程。现代化学农药主要是吸取近代生物化学和分子生物学等的最新成就，最大限度地减少在农药研制过程中对人与环境的有害影响，朝着选择性强、安全性高、与环境相容性好的绿色农药方向发展。

目前，杂环化合物被开发成为超高效的安全性农药的优势越来越明显。高效体的拆分能减少对环境的污染，也被农药科技工作者看好。在农药分子结构中，适当引入或取代一些元素，改变分子结构性能，提高化合物的活性，这是现代化学农药的又一大特点。结构优化最成功的例子是在烟碱结构式中导入氯吡啶甲基，使化合物的活性提高近百倍，这就是现代的吡虫啉。近年，已有不少新型杂环农药开发成功，例如吡虫啉含有嘧啶和咪唑两个杂环，磺酰脲类除草剂也含有杂环。我国黄润秋等人于1988年实现了这种高效体分离的工业化生产。

近几年，人们还发现一些植物光活化杀虫剂，它们本身对害虫无毒或毒性很小，但害虫取食后，在光照条件下，对害虫的毒杀效果可以提高几倍、几十倍甚至上千倍。这就是光活化杀虫剂具有很好的选择性，对不取食作物的昆虫或其他一些天敌几乎不存在直接的杀伤作用。由于人畜与昆虫的生理结构和对光的吸收与昆虫很不相同，植物光活化杀虫剂对人畜毒性极低。植物光活化杀虫剂本身来源于自然界，自然界早已对其形成完善的降解机制，对环境无污染，在作物上无残留。同时，植物光活化杀虫剂作用机制特殊，害虫不易产生抗药性。因此，植物光活化杀虫剂具有广阔的应用前景。光活化农药的关键是光敏剂，几十年来用作杀虫剂研究的植物源光敏剂主要有：香豆素类、呋喃并香豆素类、多炔类、联噻吩类、苯乙酮类、稠环醌类等；一些染料也可作合成光敏剂，如荧光素、曙红、藻红、根皮红、玫瑰红等。

第四节 可降解塑料

塑料材料以其优异性能对现代文明带来重大影响，发展十分迅速。它的推广应用，曾经给人类带来一场"白色革命"，极大地改善了人们的生活质量。然而，由于塑料材料多属于塑料的短寿命制品，用后即弃。随着近年来这一塑料工业的迅猛发展，塑料废弃物成倍增加，于是便产生了人们难以回避的"白色污染"。从"白色革命"到"白色污染"，仅仅经历了几十年时间，引起了世界的广泛关注和思考。

一、白色污染

（一）何为"白色污染"

大量的废旧农用薄膜、包装用塑料膜、塑料袋和一次性塑料餐具（以下统称为塑料包装物）在使用后作为垃圾被抛弃，给景观和生态环境带来很大破坏。由于废旧塑料包装物大多呈白色，因此造成的环境污染被称为"白色污染"。

（二）"白色污染"的危害

"白色污染"主要是指塑料垃圾没有得到妥善管理和处理，对环境造成了"视觉污染"和"潜在危害"两种负面影响。

"视觉污染"是指散落在环境中的塑料废弃物对市容、景观的破坏，如散落在自然环境、铁道两旁、江河湖泊的一次性发泡塑料餐具和漫天飞舞或悬挂枝头的超薄塑料袋，给人们的视觉带来不良刺激。

"潜在危害"是指塑料废弃物进入自然环境后难以降解而带来的长期的深层次环境问题，主要包括以下几个方面：

(1)塑料地膜废弃物在土壤中大面积残留，长期积累，造成土壤板结，影响农作物吸收养分和水分，导致农作物减产；

(2)抛弃在陆地上或水体中的塑料废弃物，被动物当做食物吞食，导致动物死亡；

(3)进入生活垃圾中的塑料废弃物质量轻、体积大，很难处理。如果将其填埋会占用大量土地，且长时间难以降解。

目前，我国光是每年扔弃在铁路沿线的塑料快餐盒就达8亿多只，加上城市快餐业的发展，每年废弃量达100亿只之多。其中80%以上未经回收，被大量的散落在环境中，重量在80 000 t以上。

目前我国市场上大量使用的塑料制品都是不可降解塑料，以发泡聚苯乙烯、聚乙烯或聚丙烯为原料，分子量达20 000以上。只有分子量降低到2 000以下，才能被自然环境中的微生物所利用，变成水和其他有机质，而这一过程需要200年；如果将其填埋，将会影响农作物吸收养分和水分，导致减产；对其焚烧会释放出多种化学有毒气体。其中有一种叫二恶英的化合物，毒性极大，即使在摄入很小量的情况下，也能使鸟类和鱼类出现畸形或死亡，对生态环境造成破坏，同时对人也有很大危害。

二、可降解塑料

(一)可降解塑料的定义及分类

可降解塑料是指在使用前和使用期间与同类塑料具有相当或相近的性能，而完成其使用功能后又能在自然环境条件下迅速降解，进入自然界的碳循环，不再对所使用环境造成污染的高分子材料。

其含义有三个方面：(1)化学上(分子水平)：其废弃物的化学结构发生了显著变化，最终完全降解为CO_2和水；(2)物性上(材料水平)：其废弃物在较短的时间内力学性能下降，应用功能丧失；(3)形态上：其废弃物在较短的时间内破裂，粉化成为环境无害物。

关于降解塑料的分类，目前尚无国际标准。一般按照降解机理主要分为光降解塑料、生物降解塑料和光-生物双降解塑料。目前国际上技术比较成熟、应用较多的是光降解塑料、生物降解塑料以及光-生物双降解塑料(见图4-1)。

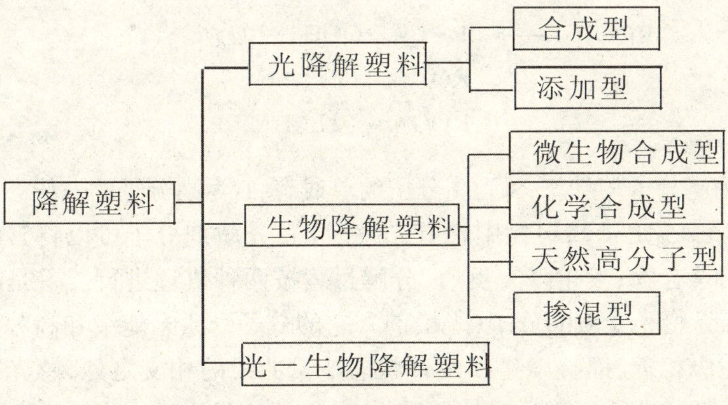

图4-1 降解塑料的分类

(二)可降解塑料的降解机理

在自然环境中,塑料主要受光和微生物的作用而产生分解。故可降解塑料的研究也主要集中在这两方面,即光降解塑料和生物降解塑料。

1.光降解机理

高聚物的光降解过程主要是在紫外光区(波长290 ~400 nm)进行的,高分子材料中的各种吸光性添加剂和杂质对光的吸收在光降解过程中占有重要地位。光降解反应是指在光照作用下聚合物链发生断裂,相对分子质量降低的光化学过程。光降解过程主要有三种形式:

(1)无氧光降解过程。这种降解过程主要发生在聚合物分子中含有发色团时或含有光敏性杂质时,一般认为与聚合物中碳基吸收光能后发生一系列能量转移和化学反应导致聚合物链断裂有关。

(2)光参与的光氧化过程。这种光降解反应过程是指高分子吸收光后,在光能量作用下激发成单线态(S_1)。这一状态的高分子能吸收部分能量而释放出比光波长更长的光,或释放热后回到原来的状态,但从受激态转化为长寿命的三线态(T_1)时,与空气中氧分子反应,生成高分子的过氧化氢。这种物质是不稳定的,受热、光等作用很容易分解为自由基,产生的自由基能够引起聚合物的降解反应。上述光催化氧化反应过程如下:

$$RH(S_0)\xrightarrow{hv}RH^*(S_1)\longrightarrow RH^*(T_1)$$

$$\longrightarrow RH + hv$$

$$\longrightarrow RH + 热$$

$$RH^*(T_1) + O_2 \longrightarrow ROOH \quad 链引发反应$$

$$ROOH \longrightarrow R\cdot + \cdot OOH \quad 主反应$$

$$RO\cdot + \cdot OH$$

$$ROO\cdot + \cdot H$$

上式中,S_0为高分子的基态,S_1为高分子的单线态,T_1为高分子的三线态。

(3)光敏氧化(即高聚物中含有光敏剂)。光敏剂分子可以将其吸收的光能传递给聚合物,发生降解反应,分解过程按两种机理进行。一是高分子中混有很容易感光受激的分子(光敏剂),它的分子受激态能级和高分子的受激三线态能级相近,而且发生在两种状态能量曲线的相交之处,感光剂的激发态和高分子间进行氢自由基的授受,使分解反应发生链引发。黄色类还原染料在光作用下使染过色的棉布脆化,就是人光敏分解反应的典型例子;二是在光作用下活化为三线态的光敏剂使氧分子活化为单线态，氧分子导致高分子的分解，碱性亚甲蓝就是其中的一种光敏剂。

2.生物降解机理

Albertsson和Karlsson等人认为，可生物降解是指通过生物酶作用或与微生物作用（如细菌、真菌）所产生的化学降解作用而使化合物发生化学转化的过程，在这一过程中，还可能伴随着光降解、水解、氧化降解等反应。

根据高分子所处的环境条件，高分子生物降解有两种不同原理。第一种是非生物水解而后发生生物同化吸收，称为水解-生物降解，这是杂链高分子（如纤维素、淀粉及脂肪族聚酯生物）降解的主要过程。通常过氧化反应对这类高分子降解发生辅助作用，光氧化反应可加速水解-生物降解。水解-生物降解适用于医用材料、化妆品及个人卫生用品。第二种原理是过氧化反应后伴随水分子产物的生物同化吸收，称为氧化-生物降解，这种原理尤其适用于碳链高分子非生物过氧化反应及随后的生物降解。

生物降解中酶的作用相当重要。它与高聚物作用时，通过水解和氧化反应将高分子裂解成较小的碎片，也就是低分子量的聚合物，这些低分子量的碎片可以被微生物所吸收或消耗，最终代谢形成 CO_2、H_2O 及生物能。

（三）可降解塑料的研究

1.光降解塑料

目前，国外已被采用的光降解技术有合成型和添加型两种。前者是在烯烃聚合物主链上引入光敏基团，后者是在聚合物中添加有光敏作用的化学助剂。国内采用的技术路线主要是后者。

合成型光降解塑料主要是通过共聚反应在高分子主链上引入羰基型光敏基团。研究表明，若聚烯烃的分子链上引入羰基，则可吸收340 nm以下的紫外线，发生Norrishl型反应或Norrishl Ⅰ型反应，从而发生光降解反应。通常采用光敏单体一氧化碳或烯酮类与烯类等单体共聚，即可合成含羰基结构的光降解型聚合物。目前，对乙烯共聚物类光降解聚合物研究最多。研究表明，聚乙烯降解成分子量低于500的低聚物后，可被土壤中的微生物吸收降解，具有较好的环境安全性。例如，用共聚法合成聚乙烯时，与乙烯同时加入含有羰基的可聚合单体，如乙烯与一氧化碳采用醋酸钯作催化剂，共聚得到乙烯-CO交替共聚物，通过调节羰基基团含量可控制降解活性，使光降解速度具有可控性。美国Du Pont、UCC、DOW公司，德国的Bayer公司和加拿大多伦多大学都已利用该技术实现了工业化生产。

添加型就是将光敏剂添加到通用聚合物中，制得光降解材料，在光的作用下光敏剂可离解成具有活性的自由基，进而引发聚合物分子链的连锁反应，达到降解作用。通常所用的光敏剂有下述几种：

(1)过渡金属络合物。二硫代氨基甲酸铁是工业上使用的最佳光敏剂，它吸收太阳光后产生的二硫代氨基甲酰自由基可引发聚合物发生光降解反应。以色列的PLASTOPIL公司使用Scott-Gilead专利技术，采用铁、镍络合物复合光敏剂体系制成了农用地膜PLASTOR。研究表明，铁、铜的二硫代氨基甲酸络合物起光敏剂作用，而镍、锌、钴的同类络合物起稳定剂作用。调节上述两种络合物的配比，可以调节薄膜发生光降解的诱导时间，从而控制该农用地膜的降解时间。

(2)含有芳烃环结构的物质。例如蒽醌，对波长为350 nm的光波尤为敏感，经光激发转变为激发态并产生光化学活性，将能量转移给聚合物链上的羰基或不饱和键，从而使聚合物降解。二茂铁是一种性能优异的光敏剂，通过控制二茂铁在塑料制品中的含量，既可以促进塑料发生光降解，也可以使塑料稳定化，由此可以控制农膜的使用寿命。

(3)卤化物。在金属氯化物中，氯化铁是最有效的光敏剂。氯化铁在光的作用下，产生氯化亚铁和活性氯原子，后者能捕获聚烯烃中的氢原子，形成氯化氢。因此，氯化铁可以促使聚烯烃分子形成烷基自由基，然后发生氧化反应，形成过氧化自由基，进一步发生降解。

2. 生物降解塑料

生物降解塑料是指在自然环境中通过微生物的生命活动能很快降解的高分子材料。按照其降解特性可分为完全生物降解塑料和生物破坏性塑料。按照其来源则可以分为微生物合成材料、化学合成材料、天然高分子材料、掺混型材料等。

(1) 微生物合成型。微生物合成高分子聚合物是由生物发酵方法制得的一类材料，主要包括微生物聚酯和微生物多糖，其中前者研究较多。研究发现，目前可用于合成微生物聚酯的细菌约有80多种，发酵底物主要为C_1 - C_5的化合物。微生物合成型降解材料中最典型的是羟基丁酸和羟基戊酸共聚物(PHBV)。英国ICI公司以丙酸和葡萄糖为底物，发酵合成该物质，并已在1992年实现商业化，商品名为BIOPOL。中国科学院微生物研究所与天津味精厂合作承担的“利用淀粉水解糖发酵生产聚羟基丁酸(PHB)中试”被列入国家“九五”攻关项目，1999年底在北京通过了技术鉴定。目前，该所又成功地开发了以淀粉加丙酸生产PHBV，并与杭州天安置业有限公司合作进行中试，拟建1000 t/a的PHBV生产装置。这类产品有较高的生物分解性，且热塑性好，易成型加工，但在耐热和机械强度等性能上还存在问题，而且其成本太高，还未获得良好的应用，现正在尝试改用各种碳源以降低成本。

(2)化学合成型。化学合成型材料大多是在分子结构中引入酯基结构的脂肪族聚酯，在自然界中其酯基易被微生物或酶分解。目前，已开发的主要产品有聚乳酸（PLA）、聚己内酯（PCL）、聚丁二醇丁二酸酯（PBS）等。PLA是以乳酸为单体聚合而成，但由于乳酸提取、精制困难，大大提高了生产成本。聚乳酸熔点为175℃，具有良好的生物相容性，在医用领域用途广泛。PCL熔点为63℃，热塑性好，易成型加工。由于PCL和其他广泛使用的合成树脂具有良好的相容性，所以可赋予共混物生物分解性，从而提高PCL应用价值。它可用作手术缝合线、医疗器材和食品包装材料。PBS熔点为114 ℃，应用开发的产品有发泡材料，可用作家用电器和电子仪器等包装材料。对这一类降解塑料而言，目前仍需研究如何通过控制其化学结构使其完全分解。另外，成本也是不容忽视的问题。

(3)天然高分子型。利用淀粉、纤维素、甲壳质、蛋白质等天然高分子材料可制备生物降解材料。这类物质来源丰富，可完全生物降解，而且产物安全无毒性，因而日益受到重视。美国Warner-Lamber公司开发的由70%支链淀粉和30%直链粉制成的新型树脂，其生物降解性好，可以替代正在农业上使用的各种生物降解材料，被认为是材料科学重大发展。日本以纤维素衍生物和脱乙酰基多糖复合，采用流延法制得薄膜，其强度与聚乙烯膜相近，两个月左右即可完全降解。

天然高分子材料虽具有完全生物降解性，但是它的热学、力学性能差，不能满足工程材料的性能要求。因此，目前的研究方向是通过天然高分子改性，得到有使用价值的天然高分子降解塑料。

(4)掺混型。将两种或两种以上的高分子物共混聚合，其中至少有一种组分为生物可降解的，该组分多采用淀粉、纤维素等天然高分子，其中又以淀粉居多。淀粉掺混型生物降解塑料可分为三种类型：

①淀粉填充型生物降解塑料。由于淀粉与高聚物相容性差，需要对淀粉进行处理后再与聚合物共混而得到淀粉填充型塑料。如淀粉与聚乙烯、聚乙烯醇、聚丙聚、聚苯乙烯混合，可以制造农用膜和包装材料。这种降解塑料的降解部分主要是淀粉，大部分聚烯烃只是崩裂成粉末，残留在自然环境中，不能彻底解决对环境的污染问题。

②淀粉接枝共聚降解塑料。方法是将淀粉与不饱和单体如苯乙烯、乙烯、丙烯腈、丙烯酸等共聚而得的降解塑料，产品主要有淀粉接枝丙烯酸甲

酯、丙烯酸丁酯、苯乙烯等。从理论上讲，淀粉接枝共聚物可直接生成生物降解塑料，但由于接枝共聚的产物是接枝共聚物与均聚物的混合物，因此，若无其他处理的条件，这种产品属于不完全生物降解。另外，淀粉接枝共聚生物降解塑料加工工艺复杂，生产成本高。因此，大多数生产厂家只将其作为增溶剂加入到淀粉与聚合物中，这就势必产生淀粉填充型生物降解塑料的情况，使其推广应用受到限制。今后发展的重点是提高接枝率，寻求廉价的引发剂，降低制品生产成本。

③淀粉基质型生物降解塑料。它是以淀粉为主体，加入适量可降解添加剂来生产完全生物降解塑料。意大利Novamont公司的"Mater-Bi"是以70%玉米淀粉和30%无毒亲水性的低分子量石油制品混合物为原料制得的，产品的机械性能类似LDPE。美国Warner-Lamber公司的"Novon"的主要原料为玉米淀粉，添加可生物降解的聚乙烯醇，该产品用一般成型加工方法即可成型，可用作食品包装、缓冲材料等。这是一类很有发展前途的产品，是20世纪90年代国外淀粉掺混型降解塑料的主攻方向。

3. 光-生物降解塑料

兼具光、生物双降解功能的光-生物降解塑料是目前国内外的主要开发方向之一。其制备方法是采用在通用高分子材料（如PE）中添加光敏剂、自动氧化剂、抗氧剂和作为微生物培养基的生物降解助剂等的添加型技术途径。光-生物降解塑料可分为淀粉型和非淀粉型两种类型，目前采用淀粉作为生物降解助剂的技术比较普遍。当前国外开发的主要产品有加拿大St.Lawvenee淀粉公司与瑞士Roxxo公司合作开发的EcosterPlus、美国Ampact公司开发的PolygradeⅢ、美国ADM公司的Polyclean以及其他欧美公司的产品。但由于该技术主要采用光敏剂母料和由淀粉母料混配的复合材料，完全降解性等效果不够理想，安全性还有待进一步研究。因此，尚处于研究开发阶段。

我国通过"八五"、"九五"攻关研究，在光-生物降解地膜方面已经取得了较大的进展。淀粉型光-生物降解地膜的研究，就淀粉微细化、淀粉母料及其衍生物易吸水、淀粉及其衍生物与聚乙烯的相容性、淀粉基塑料的加工性能、诱导期可控等技术难题，取得了突破性的进展。北京塑料研究所采用聚乙烯为基础料，并添加含有光敏剂、光氧化稳定剂等组成光降解体系和含有N、P、K等多种化学物质作为生物降解体系的浓缩母料，经挤出吹塑制成厚度为0.005 mm的可控降解地膜。经5年60余万亩农田应用考核，该降解地膜不仅具备普通地膜的保温、保湿和力学性能，而且可控性好，诱导期稳定，在暴晒条件下，当年可基本降解成粉末。在无光条件下，也可以促进微生物繁殖生长。目前,国内光-生物降解塑料的研究进程可与世界同步,研究水平与国外水平相当。

第五节　绿色涂料

传统涂料使用大量有机溶剂和有一定毒性的各种助剂、防腐剂及含重金属的颜填料,在生产与使用中产生"三废"造成对环境的污染,影响人类健康。现已成为继交通污染之后的第二大污染源。另外,挥发到大气中的有机溶剂及其他有机污染物在阳光作用下,会产生许多光化学反应。涂料中的挥发性有机化合物(VOC)主要是碳氢化物,而碳氢化物是光化学烟雾产生的必要物质,它对局部地区光化学烟雾的形成起到推波助澜的作用。有的挥发性物质会与氧化氮和氧化硫反应,并产生酸性物质,形成酸雨。因此,绿色涂料的研究利用已成为世界发展趋势。

一、传统涂料的危害

(一)涂料中挥发性有机化合物(VOC)的影响

涂料在生产、施工、固化过程中有大量的挥发性有机物质排放到大气中,造成大气污染。这主要来自于溶剂型涂料和水性涂料中的一些助剂,主要有芳香烃、脂肪烃、卤代烃、醛、酮、醇、酸等。涂料表干后,尚有少量有机化合物残留,缓慢释放,尽管浓度大多数比较低,但由于室内换气的问题,因此往往高于室外。它们是室内VOC的主要来源之一,也是室内危害人体健康的主要原因之一。国际著名科学家莫勒夫指出,长期处于含有VOC气体的环境中,在感官方面会造成人体视觉、听觉受损;在感情方面造成神经质、偏激性、忧郁症和冷淡症;在认识功能方面造成长期和短期记忆混淆、迷乱;在运动功能方面造成握力变弱,不协调和震颤。不同的有机物的毒性差别很大,伯醇类、醚类、醛类、酮类、部分酯类、苄醇类等溶剂损害人体的神经系统;苯、甲苯损伤肾、肝、血液系统和神经系统;羟基甲酯、甲酸酯类使肺中毒;乙二醇类损害人的肾脏;氯乙烯、苯已被国际癌症研究中心定为人的致癌物。

(二)重金属颜料的影响

铬系颜料、铅系颜料、镉系颜料中含铬、铅、镉,在生产中对水质造成污染,对动植物和人类造成极大危害。铬系颜料是涂料工业长期以来广泛应用的着色颜料。铬被视为是致癌的金属之一,六价铬的毒性是三价铬毒性的

100倍左右；铅对肾的影响可使可逆性近曲小管功能失调，对小有机分子出现吸收障碍，铅影响血红蛋白的合成、容血，损害人们造血系统、神经系统、消化系统。此外，还可能导致血管痉挛等病变，如腹绞痛、铅中毒性脑病、神经麻痹。尤其值得注意的是，它可通过胎盘、乳汁影响后代，婴幼儿由于血脑屏障发育未完善，对铅的毒性更敏感；镉系颜料虽然价格昂贵，因其耐久性好，在涂料工业中仍有少量应用。但镉化物是毒性很大的物质。另外用于涂料中也有很多含铜的颜料，例如，红丹、锌铬黄、锶铬黄、高铜酸等；铜能抑制血红素合成和溶血，由此造成贫血；对大脑、小脑、脊髓和周围神经也造成侵害。

二、绿色涂料

（一）绿色涂料的定义

所谓"绿色涂料"是指节能、低污染的水性涂料、粉末涂料、高固体含量涂料（或称无溶剂涂料）和辐射固化涂料等。

清华大学化学系洪啸吟先生认为绿色涂料具有三层次。第一个层次是涂料的总的有机挥发量，有机挥发物对环境构成直接的危害；第二个层次是溶剂的毒性，指生产和施工过程中会对人员造成直接危害；第三个层次是对用户的安全问题，溶剂的挥发是一个长期缓慢的过程，溶剂如果有毒也会对人体造成伤害。

也有专家认为，"绿色涂料"名称不确切，应称为"环境友好涂料"，是低公害（或无公害）和低毒（或无毒）涂料的总称。但不管怎么理解，其内容和实质是相同的，即发展对环境污染少，对人体无害的涂料。

我国对水性涂料提出了具体技术要求，也可以说是水性绿色涂料的具体技术标准。《中国环境标志产品技术要求》（HJBZ 004-1999）规定水性涂料技术要求为：产品生产过程中，不得人为添加含有卤代烃、苯系物的物质；产品中的挥发性有机化合物物（VOC）含量应小于250 g/L；产品生产过程中，不得人为添加含有重金属的化合物，总含量应小于500 mg/kg（以铅计）；产品生产过程中不得人为添加甲醛及其甲醛的聚合物，含量应小于500 mg/kg。

（二）绿色涂料的研发方向

1.研发低污染、高性能、高装饰水性汽车涂料系列

汽车涂装是汽车制造业中最严重的公害发生源之一，是耗能、耗水和排放挥发性有机化合物（VOC）大户（汽车制造过程中VOC排出量的90%以上来自于涂装工程），其中VOC的大量排放对环境污染尤为严重。为适应环境保护的需要，必须采用环保型新材料，降低VOC的排放量。目前，在汽车涂装中

所采用的环保型涂料主要有高固体分涂料、水性涂料及粉末涂料。

(1)高固体分涂料。汽车涂装用高固体分涂料,除在施工黏度下固体分较高外,其性能与一般溶剂型涂料没有差别。该类涂料施工黏度下的固体分可高达65%以上,中涂漆则更高。对不含颜料的罩光清漆而言,双组分涂料的固体分比单组分的高,从而减少了有机溶剂含量。采用光固化涂料,作为溶剂的不饱和烯类化合物也参与反应,成为涂层的组分,故VOC的排放量极少。

(2)水性涂料。水性涂料包括水溶性和水乳化型两种,用于汽车涂装的有电泳涂料、水性中涂漆、水性底色漆及水性罩光漆(也包含一般防腐蚀型水性涂料),均属水溶性涂料。目前电泳涂料已发展到第五代阴极电泳漆,其主要特点是:低有机助溶剂,VOC含量低于2%,无重金属Pb、Sn等,烘干温度低,油烟发生量小,达到节能、节材、清洁环境的目的。水性中涂漆和水性底色漆VOC含量不大于15%、性能不低于相对应的溶剂型涂料。水性罩光漆主要由水溶性甲醇醚化三聚氰胺甲醛树脂与水性丙烯酸树脂或醇酸树脂按适当比例配合而成,VOC排放符合标准。

(3)粉末涂料。目前使用的车用粉末涂料有环氧聚酯混合型、聚酯、聚氨酯和丙烯酸型。这些粉末涂料都具有VOC含量低、节能、高效的特点,环境效应良好。

2.研发低VOC环保型聚氨酯涂料

聚氨酯是氨基甲酸酯树脂的简称,其分子中含有特征单元结构氨基甲酸酯键(-NH-CO-)。自20世纪40年代开发以来,现已被广泛地应用于工业和日常生活的各个领域。其用作涂料时,固化后,由于其涂膜具有良好的耐磨性、耐腐蚀性、耐化学品性、硬度大、高弹性等优点,所以常用于家具涂装、金属的防腐、汽车涂装、飞机蒙皮、地板漆、路标漆等。聚氨酯类涂料现已经成为涂料业中应用广泛、增长速度最快的品种之一。甚至认为它在行业中所占的比例和增长速度,象征着一个国家涂料工业的发展水平。

聚氨酯涂料现正逐渐由溶剂聚氨酯向水性聚氨酯、光固化聚氨酯、低黏度高固含量聚氨酯、粉末型聚氨酯等方向发展。

(1)水性聚氨酯涂料。聚氨酯涂料以水为分散介质,体系中没有或很少存在有机溶剂,更符合日益严格的环保要求。所以,目前水性涂料的发展得到了广泛的重视,并正以较快速度向前发展。如BASF公司研制的高性能水性双组分聚氨酯清漆和底漆,具有极好的综合性能。

(2)光固化聚氨酯涂料。聚氨酯涂料的固化类型主要有湿气固化型、热固化型、光固化型等。由于光固化技术具有固化速度快、节省能源、节省资源、无溶剂污染等优点，所以光固化聚氨酯涂料在木器涂装领域已获得了广泛应用，并显示出极好的发展前景。目前，作为光固化聚氨酯涂料用的主要光敏树脂有：①软段为二元醇的聚氨酯光敏预聚体，这种光敏树脂中的醚键可以旋转并且键能较大，其涂膜具有良好的柔韧性和机械强度；②软段为不饱和聚酯型光敏预聚体，其中含有不饱和双键，固化交联密度大，加之酯基中的键能大且可以旋转，所以综合性能优良；③软段为聚硅氧烷型光敏预聚体，这类预聚体中因为引入了Si–O键，使得光固化涂膜的耐热性、耐候性、附着力都明显提高；④互穿网络（IPN）结构的聚氨酯光敏预聚体，通过甲基丙烯酸丁酯和丙烯酸β–羟乙酯共聚，然后又与已内酯反应，形成的羟基酯再与$CH_2=CCH_3COOCH_2CH_2NCO$反应，可得到侧链含双键的预聚体。此预聚体光固化，可形成INP结构。所以这类涂膜具有优良的耐候性，机械强度和黏接性，开发前景广阔。

3.水相法氯化聚烯烃的研究

氯化橡胶、氯化聚烯烃历来用于制备中、高档防腐蚀涂料。但在生产氯化橡胶及氯化树脂时，采用四氯化碳或含氯烃溶剂进行液相氯化严重污染环境，对臭氧层造成威胁。20世纪80年代，西欧就限制或停止其生产。采用水相法氯化生产的清洁工艺代替溶剂法生产氯化产品势在必行。我国在20世纪90年代初就开展了水相法直接氯化工艺的研究，与西方国家同步。

4.纳米材料在涂料中的应用研究

纳米二氧化钛、纳米氧化锌、纳米三氧化二铁、纳米碳酸钙、纳米二氧化硅等，其粒子大小介于普通粒子和分子（原子团）之间，产生紫外线吸收、电磁波屏蔽、广谱抗菌性等特殊效应。其在涂料中的应用大大提高了涂层的耐候性、抗污染性、自清洗性、防霉性、外观装饰性及特殊功能性。纳米材料应用于汽车漆、建筑涂料、功能性涂料中，具有传统涂料所没有的明显特点，引起了国内外的关注。纳米材料在涂料中的应用技术，我国与美国、日本、俄罗斯、法国等工业发达国家差距不大。常州涂料化工研究院早在20世纪70年代初就研究开发出长轴为40~60 nm，短轴为14~16 nm的纺锤状纳米Fe_2O_3，具有透明、耐候、屏蔽紫外线等特点。它可应用于造币油墨，以提高其耐沾污性；用于金属闪光漆，明显提高涂膜的随角异色性；用于农膜，提高作物的产量；用于塑料，赋予特殊功能性已形成160 t/a的中试规模。

目前，国内研究和试产纳米Ti、纳米ZnO、纳米$CaCO_3$、纳米SiO_2的院校和企业不少，使我国纳米材料在涂料中的应用技术处于世界先进行列。

第六节 绿色制革工业

一、制革工业存在的污染问题

制革工业与人类生活和国民经济的发展息息相关，是轻工业中一个具有悠久历史和重要地位的行业，也是污染环境的重点行业。制革污染来自两方面：一是由于原料皮上除去的油脂、肉渣、皮毛和边脚余料等的腐烂变质和化学水解产生的氨基酸、多肽和蛋白质造成的；二是由于制革生产过程中使用的化工材料带来的，如硫化碱、工业盐、石灰、红矾、染料及各类酸和高聚物等有害物质。据统计，我国皮革行业年排放污染物：铬 3 500 t，硫5 000 t，悬浮物1.2×10^5 t，化学耗氧量（CODCr）1.5×10^5 t，生化需氧量（BOD5）80 000 t。这些废水、污泥和固体废物的排放造成了江、河、湖、海甚至地下水的水质污染，使旅游风景区、经济渔业区、自然生态保护区等地的生态破坏，阻碍了当地的经济发展，破坏了居民的生活环境。要改变目前制革污染的唯一出路就是利用绿色化学的原理，加大绿色皮革化学的研究，开发相应的绿色制革化学品和制革工艺，依靠技术进步，使皮革工业走上清洁化可持续发展之路。

二、国内外绿色皮革化学品的研究现状

（一）无铬、少铬鞣制材料的研究

国外研究较多的是戊二醛、醇改性戊二醛、聚合物—醇改性戊二醛对皮革进行预鞣、主鞣，制备不含铬的“白湿皮”。BASF公司研制的聚合物改性戊二醛不仅保证皮革中不含铬，具有经济和环保优势，而且还能提高皮革性能和质量。BASF公司生产的Lutan系列铝鞣剂以及活性有机鞣剂Relugen系列，均可用于制造“白湿皮”。德国希纶富勒赫公司研制的戊二醛-聚合物制得的“白湿皮”的收缩温度Ts可达75 ℃，德国的Fuch发表了以聚硅酸水分散液用于制造白湿皮工艺。

国内四川大学张廷有等人采用铝盐预鞣，效果很好，铬鞣时鞣剂用量可减少40%，废液中Cr_2O_3含量只有0.15 g/L。而TFL公司最近发明了一种四羟基磷酸盐无铬有机鞣制材料，用其代替铬鞣剂，制备的皮革的Ts可达80 ℃。山东高密雪龙皮革有限公司开发的无铬靴皮革，初鞣时的Ts可达90 ℃。

(二)高吸收铬鞣助剂的研究

英国的Gregori等利用脂肪族二羧酸盐和芳香族二羧酸盐,通过羧基的交联,使铬络合物分子增大,增强其与胶原的结合能力,提高铬盐利用率。

陕西科技大学的王鸿儒等合成的含多功能团的水溶性高聚物,可大幅度降低铬的用量,铬鞣废液中Cr_2O_3,含量由2.46 g/L降至0.12 g/ L。亭江精细化工有限公司的宋威等研究、生产的高吸收铬鞣助剂——铬能净,含有氨基、羧基的聚合物用于鞣制,铬的利用率可达95%以上,废液中的Cr_2O_3含量可降至0.2 g/L。陕西科技大学白云翔等采用醛、氨和酸,在弱酸性条件下,制得了醛酸型助鞣剂,该鞣剂带有醛基、羧基、羟基,与相应的应用工艺配合,可将铬的利用率提高到95%以上。四川大学李国英等通过Michael加成反应合成的醛酸助鞣剂,可使铬的利用率达90%以上,铬鞣废液中Cr_2O_3含量可降到1.0 g/L以下。四川大学栾世方等人采用三氧化铬-二氯甲烷选择性氧化丙烯酸β-羟乙酯,制备了丙烯酸β-醛基乙酯,再将该单体和其他单体共聚,制备了含有羧基、羟基、醛基及叔胺基的大分子铬鞣助剂,可使鞣制废液中的Cr_2O_3含量降至1.0 mmol/L以下。中科院成都有机化学研究所金勇等以丙烯醛、丙烯酸为原料,通过水溶液共聚制得了环保型醛酸高分子鞣剂,鞣剂用量5%时,可使浸酸皮的收缩温度Ts提高18 ℃。

(三)无铬防水材料的研究

过去美国(WP)、法国(SOF)及我国生产(FRT)的防水材料,大多是用甲基丙烯酸高级酯与丙烯酸共聚制得,最后均要用铬盐固定。最近朗盛公司发明了一种以硅酮为基础的XerodermP—AF和Xeroderm S—AF防水材料,不仅防水性能好,而且只需用甲酸固定。Bali皮革公司采用石墨微粒子作加脂复鞣材料,不仅防水性能优异(不需外加防水剂)而且皮革质轻、透气性好、手感滑爽、无污染。美国3M公司用羟甲基化胺或烷氧基化衍生物、至少含6个碳原子的醇、酰胺或脂肪酸和含全氟碳链的乙烯基单体,合成了一种含氟烃类缩合物的皮革防水防油剂。Omura等人报道的由有机硅氧烷、含氟化合物和含有胺基的有机硅化合物柔软型皮革防水处理剂,这种聚合物集氟硅的优点于一身。不仅可以赋予皮革表面良好的抗水性、抗油性、柔软性等,而且无需固定,不会改变革表面的组织结构。具有良好的耐洗涤性、耐干洗性、防雾性以及良好的防水性,同时它们还具有“自定型”性能,不需要补充矿物盐定型。

(四)膜分离技术用于绿色制革工艺

用膜来分离制革准备工序中产生的无盐废水,得到的含硫化物溶液可以重复使用于染色工序。而且用膜分离废铬液，还能从中回收含铬絮凝物。

（五）绿色脱脂剂的研究

最近美国Micell公司开发了一种用液态CO_2进行生皮脱脂，液态CO_2可渗入到皮内深处，脱脂完全而且还可节约大量的用水。表面活性剂、CO_2都可以重复使用，对环境不会造成污染。

（六）制革废弃物的综合利用研究

美国农业部东部地区研究中心的Taylor MM等，从含铬废革屑中提取、分离、提纯出了有价值的蛋白质产品及可循环使用的“铬饼”。目前，此研究成果已工业化，日处理废革屑达到9 070 kg。四川大学利用生物技术，从制革废物（皮边角料、残次皮）中，水解制备各胶原蛋白、多肽和氨基酸等，进一步深加工成医药品、营养保健品、高级化妆品、食品、生物农药等。

（七）绿色表面活性剂的研究

法国Seppic公司、美国ROHM & HAAS公司、德国汉高和BASF、英国ICI、日本化王等公司，开展了烷基多糖苷（APG）的研究和工业化生产，其生产原料主要来自于可再生的天然资源——植物淀粉、脂肪等。该表面活性剂具有良好的生态性能、无毒，而且能够迅速完全降解，其分子结构见图4-2。

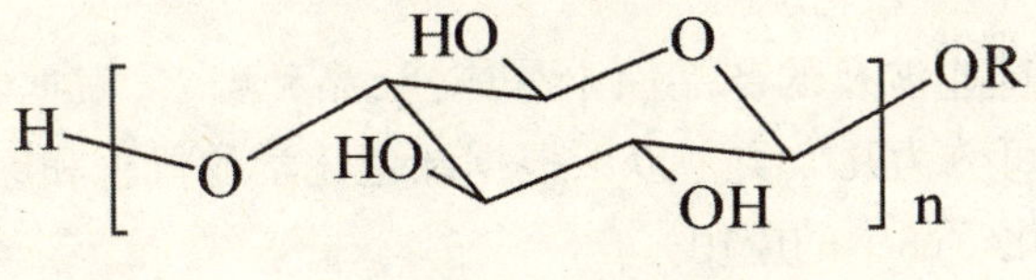

图4-2　APG分子结构

从其分子结构上讲，APG属于非离子表面活性剂，与通常的聚氧乙烯醚型非离子表面活性剂有所不同，属于多元醇型非离子表面活性剂，可用于皮革浸水、脱脂、染色及加脂。2010年后，全球市场产品以绿色产品为主，没有取得绿色生产通行证的企业，在市场竞争中逐步被淘汰。

第七节　绿色造纸

众所周知，造纸技术是我国古代四大发明之一，是中国劳动人民对人类社会的重大贡献。造纸工业与社会发展息息相关，纸张是信息的载体之一，是文化与经济交流中不可缺少的物质。与此同时，造纸工业的污染问题十分严重，因此受到了人们的普遍关注。

一、造纸工业中的污染概况

一般的造纸过程，以化学法为例。简单地说，就是先将原料(草类或木树)切成一定尺寸的小片(备料)，放到蒸煮器内加化学药液、并用蒸汽进行处理(蒸煮)，把原料煮成纸浆，然后用大量的清水冲洗纸浆(洗涤)，通过筛选把浆中的粗片、"浆疙瘩"除去(筛选)，再用漂白剂把纸浆漂到一定白度(漂白)，接着利用打浆设备加以叩解(打浆)，最后送上造纸机经过网部滤水、压榨脱水、烘缸干燥、压光卷取。这样，一卷卷洁白的纸张便生产出来了。其流程见图4-3。

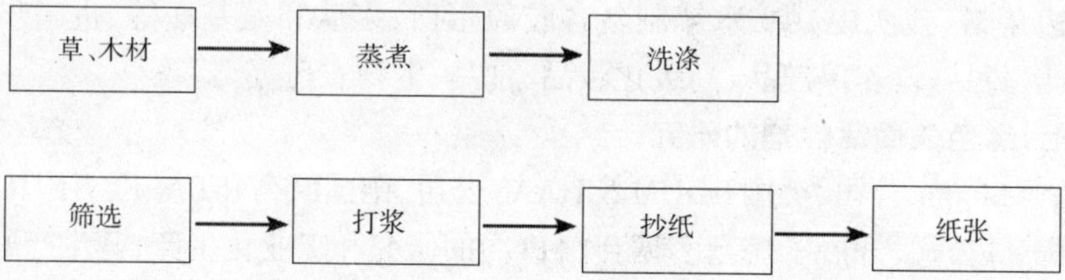

图4-3　造纸工业流程框

二、绿色化学在造纸化学品中的应用

造纸化学品行业涉及的产品面十分广泛，品种繁多，根据它们在制浆造纸过程中的应用可分为几大类。(以下根据绿色化学的概念和原则，具体说明绿色化学在造纸化学品中的应用)。

(一)制浆/脱墨化学品

制浆/脱墨化学品是指原生纤维和再生纤维加工过程中使用的化学品，它能缩短制浆的蒸煮时间、提高纤维的得率及质量、减少制浆废水污染，这里也包括被视为蒸煮阶段的延续——纸浆漂白用化学品。解决制浆造纸工业的污染问题，必须发展新的无污染制浆技术，其中包括机械法制浆技术和生化法制浆技术。

机械法制浆生产成本低，得率高(约90%~98%)，不用或少用化学药品，对环境的污染远比化学制浆法小。20世纪90年代开始，出现化学热磨机械浆(CTMP)，即在预热磨木浆(TMP)的基础上，使用化学制浆法，化学品用量5%左右。这样既可取得TMP的优点，即高得率、少污染，而且使纸浆具有化学浆的优点，即木素含量少，纤维长又柔软。

生化法制浆的产率高、能耗低、污染少，因此近年来成为生物学尖端技术。这类方法是：将生物技术用于制浆造纸，即从众多的微生物中筛选出能高效、专一地分散纤维的菌种，并经过生物技术处理使之适应工业化大规模生产的水平，其中有浸渍法制浆和酶法制浆。浸渍法是将细菌直接接种于纤维原料中，细菌在生长繁殖的同时分泌产生大量的酶，在酶的催化作用下使纤维分散。该方法简单但需要大型发酵设备。酶法是在一定设备条件下培养某种细菌，使其产生大量的酶，经一定生物技术处理将酶浓缩后加到纤维原料中，通过酶解作用使纤维分散。两种方法均有工业应用，但离大规模生产还有一定距离。

在回收废纸制浆方面，将酶制剂用于脱墨是一种新技术，酶制剂脱墨要配合使用非离子表面活性剂在中性介质脱墨，可选择在pH 4~9有活性的酶制剂与高碳醇氧乙烯基醚或高碳醇聚氧乙烯酯、烷醇酰胺、环氧乙烷与环氧丙烷嵌段共聚物等复配作为脱墨剂的成分。

对于传统的制浆方法，在蒸煮方面，目前的蒸煮助剂主要仍是蒽醌及其衍生物、表面活性剂。但两者各有优缺点，应重点进行两者复配或开发具有蒽醌结构特征的表面活性剂类蒸煮助剂，以及耐高温性表面活性剂，特别是高分子表面活性剂用于蒸煮助剂。表面活性剂目前发展倾向于生态安全、无环境污染、生物降解完全、功能性强、化学稳定性及热稳定性良好，而成本低的产品。它作为蒸煮助剂，用量少，效果好。

无污染漂白技术是用不含氯的物质如O_2、H_2O_2、O_3等作为漂白剂。对纸浆在中高浓条件下进行漂白或在漂白段的某些漂序使用生物酶漂白，以代替目前我国造纸厂还在使用的严重污染环境的低浓纸浆氯化漂白和次氯酸盐漂白。一些漂白助剂可以减少传统漂白化学品的使用量，但关键还是从技术上杜绝使用含氯漂白剂。

(二)过程化学品

造纸厂在浆料准备、流送、成形和表面施胶过程中使用的多种化学助剂，称为抄纸化学品，包括助留助滤剂、消泡剂、腐浆控制杀菌剂、纤维分散剂等等。它们的作用是使生产过程优化、纸机运行速度提高，能用较差的纤维原料生产出合格的纸张。在以草浆为主的中国，必须借助于造纸化学品的使用。“绿色抄纸化学品”是指在制造和应用过程以及纸张使用和废弃过程对环境和人体无危害的化学品。还有一些化学品可以减少纸张生产过程对环境的破坏，广义来说，它们也应属于绿色抄纸化学品。

绿色抄纸化学品对环境保护的意义体现在以下几个方面：制造过程不产生有害排放物，随纸张废弃后可被生物降解；有机氯含量低，应用过程对环境无危害；可提高二次纤维使用量，节省原生木材纤维，减少森林砍伐量；可提高生产效率，减少浪费，节省能源；可增加水的回用，减少污水和污泥排放。要实现抄纸过程的“绿化”，首先，关键还是从技术源头上寻求解决方法。现代造纸新技术的发展常涉及高封闭的白水系统、高速纸机夹网成形和大量回用纤维。要适应这些变化要求在湿部采用新的化学工艺并建立起一套与此相适应的湿部化学途径。中性施胶是大势所趋，纸张在较高pH条件下进行抄造。优点是减少了设备管道的腐蚀，纤维获得了较好的润胀，强度大大提高，并且由于填料含量高的纸幅干燥容易，使得纸机车速提高、产量增加、能耗降低。再次，使用绿色化学品代替传统的化学品，如壳聚糖的开发使用。甲壳素在地球上储量丰富，仅次于植物纤维，是位居第二的天然可再生资源。甲壳素和经过脱乙酰基后的壳聚糖对人、畜无毒无害，具有优良的成膜性，与人体有良好的生物相容性，可生物降解，是一种对环境无污染的环境友好材料。如羟丙基壳聚糖为中性造纸助剂，它具有增强作用与助滤性能。壳聚糖的化学改性及其接枝共聚物在造纸工业中有着非常广泛的用途，是今后造纸化学品值得重视的发展方向。此外，国内一些造纸厂已用绿色抄纸化学品取代传统抄纸化学品，例如将酶化学品用于黏胶和树脂控制。最后，使用环保高效的化学品。如防腐剂从早期的毒性较强，会污染水源的液氯和次氯酸盐、重金属盐和氯酚化合物发展到现代的低毒、高效、灭菌谱广、能生物降解的有机防腐剂，如季铵盐、氨基甲酸酯等。苯并异噻唑酮及其衍生物（卡松）是目前使用较好的一类杀菌剂，还有高效消泡剂的使用如有机硅型、聚醚型或脂肪酰胺型表面活性剂等。过去许多造纸厂在选择和使用化学品时，希望或要求一种产品可以同时发挥多种作用。例如，使用阳离子淀粉作增强剂，同时又作助留剂。新建大型造纸厂普遍遵循化学品专用原则，即每一种化学品仅用于它的主要用途，这样可以使化学品更有效充分地发挥它应有的作用。

（三）功能性化学品

功能性化学品包括（浆内、表面）施胶剂、干增强剂、湿增强剂、染料、颜料、增白剂、柔软剂、阻燃剂、防油剂、防水剂等。

目前大部分功能性化学品存在一定的毒性。根据绿色化学的原则，使用绿色的合成原料，设计高原子转化率路线和减少衍生物产生，使产品易被生物降解，无毒性。所以，功能性化学品的一个趋势是在赋予纸张功能的同时，这些化学品还必须严格遵循相关健康法规。如传统的固体荧光增白剂具有致癌成分，无法通过食品药物协会（如美国FDA）的验证。固体增白剂在生产和使用过程中其粉尘危害环境和人体，而现在新型液体增白剂是有机溶剂乳化分散而制成的稳定乳液，毒性更低，能够进行纸机在线连续添加。还可利用可再生资源代替消耗性资源，如现国内外关注的重要课题：皮革废弃物的资源化。从含铬废弃物中提取胶原，胶原是构成动物机体的重要功能物质，它具有合成高分子材料无可比拟的生物相容性和生物降解性。因此，胶原作为天然的生物资源，在许多领域得到了应用。国内外的资料表明，胶原在造纸方面的应用历史十分久远，但是其发展进度却十分缓慢。胶原与纤维素、木素一起构成了世界上三类主要的天然纤维资源。从废革屑中提取的胶原蛋白因为自身的结构特点和性质，在造纸中能够有很好的发展前景。未改性的胶原蛋白单独使用效果并不一定好，对其进行化学改性，可作为造纸中的添加剂，如增强剂、助留助滤剂、施胶剂、絮凝剂等。这不仅会给皮革工业带来可观的经济效益及社会和环境效益，还会促进造纸工业的发展。不同于过程助剂，功能性助剂的另一个趋势是赋予一种助剂尽可能多的功能，如阻燃剂同时具有防菌、防水、防油和赋予纸张更好的物理功能等作用。

（四）涂布加工用化学品

涂布加工用化学品包括涂布黏合剂、颜料、颜料分散剂、印刷适性改进剂、润滑剂、抗水剂、杀菌防腐剂、消泡剂等。这些化学品主要用于高档涂布纸的生产，对提高纸的品质和附加值有着重要作用。然而这些助剂的使用给废纸的回收和废水的处理带来了极大的困难。例如，涂布过程中使用的黏合剂所产生的黏状物一直困扰着现代的造纸企业，但人们不再是被动的解决造纸过程中出现的胶黏物问题。现在设备厂商、化学品供应商和科研组织已联系在一起，共同参与研究并解决这一问题，科研组织和化学品供应商研发出可循环使用的黏合剂。这些黏合剂的生产符合绿色化学原则，产品在纸上使用后容易被设备收集，收集的黏合剂还可回收使用，通过使用、回收和再使用这一过程达到可持续发展的目的。设备厂商也配合新产品而开发出适用于新型黏合剂、回收效率高的设备。这些互动的过程使得废纸易于回收使用，回收的纸张所涉及化学品的循环使用问题得到了解决。

习　题

1.何为绿色产业？绿色产业有什么特征？

2.简述绿色产业兴起的历史背景。

3.什么叫“白色污染”？结合自己的认识谈谈“白色污染”的危害。

4.就你所知，目前从哪几个方面开展了绿色塑料的研究？

5.何为“绿色能源”？ 目前从哪几个方面开展了绿色能源绿研究？

6.谈谈你所了解的能源使用状况？

7.传统农药有哪些危害？举例说明？
8.绿色农药的研制有何现实意义？
9.谈谈造纸行业的环境危害？
10.什么叫绿色涂料？结合你的了解，谈谈对绿色涂料的认识？
11.请你谈谈传统涂料的危害。
12.请你结合制革过程，谈谈在哪些方面可能产生环境污染？
13.通过学习你认为应在哪些方面采取措施促进制革工业的绿色化？
14.谈谈你对“倡导绿色生产，必须从化学工业抓起”观点的看法？

第五章 绿色化学品与当代生活

第一节 环境标志

一、环境标志的内涵

环境标志又称绿色标志、生态标签、蓝色天使、环境选择等。国际标准化组织(ISO)将“环境标志”定义为:印在或贴在产品或其包装上的宣传环境品质或特性的用语和(或)象征符号。它不同于一般的产品商标,它标明该产品不仅质量合格,而且在生产、使用、消费和回收处置过程中符合特定的环保要求,与同类产品相比,具有低毒、低害、无污染或少污染、节约资源的特性。环境标志把污染控制从生产过程的末端治理,扩展到原材料开发、产品生产、运输、营销、使用、最终废弃处理的全过程,有利于人体健康及污染防治,一经产生就显示了强大的生命力。

发放环境标志的最终目的是保护环境,它通过两个具体步骤得以实现:一是通过环境标志向消费者传递一个信息,告诉消费者哪些产品有益于环境,并引导消费者购买、使用这类产品;二是通过消费者的选择和市场竞争,引导企业自觉调整产品结构,采用清洁生产工艺,使企业环保行为遵守法律、法规,生产对环境有益的产品。

环境标志的主要特点:一是证明性。环境标志是依据有关环境标准、指标和规定,由国家指定的认证机构确认通过并颁发标志和证书,以证明某一产品符合环境保护要求,对生态环境无害;二是权威性。环境标志由商会、实业或其他团体申请注册,并对使用该证明的商品具有鉴定能力和负保证责任;三是专证性。环境标志只对贴标产品具有证明性;四是时限性。环境标准随科技水平提高和环保意识的增强而不断变化,环境标志每3~5年需要重新认定。取得了环境标志,也就取得了通向国际市场的通行证。

二、环境标志的由来

为了保护和促进公众爱护环境的积极性，引导消费市场向有益于环境的方向发展，一些国家的政府相继实行了环境标志计划。

1978年，德国率先推行了环境标志，称“蓝色天使（Blue Angel）”计划。到1990年德国已授予3 600多种商品以环境标志。加拿大、日本于1988年、法国于1991年相继实施国家的环境标志，而丹麦、芬兰、冰岛、挪威、瑞典于1989年开始实行国家之间统一的北欧环境标志。1993年7月，欧共体正式推出欧洲环境标志，在欧共体任何一个成员国获得的环境标志都会得到整个欧共体的承认。欧共体颁发环境标志计划依据重点产品类（不包括食品、饮料、药品）最初规定而制定。在欧共体委员会的支持下，在所有成员国及利益集团的参与下，有6个成员国牵头为环境标志标准的制定献计献策。牵头的国家（和产品）有：丹麦（纸类产品、建筑绝缘材料、纺织品），德国（洗涤剂、餐具清洁剂、家用清洁剂），法国（油漆、清漆、电池、蓄电池、洗发剂），意大利（包装材料、冰箱、冰激凌机、瓷砖），荷兰（鞋类、履带式车辆），英国（洗衣机、洗碗机、灯泡、护发用品、防臭剂、化肥）。在某些成员国生产的产品或首次上市的产品，或由第三国输入该成员的产品都可以向该国的有关管理机构提出获得环境标志的申请。至1995年，美国36个州已联合通过立法，率先在塑料制品、包装袋、容器上推行环境标志。亚洲一些国家，如新加坡、马来西亚等也积极开展了环境标志工作。

我国环境标志工作开始于1993年3月。1994年5月17日，中国环境标志产品认证委员会正式成立，它是代表国家对环境标志产品实施认证的唯一合法机构，它的成立使我国的环境标志产品实施认证工作有了组织保证。同时，《中国环境标志产品认证委员会章程》、《环境标志产品认证管理办法》、《中国环境标志产品认证证书和环境标志使用管理规定》等文件以及一系列“环境标志产品技术要求”的批准发布，为环境标志的认证奠定了基础。

由于环境标志分别由各国推行，其标准各不相同。环境标志在一定意义上代表产品的信誉度和质量水平，我国在一段时间内也是多标准颁发绿色证书。2006年，国家标准委和认可认证委员会同时发布了由国际标准化组织制定、指导公众绿色消费的《ISO14020系列标准》。据介绍，ISO14020系列标准是1998年由“国际化标准组织”向全球公布的，这是一个为世界各国所接受的统一规则。ISO14020被称作管理世界各国绿色标志或环保标志的证书，给绿色产品提供了一个精确的标尺。《标准》同时规定，对环境安全、对环境友好、对地球无害、没有污染、绿色、自然之友、不会破坏臭氧层及所谓的“可持续性”等八种流行说法将被禁止在产品包装和说明书及广告中使用。

三、中国环境标志图形及说明

图5-1　中国环境标志

中国环境标志图形由清山、绿水、太阳及十个环组成。环境标志图形的中心结构表示人类赖以生存的环境；外围的十个环紧密结合，环环紧扣，表示公众参与，共同保护环境；同时十个环的“环”字与环境的“环”字同字，其寓意为“全民联合起来，共同保护人类赖以生存的环境”（见图5-1）。

四、企业如何获得环境标志认证

环境标志产品认证包括四个要素：产品测试、企业环境管理系统检查评定、监督检验、监督检查。前两个要素是取得认证资格，获得环境标志的必要条件，后两个要素是认证后监督措施。这里简要介绍一下认证的程序。

（一）咨询产品种类

向当地省、市、自治区环保部门或中国环境标志认证委员会秘书处咨询，企业欲申请的产品是否在国家已公布的标志产品种类范围内，若不是，则须填写环境标志产品种类建议表。

（二）申请企业的条件

（1）境内企业应持有工商行政管理部门颁发的《企业法人营业执照》，境外企业应持有有关机构的登记注册证明；

（2）污染物排放应符合国家或地方污染物排放标准；

（3）申请期间且年内未受到地方环保部门的处罚。

（三）申请认证产品应具备的条件

（1）属国家公布可认证的环境标志产品品种名录；

（2）符合国家颁发的环境标志产品标准或技术要求；

（3）能正常批量生产，各种技术指标稳定；

(4)应具有产品质量认证证书或产品生产许可证证书，或者省级以上标准化行政部门认可的检验机构出具的1年内产品质量合格证明。

(四)按认证程序开展工作

(1)填写《环境标志产品认证申请书》(一式四份)送当地省、市环保主管部门审核。待提出初审意见后，一份留底，一份退回企业，余下两份报中国环境标志产品认证委员会秘书处。

(2)对初审合格的产品，秘书处组织检查组，对申请认证的产品及其生产过程进行现场检查。检查工作主要包括首次会议、生产状态检查、企业排污检查、企业环境管理系统检查和末次会议。在末次会议上，检查组将检查结果通报企业。

(3)现场检查通过后，对需进行检验的产品，由检查组负责对产品抽样和封样，由企业将封样的产品送指定的检验机构检验。必须在现场检验的，由检验机构派人在现场检验。

(4)秘书处根据企业的申请材料、检查报告、产品检验报告撰写评价意见，报认证委员会审查。认证委员会召开全体委员会议审查认证材料，经审查通过后，国家环保总局、国家技术监督总局联合发布通过认证的产品及其企业名单。

五、在我国实施环境标志制度的意义和作用

(一)实施环境标志制度，有利于环境、经济、社会的持续协调发展

现代社会对生态环境的破坏主要源自工业企业。但是，由于生态环境的好坏对企业的经济效益一般不产生直接和现实的影响，企业也就不会在环境保护方面主动投入人力、物力和财力。政府运用行政、法律的手段去制约和管理企业，虽然可以起到一定的作用，但企业对此的反映却往往是消极和被动的。只有把保护环境同企业自身的经济效益紧密地结合起来，才能调动起企业保护环境的自觉性和主动性。环境标志制度正是运用市场这只“无形的手”把企业经济效益与环境效益紧密联系在一起。产品要在市场中立住脚跟，除了重视产品的质量性能、外观设计、服务宣传等因素外，环境保护已是一个必不可少的条件。谁重视环境保护，谁就将占领市场；谁忽视环境保护，谁就将失去市场。实施环境标志制度是我国在环境管理方式上的一次重大变化，以往环境管理手段强化的是污染的末端治理，而环境标志制度则是对产品全过程的控制，它体现了预防为主的政策；以往环境管理手段依靠强制的法律、规定，强迫企业承担环境义务，而环境标志制度，将环境管理由单

纯强制管理逐步发展为强制性与指导性相结合的管理方式，从而使企业从被动治理逐步转变为主动防治；以往的环境管理手段以行政指令为主，缺乏公众参与的内容，环境标志制度首次在环境管理中引入市场机制，使环境管理由过去单纯的政府行为发展成为全民参与的社会行为。因此，环境标志制度是经济发展与环境保护的有机结合，是可持续发展战略的重要组成部分。

(二)实施环境标志制度，有利于增强全民的环境意识

保护环境有赖于全体公民的自觉行动和积极参与，公众环境意识的增强是实施环境标志的基本前提之一。过去，公众不了解自己在环境保护中所起的作用。事实上，诸如气候变暖、臭氧层破坏等全球环境问题的产生和发展，与我们日常生活中使用的许多产品如电冰箱、喷发胶、洗衣剂、纸张等是密切相关的。改变这些日用商品的生产工艺或变换公众的生活方式对解决全球环境问题将起到一定的作用。消费者是主导市场的“上帝”，当标明“再生”、“纯天然”、“无污染”、“合乎环境标准”等字样的商品出现在人们面前时，很容易使消费者联想到健康、洁净和生态平衡，受到环保思想潜移默化的熏陶，树立起新的环境道德观，把保护环境看成应尽的义务，并通过选购消费、处置商品等日常活动，直接参与环境保护，从而影响企业的环境决策。

(三)实施环境标志制度，有利于促进我国的对外贸易发展

环境标志的盛行，给国际贸易深深地烙上了绿色的生态标志。现在，产品的环境标准已成为世界贸易的先决条件，关于产品环境标准的竞争正发展成为一种新的非关税壁垒——绿色贸易壁垒，以保护本国工业免受进口商品的冲击。今后国际贸易中的保护主义将更多地运用环境保护的名义，采取更加隐藏的环境管理措施，设置种种障碍来抵制外国商品的进口。环境保护措施作为一种新的非关税壁垒，必将以其隐蔽性强、技术要求高、灵活多变的特点而得到越来越多的利用。因此，在我国实行环境标志，有利于冲破这一贸易技术壁垒，从而顺利地参与世界经济大循环，增强我国产品在国际市场的竞争力；同时，也有利于根据国际惯例保护我国的环境利益，限制国外不符合我国环境保护要求的商品进入国内市场。

六、我国实施环境标志取得的成效

我国自1994年起推行环境标志以来，环境管理工作取得了很大的成绩，主要表现在：

(一)环境标志产品促进了公众参与环境保护

中国环境标志产品标志着我国环境管理增加新的手段，即强制性的法律、法规为一种手段，导向性的推荐与认证为另外一种手段。

千百年来，通过老百姓的选择，淘汰了无数在使用价值上无竞争能力的产品，也留下了无数有使用价值但环境行为不佳的产品。这就是今天全球关注的各类环境问题得以发生、得不到有效控制的原因之一。如果不能把环境意识灌注于每个企业、每个家庭，真正意义上的环境保护是不存在的。

环境标志面对各国的生产企业，体现应共同遵守的环境行为准则，为公平竞争创造条件，防止某些厂家依靠减少环境保护投入取得利益。它面对公众，体现一种导向，引导公众在购买商品时，注意商品的环境行为，使个人的购货行为与社会的环境保护要求相一致，用购买权鼓励环境行为与使用价值俱佳的商品及生产企业。实施环境标志为公众参与环境保护提供了一个好的方式，它扩大了环境保护在公众中的影响，拉近了环境与人们日常生活之间的距离，提高了环境保护在人们心目中的地位。

从新飞冰箱第一个打出环境标志之后，对绿色产品的环境标志认证自1994年5月25日起至今，已有数千万个环境保护标志贴在产品上，进入千家万户，成为宣传绿色的使者。

企业家和公众支持环境标志产品的重要原因，是能获得环境与经济双赢效益。据调查，所有获得环境标志的产品，都有市场份额的增加，最低为5%，增加70%以上的企业达30%以上。例如，天津富亚集团获环境标志的产品实木复合地板，被国外全部订购；西安汉港的白乳胶转口贸易增加93%，获得德国“蓝色天使”的两种产品，在获得中国环境标志后，得到中国公众的广泛认可和欢迎，销售额大大上升，开创了两国环境部门携手共创绿色天地的佳话。

(二)宣传环境标志倡导绿色消费

2003年3月，江泽民同志在全国人口与环境资源座谈会上指出：“积极推行国际通行的环境管理体系认证和环境标志产品认证，促进对外贸易的发展。”这一重要指示不仅为中国环境标志实现新的腾飞带来了新的动力，同时也为环境标志产品的生产企业带来了信心。

为展示中国环境标志产品认证企业的风采，倡导公众绿色消费意识，打击假冒环境标志产品，扶持双绿、双优产品，2002年3月下旬，以“认真贯彻江泽民同志讲话精神，打假扶优引导绿色消费”为目的，由中国环境标志产品认证委员会秘书处和神龙汽车有限公司发起，国内外多家优秀环境标志企业参加，开展了一次全国范围的环境标志大型宣传活动“神龙汽车环境标志华夏行”。“华夏行”在全国范围内开展了包括：“中国公众绿色消费调查”、“内蒙古生态考察”、“共创绿色新生活”、“打假扶优”等系列活动，参与了“北京科技周”、“六·五环境日”等大型宣传活动。围绕中国为保护臭氧层，履行国际公约的历程及回顾；如何迎接入世挑战，打破国际绿色贸易壁垒；北京防风林的建设及我国森林保护的情况，装修中的环保问题等各种公众所关注的环境问题进行宣传活动，把环境保护、环境管理体系和环境标志产品认证工作普及到全国各地。

在这次活动中，各地环保、技术监督和工商部门通力合作，共打掉仿冒环境标志的企业40余家，对仿冒环境标志欺骗消费者的企业进行了强有力的打击，进一步净化了市场。通过把多种优秀的环境标志产品展示给广大消费者，让更多的消费者学会了辨别绿色的真伪，加深了对环境保护、绿色消费和环境标志产品的了解，促进了我国绿色经济的健康发展。

（三）通过公众绿色消费调查活动，了解公众绿色消费意愿

中国公众的绿色消费意识到什么程度？公众对环境标志产品的认知有多少？广大消费者能否分辨绿色产品的真伪？消费者到底关注产品的哪些环保性能？为了弄清这方面的调查数据，中国环境标志产品认证委员会秘书处从2002年2月开始，在全国范围内进行了大规模“中国公众绿色消费调查”活动。这一系列调查活动以“全面调查了解我国公众绿色消费情况、推广绿色新生活观念，倡导健康安全的绿色消费、打击假冒伪劣产品，全面宣传环境标志产品认证的公众性和权威性”为宗旨，以“倡导公众绿色消费，共创绿色新生活”为主题，从衣、食、住、行各个方面了解公众的绿色消费情况，并向公众传播全新的绿色生活观念。

调查数据显示：有58%的消费者在购买商品时的首选因素是产品的质量，35%的消费者更看重产品的健康、环保特性。品牌知名度、服务完善程度、价格高低等因素成为消费者首要考虑因素的比例均较低。在关注产品的环保性能的被调查者中，69%的人是因为产品的环保性能关系到自己和家人的健康；有21%的人认识到产品的环保性能更加关系到周围环境和地球生态环境；还有极少数被调查者因为消费趋势的影响而关注环保。目前，市场上真绿色产品和假的绿产品鱼龙混杂的状况在调查中得到了充分的反映。有58%的被调查者表示只能分辨部分绿色产品的真伪，27%的人则表示完全分辨不清什么是绿色产品，而表示能够辨别真伪的只有15%。我国有59%的被调查者表示：只要明确知道某种产品确实具有环境标志，他们愿意为此多付10%的钱。这一结果可以说是同中国环境标志实施八年来，坚持倡导科学消费、绿色消费理念分不开的。

据国家环保总局2006年的一项调查表明，我国68%的公众对环境非常关注，78.8%的公众愿意多花钱购买对环境有益的产品，说明近年来公众的环保意识日益增强。

（四）有力推动了政府的绿色采购

党的十六届五中全会明确指出，“要加快建设资源节约型、环境友好型社会”，中央首次把建设资源节约型和环境友好型社会确定为国民经济与社会发展中长期规划的一项战略任务。建设环境友好型社会就是全社会都采取有利于环境保护的生产方式、生活方式、消费方式，建立人与环境良性互动的关系。反过来，良好的环境也会促进生产、改善生活，实现人与自然和谐发展。建设环境友好型社会，就是要以环境承载力为基础，以遵循自然规律为准则，以绿色科技为动力，倡导环境文明与生态文明，构建经济社会环境协调发展的社会体系。国务院在《国务院关于加快发展循环经济的若干意见》（国发[2005]22号）文件中明确指出：消费环节要大力倡导有利于节约资源和保护环境的消费方式，鼓励使用环境标志产品，政府机构要实行绿色采购。

为贯彻落实国务院22号文件精神，2006年10月24日，财政部、国家环保总局共同发布《环境标志产品政府采购实施意见》以及《环境标志产品政府采购清单》。《意见》要求各级国家机关、事业单位和团体组织用财政性资金进行采购的，应当优先采购环境标志产品，不得采购危害环境及人体健康的产品。两部局综合考虑政府采购改革进展和环境标志产品技术及市场成熟等情况，从国家批准的环境标志产品认证机构认证的环境标志产品中按类别确定实行政府采购的范围，以“环境标志产品政府采购清单”的形式公布并适时调整。国际经验表明，政府采购因额度大、产品范围广以及政府行为的表率作用而对生产、消费模式以及社会生活产生着深刻的影响，必将推动环境保护的历史性转变。

在第六次全国环境保护大会上，温家宝总理提出了环境保护工作的关键在于加快实现三个转变：一是从重经济增长轻环境保护转变为保护环境与经济增长并重，二是从环境保护滞后于经济发展转变为环境保护和经济发展同步，三是从主要用行政办法保护环境转变为综合运用法律、经济、技术和必要的行政办法解决环境问题。政府绿色采购制度是一项利用市场机制来对全社会的生产和消费行为进行引导的环境保护政策。因而，它体现了以综合手段来保护环境的要求，不但弥补了行政管理手段的不足，而且对于提高全社会的环境意识都起到了积极的作用。《意见》所依据的环境标志产品的技术要求，是基于从摇篮到坟墓的分析方法，考虑产品整个生命周期各阶段对人体健康和环境的影响，对产品中的有害化学物质、节能、节约资源、可再生比重、可回收的设计和包装等方面作了详细的规定，由此带来的经济、社会和环境效益是非常显著的。政府绿色采购制度的实施，反过来又会促进环境标志认证工作更好更快地发展。

七、几种和化学相关的环境标志产品简介

（一）无磷织物洗涤剂

众所周知，织物洗涤剂的主要去污成分是表面活性剂。但是受硬水中Ca^{2+}、Mg^{2+}离子的影响，其去污能力明显下降，甚至完全丧失。因此，必须在洗涤剂中加入捕捉钙、镁离子的螯合剂，实验证明较理想的助剂就是三聚磷酸钠（STPP）。

三聚磷酸钠是三磷酸钠的俗名，亦称磷酸五钠，分子式为$Na_5P_3O_{10}$。它与Ca^{2+}、Mg^{2+}离子形成可溶性络合物，使水的残留硬度大幅度下降，又由于它的碱性，使阴离子表面活性剂对织物的去污能力增强；另一方面，三聚磷酸钠对污垢的分散效果很好，它使污垢长期分散于水中而不沉淀在已经洗干净的织物上。尤其是，对于非极性的固体污垢，STPP与表面活性剂复配使用，效果非常显著。鉴于以上三聚磷酸钠的优点，从20世纪

60年代中期开始，STPP就进入我国洗衣粉的配方中。80年代，我国引入大型联合工厂生产三聚磷酸钠，结束了依靠进口的历史。然而，就在这个时期，人们发现由于水中含磷量的急剧上升，使水体富营养化，出现水藻过盛，含氧量下降，从而成为死水。我国的滇池、太湖、巢湖等湖泊，由于含磷污水的大量排入，导致水质恶化，污浊的墨绿色湖水发出恶臭，严重影响周围城市和农村的生活用水，威胁着人们的身体健康。在国外，许多国家早已限制或禁用含磷洗衣粉，其中研究无磷洗衣粉已经是世界性的课题。现在的无磷洗衣粉中大多数用4A沸石代替STPP，并加入聚丙烯酸、马来酸酐共聚物来提高再沉淀性能，以保证洗涤剂质量。日本从1981年开始在部分地区限磷，历经7年，已经实现了全国洗涤剂无磷化。目前，我国有几十个厂家生产无磷洗衣粉，去污力达到了含磷洗衣粉的水平。洛娃、梦彤等获得环境标志的产品，已经有了一定的知名度。

（二）低氟化碳家用制冷器具、无氟氯化碳气溶胶制品

氟利昂（CFC）是几种氟氯代甲烷和氟氯代乙烷的俗称，英文名称为Freon，商业上用R-*xyz*或F-*xyz*来表示，*x*代表分子中碳原子数减1（如果是0就省略），*y*代表氢原子数加1，*z*代表分子中氟原子数，与碳相连的总原子数减去氟和氢之和即可知氯原子数。如二氯二氟甲烷CCl_2F_2可称（F-12）。由于氟利昂

化学性质稳定,具有无毒、不燃、介电常数低、易液化、临界温度高等性能,广泛应用于制冷、塑料发泡、气溶胶、消防及电路清洗剂等方面。其中电冰箱中使用的制冷剂是F-12,冰箱隔热材料——聚氨酯泡沫的发泡剂使用的是F-11,一台180 L左右的双门电冰箱使用大约1 kg氟利昂。

20世纪70年代以来,科学家提出含氯原子的氟利昂破坏臭氧层,是主要的ODS(臭氧耗损物)之一。由于其性质稳定(寿命可达70~120年),排放到地面及大气对流层难以分解,但是它可以在充有臭氧的大气平流层中光解,在紫外线 的照射下分解出氯原子,它们充当催化剂加快臭氧分子转化成氧分子的反应过程,从而严重破坏了大气臭氧层。太阳发射出的大量紫外线透过臭氧空洞到达地球表面,危害地球上的整个人类。据研究,如果该层臭氧减少1%,则到达地球表面的紫外线将增加2%,人类的皮肤癌患者也将增加2%。一切生物的遗传基因的基础DNA极易受紫外线的影响,因而臭氧层的破坏严重影响到动植物的生殖繁衍。另外,大气中的痕量气体(CO_2、N_2O、CH_4、CFC等)造成的温室效应,CFC的作用约占25%。由此可见,当前的臭氧层耗竭、全球变暖和酸雨三大环境问题中,有两个直接与CFC有关。

我们可以用氢氯氟烃化合物(HCFC)或环戊烷来替代作为电冰箱中发泡剂的F-11,如使用HCFC-123、HCFC-141b、HCFC-22、HCFC-142b、HCFC-134a作为发泡剂。这些低氟氯化碳物质,极大地降低了对环境的污染。对于电冰箱制冷剂F-12国内外均没有完美的替代技术,日本及欧洲共同体倾向于用不含氯的制冷剂(即氢氟烃)HFC-134a来替代;德国宣布用丙烷来替代;美国权威的安全实验室宣布可以对采用HFC-152a作制冷剂的电冰箱进行安全认证。我国华意电冰箱厂于1993年率先引进开发了具有国际一流国内领先的"无公害制冷"新工艺和国内首条无公害压缩机生产线,采用CFC的首选替代物HFC-134a为新制冷工艺,被国家环总保局授予环境标志。

至于气溶胶制品CFC的替代物,人们已经研究了10多年,主要有以下几类:(1)烃类:丙烷、丁烷、戊烷、液化石油气(异丁烷80%,丙烷20%);(2)醚类:二甲醚、二乙醚;(3)氢氯氟烃化合物HCFC;(4)氟碳氢化物HFC;(5)压缩气体:CO_2、N_2、N_2O以及以上几类的混配。

(三)无铅汽油

车用汽油是汽化器式汽车发动机的燃料,简称汽油。汽油是复杂烃类(碳原子数约为4~12)的混合物。汽油蒸气和空气的混合物压缩、点火后在汽缸中燃烧,正常时火焰传播速度为10~20 m/s。而在爆震燃烧时可达1 500~2 000 m/s,后者会使汽缸温度剧升,燃烧不完全,机器强烈震动,从而使输出功率下降，机件受损。不同化学结构的烃类，具有不同的抗爆震能力。异辛烷（2,2,4–三甲基戊烷）的抗爆性较好，辛烷值给定为100。正庚烷抗爆性差，给定为0。汽油中的多支链的异构烷烃、芳香烃、不饱和烃都是高辛烷值的成分，而正构烷烃是低辛烷值的成分。提高汽油辛烷值的方法有两种，一种是采用能生产出含有高辛烷值烃类成分的汽油炼制工艺，如催化重整、烷基化等；另一种途径是往低辛烷值的汽油中加入抗爆剂四乙基铅，以提高辛烷值。

四乙基铅分子式为$Pb(C_2H_5)_4$，是带有水果味且有剧毒的无色油状液体，工业上用铅钠合金和氯乙烷反应来制备化学反应式如下：

$$4PbNa + 4C_2H_5Cl = Pb(C_2H_5)_4 + 4NaCl + 3Pb$$

四乙基铅的毒性比无机铅化合物更大，它经呼吸道进入人体内后，可被肝、脑转变为三乙基铅，后者能明显地抑制脑中葡萄糖的代谢过程，导致脑组织缺氧，产生弥漫性的脑损伤。少量的四乙基铅就能引起急性中毒，甚至死亡。含铅汽油在燃烧过程中变成含铅废气，排到环境中，会使人体摄入更多的铅。运输繁忙的公路两旁90 m内的植物，含铅量较正常植物高100倍，接近交通路线的民警和商店职员铅中毒也较为严重。因此，含铅汽油被认为是大气的主要污染源之一。

我国已成为世界上汽油生产和消费的大国，但是从品种和质量来看，整体水平不高。由于国产汽油辛烷值低，造成汽车的压缩比低，发动机的有效功率下降，在很大程度上不得不依靠增加铅抗爆剂，以弥补低辛烷值汽油的缺陷。目前，我国汽车耗油水平比国外高20%~30%，要改善汽油燃烧的经济性，又不使用对环境危害极大的四乙基铅，就必须提高技术水平，生产高辛烷值汽油。可喜的是，经过我国石油化工工作者的努力，国产无铅汽油在车用汽油中占的比例已达到50%以上。首先，北京从1998年1月1日起，接着广州、上海都在全市范围内禁止销售和使用含铅汽油，全部实现汽油无铅化。

（四）水性涂料

涂料和人类历史同步发展，至今已经有几千年的历史了，每个人的生活都与之密切相关。目前，世界上涂料以溶剂型为主，其次是水性涂料。其他如高固体分涂料、无溶剂涂料、粉末涂料、光固化涂料等只占极少一部分。

溶剂型涂料流平性好、黏度高、便于贮存，但是含有大量挥发性的溶剂和稀释剂。色漆中所用的有机颜料、杀菌剂、增塑剂等助剂都有一定的毒性。这些成分都会对人体健康和环境造成危害。长期或反复接触这些溶剂型涂料，会引起神经、血管、肾功能等疾病。而挥发性的有机化合物在光照条件下，能产生臭氧及其他污染物，这些污染物在低空中可形成“光化学烟雾”，破坏大气环境，还会引起眼、鼻、喉类疾病；再者，有机溶剂的大量使用，无疑会消耗大量石油资源，造成能源紧张。随着人们对环境保护意识的增强，溶剂型涂料对人及环境造成的危害日益受到社会的重视。20世纪六七十年代以来，美、日等国加强对环境的管理，制定了一系列法规，限制含大量有机物的溶剂型涂料的产量。因此，研制和开发低毒涂料已经成为涂料工业发展的主要任务之一。在这个背景下，水性涂料应运而生。

水性涂料作为商品已有40余年，它以水代替有机溶剂，有利于保护环境、防止火灾、改善生活和劳动环境，其产品和品种不断增加，质量日益提高，应用更加广泛。特别是近10年来，新品种不断上市，发展速度很快。比如，美国在1988年至1990年，溶剂型涂料产量下降30%，而水性涂料则上升25%左右。

当前，涂料工业面临着“五E”课题，即涂膜的高质量；施工的方便程度；经济性；节能；生态环境适应性。水性涂料和其他涂料相比，具有明显的优势。因此，从某种意义上讲，它是涂料品种变革的归宿。为其授予环境标志，对于鼓励厂家发展低毒产品，维护消费者利益，引导人们选择和使用对环境有益的产品，促进产品的出口创汇，意义十分重大。

第二节　食品安全

一、食品安全的概念及内涵

食品是人类赖以生存和发展的物质基础，是人类最直接、最重要的消费品，享用安全的食品是我们每个人基本的权利。多年来，尽管我国政府一直重视食品安全工作，但由于多方面的原因，对食品安全重视程度不足，食品生产全过程的安全管理和科技投入不够。尤其近几年来多起恶性食品安全事故的发生，让消费者在警醒之余，对身边食品的安全程度提出了更高的要求。自1998年以来，我国农业发展进入了新阶段，食品供给进入基本平衡和阶段性过剩的历史阶段，食品安全问题越来越引起党和政府以及全社会的关注。未来20~30年，是我国食品安全的内外部环境发生重大变化的时期，为了确保我国的食品安全，需要认清国际上宏观环境的变化，把握我国宏观环境和微观环境的变化对我国食品安全的影响。从现在起，用20年左右的时间，集中力量从根本上解决我国食品安全问题，是历史赋予我们的重任。

“食品安全”是1974年由联合国粮农组织提出的，主要内容包括三个方面：从数量的角度，要求人们能够买得到、买得起生活所需的基本食品；从质量的角度，要求食品的营养全面、结构合理、卫生健康；从发展的角度，要求食品的获得要注重生态环境的良好保护和资源利用的可持续性。

食品安全有狭义与广义之分。狭义的食品安全也就是食品质量安全，是指食品中有毒有害物质对人体健康可能产生的危害，食品内在品质和外观满足贮运、加工、消费等方面的要求。

广义的食品安全是个大范畴，它具体包括以下四类安全概念：

（一）食品质量安全

它是以食品的理化指标为基础建立的安全评价标准，具体表现为食品中的各类物质是否符合标准的判定上。由于各国对理化指标的项目和数量的确定是不相同的，检测方法也仅仅是依据有关标准进行符合性的检验，因此不能笼统地说食品不符合标准就不安全，或者说符合标准就安全。

首先，食品质量是各国依据本国标准进行的符合性检验。检验指标是否合格，在不同的国家会得出不同的结果。因此，食品质量不合格仅仅只代表不符合本国标准要求，而不能简单等同于不安全。质量不合格食品是否安全，还要看其超过标准的项目、程度和人体所摄入的数量，并进行科学分析判定。

其次，依据标准进行的符合性检验，其结果并没有进行非符合性的排除。也就是说，在检验过程中并没有对标准所列之外的物质甚至有害物质进行检测，如辣椒酱制品中发现的“苏丹红”就是如此。因此，从这个角度来看，检验合格的食品也不能简单等同它是安全的。

（二）食品卫生安全

它是以食品的卫生指标为基础建立的安全评价体系。在具体产品中，它常常表现为卫生指标和微生物指标的判定上。食品的卫生指标和微生物指标不合格，有可能马上给人体健康带来危害，也可能仅仅只是存在危害的隐患。

（三）食品健康安全

它是通过对食品的有害物质直接对人体造成的实质性危害程度来分析判定的，是社会和群众最为关注的问题。

（四）食品生物安全

它是随着科技发展对食品安全提出的新课题，也就是通过食品对整个物种或植物、生态环境所带来的危害进行的分析判定。如转基因食品，特定物种独有的食品危害等。这方面的研究在全世界都还处于起步和前沿阶段。

综上所述,食品安全是建立在食品质量安全、卫生安全、健康安全和生物安全基础上的一个大概念。质量安全、卫生安全是健康安全的基础和重要方面,但绝不等同于健康安全。各类食用化学物质的使用,是促进现代食品工业发展,保障食品安全的条件和重要手段。即使是天然食品也可能天然含有、在加工储存中产生或在人体食用后转化出一些有害物质。对食品的危害要通过各个具体的安全分析研究,进行科学判定和科学认识。

二、食品安全的重要性

(一)食品安全已引起国际社会高度重视

目前,全球食品安全形势不容乐观,主要表现为:

1.食源性疾病不断上升

据世界卫生组织估计,全世界每年数以亿计的食源性疾病患者中,70%是由于各种致病性微生物污染的食品和饮用水引起的。2006年9月份,在美国23个州的病例报告中发现大肠杆菌感染者共146人,3人死亡。调查显示,患者患病前均食用过菠菜。据测算美国这次的"菠菜恐慌"事件使农民和菠菜加工厂商蒙受了5 000万到1亿美元经济损失,而菠菜阴影对其他农作物销售造成的影响还未计算在内。

2.恶性食品污染事件不断出现

据英国监督食品安全的独立机构——食品标准局的统计,英国每年大约有450万起食物中毒事件,在5 900多万总人口中,大约有550万人曾因食用不符合卫生标准或受污染的食物而出现呕吐、腹泻等症状,近半数的英国公众对食品安全表示担忧,18%的人认为食品安全程度在下降。老百姓最为关心的是食物中毒、疯牛病和转基因食品对人体健康的影响。又如,日本的森永奶粉事件是因添加剂污染造成的。森永公司在加工奶粉中用几经倒手的非食品原料磷酸氢二钠作稳定剂,其中砷含量较高,结果造成12 000余名儿童发热、腹泻、肝大、皮肤发黑,130名儿童死亡,森永公司为此负担6亿多日元的赔偿费用。事情尚未结束,14年后的调查表明,多数受害者都有不同程度的后遗症,经再次起诉,事发20年后原生产负责人被判3年徒刑,森永公司再次承担约3亿日元的责任赔偿。

3.食品加工新技术与新工艺带来不确定性危害

典型的是"禽流感"。目前,我国对家禽的养殖和屠宰都已进入机械化,交叉污染是一个关键性问题。

4.由食品安全卫生质量而引起的食品贸易纠纷不断

世界卫生组织(WHO)和联合国粮农组织(FAO)以及世界各国都加强了食品安全工作,强化或调整政策法规、监督管理和科技投入。2000年WHO第五十三届世界卫生大会上首次通过了有关加强食品安全的决议,将食品安全列为WHO的工作重点和最优先解决的领域。各国政府纷纷采取措施,建立和完善管理机构体系和法规制度。美国和欧洲等发达国家不仅对食品原料、加工品有较为完善的标准与检测体系,而且对食品生产的环境,以及食品生产对环境的影响都有相应的标准、检测体系及相关法律法规。如美国于1997年决定增加拨款1亿美元的年度预算,设立总统食品安全启动计划,1998年组成了多部门的总统食品安全委员会。欧盟于2000年发布了长达52页的食品安全白皮书。2007年11月26日,来自世界卫生组织、联合国粮农组织以及五大洲40多个国家和地区的600多名代表齐聚北京,一起分析当今世界食品安全领域出现的新情况、新挑战,共同探索保障食品安全的新理念、新举措,交流各国在保证食品安全方面的信息,分享食品安全教育和能力建设的经验,这必将推动全球食品贸易更加健康的发展。

(二)食品安全关系我国食品行业的国际竞争力

世界贸易组织(WTO)技术性贸易壁垒协议(TBT)规定:“在涉及国家安全问题、防止欺骗行为、保护人类健康和安全、保护生命和健康以及保护环境等情况下,允许各成员方实施与国际标准、导则或建议不尽一致的技术法规、标准和合格评定程序。”于是,世界各国都加大对食品安全的研究,在保障消费者利益的前提下,寻求保护本国经济利益的“合法”技术措施。近年来,我国及时开展了“食品安全关键技术”科技攻关,出台和实施了“生态农业”、“无公害食品”、“绿色食品”、“有机食品”等计划,进一步反映了全社会对食品安全、环境质量和人体健康的关注与迫切要求。我国的食品安全问题,已影响到人民的健康和“农民、农村、农业”的就业增收、结构调整与发展战略,制约了我国农产品的出口创汇能力以及加入WTO后的国际竞争力。

(三)食品安全关系我国和谐社会的构建

食品安全是关系人民健康和国计民生的重大问题,与人们的生活息息相关。因此,食品安全一旦出现问题,消费者首当其冲会受到侵害,例如吃了有毒有害的食品,轻者会身体不舒服,重者会危及性命;同时,不安全食品带来的危害具有涉及面广、隐蔽性强、潜伏期长等特点。因此,恶性食品安全事故的发生往往会影响到整个社会的稳定,使人们对社会、对政府产生一种信任危机,不利于经济的可持续健康发展,也不利于和谐社会的构建。

三、食品安全存在的主要问题

（一）国际上食品安全恶性事件不断发生

1.国际上发生的重大食品安全问题及其影响

20世纪90年代以来，欧洲一些国家的食物安全问题一波未平，一波又起。先有英国爆发了“疯牛病和口蹄疫”，迅速席卷欧洲，并传入拉美、海湾地区和亚洲；后有比利时“二恶英”污染奶制品、肉和家禽。21世纪之初，英国、泰国、越南等国又爆发了“口蹄疫、禽流感”；日本大肠杆菌0157：H7污染事件引起近万人食物中毒；农药、兽药残留、化学污染物造成广泛的污染，对人体健康具有长期和潜在危害。由于食物污染，日本人不敢吃生鱼片，比利时人不敢吃鸡、鸭、鹅，英国人不敢吃牛肉。每年，发展中国家因食品安全问题有三百万人死亡，发达国家有30%的人口受到食源性疾病困扰。另一个备受关注的重点是转基因食品安全性问题，全球转基因作物已达4×10^7 t，由于转基因食物是把一种外源的基因转移到生物体中，可能对人类健康存在潜在威胁。

2.食品安全问题造成巨大经济损失和社会影响

食品安全事件造成的经济损失十分严重。美国每年约有7 200万人（占总人口的30%左右）发生食源性疾病，造成3 500亿美元的损失。“疯牛病”使英国的养牛业、饲料业、屠宰业、牛肉加工业、奶制品工业、肉类零售业无不受到严重打击。仅禁止出口一项，英国每年就损失52亿美元，再加上为杜绝“疯牛病”而采取的宰杀行动，损失高达300亿美元。比利时发生的“二恶英”污染事件，不仅造成了比利时的动物性食品被禁止上市并大量销毁，而且导致世界各国禁止其动物性产品的进口，据估计其经济损失达13亿欧元。食品安全问题的发生不仅影响到消费者对政府的信任，乃至威胁社会稳定和国家安全。如比利时的“二恶英”污染事件使执政长达40年之久的社会党政府内阁垮台。2001年的德国“疯牛病”，卫生部长和农业部长被迫引咎辞职。欧洲消费者强烈反对转基因食品，在很大程度上是反映了对政府的不信任。

（二）我国食品安全问题不容忽视

1.微生物污染的食源性疾病问题十分突出

我国地方主管部门每年向卫生部上报的数千人食物中毒中，大部分均是致病微生物引起的。如20世纪80年代在上海因食用毛蚶引起食物性甲型肝炎的大爆发，累及30万人；1999年在宁夏发生的沙门氏菌污染肉品引起的食物中毒，发病人数达千人；2001年在江苏、安徽等地爆发的肠出血性大肠杆菌0157：H7食物中毒，造成177人死亡，中毒人数超过 2万人；2003年和2004年全国报告的重大食物中毒事故中，微生物性重大食物中毒起数和人数均有增加，分别占当年总起数和总人数的26%、43.8%和34%、58.1%。我国食品污染物监测网数据也显示，沙门氏菌、肠出血性大肠杆菌、单核细胞增生李斯特氏菌三种常见食源性致病菌检测阳性率逐年上升。我国生物性食品中毒事件中常见的重要致病菌和食物为：沙门氏菌（禽、畜、肉）、副溶血性弧菌（水产品）、蜡样芽胞杆菌和金黄色葡萄球菌（剩饭）、肉毒杆菌（发酵制品、肉制品）、单核细胞增李斯特生菌（乳制品）、椰毒假单细胞菌（银耳）和大肠杆菌0 157：H7（肉制品）等。

最近几年，我国也发生了出口蔬菜和茶叶中农药残留超标、酱油中氯丙醇、花生中黄曲霉毒素的污染和动物性食品氯霉素残留等食品安全问题。

根据WHO估计，发达国家食源性疾病的漏报率在90%以上，而发展中国家则在95%以上。

2.从农田到餐桌食物链污染情况严重

一是源头污染对食品卫生产生重大影响。我国是世界上化肥、农药施用量最大的国家。氮肥（纯氮）年使用量2.5×10^{7} t，农药超过1.3×10^{6} t，两者单位面积用量分别为世界平均水平的3倍和2倍。使用的农药仍以杀虫剂为主，占总用量的68%，其中有机磷杀虫剂占整个杀虫剂用量的70%以上；杀菌剂和除草剂占总用量的18.7%和12.5%，用于“催熟”水果等的植物生长调节剂可能具有雌激素样活性，通过食物链进入人体后，会造成女性性功能早熟，男性性特征不明显等身体发育不正常现象；不少复配农药以商业名称流通，农民有时误用。这些都会造成农药残留超标事件。

二是环境污染给食品卫生带来影响。在我国1 200多条河流中，850多条江河受到不同程度的污染，130多个湖泊有51个处于富营养状态。我国海域的“赤潮”现象不断发生。在工业污染中，尤以持久性有机污染物和重金属污染物最为严重，而未经处理的工业废水、城市污水与垃圾，用于农田灌溉和施肥的现象时有发生，在这种环境下种植和养殖的农产品的安全性受到了影响。

三是自然界存在的人畜共患病和寄生虫污染等。饲料中非法添加的激素、生长素促进剂以及抗微生物制剂的使用，已经引起人们对养殖动物产品和食品中广泛存在的细菌耐药性产生了畏惧。

目前，我国有集约化大中型奶牛、猪、鸡养殖场约6 000多家，日排出粪尿

及冲洗污水 80×10^5 t，年排放近 3×10^8 t，而粪便污水净化处理量不足20%，由此造成的包括动物疫病和人畜共患性疾病等生物性危害日益突发。

3.我国"菜篮子"存在的化学安全性问题

近年来，"致癌农药"、"苏丹红"、"氟化物"、"碘元素"、"亚硝酸盐"等化学名词常常出现在媒体上，化学污染正成为危及食品安全的一大"杀手"。常见的食品化学污染有农药和兽药残留、激素残留、真菌毒素、食品加工过程中滥用食品添加剂、食品加工过程中形成的某些致癌和致突变物质（如亚硝胺）以及工业有害物质污染。

我国"菜篮子"的化学安全性问题以农药和兽药残留、激素残留和真菌毒素等的污染较为突出，这些污染除了可造成人体的急性中毒外，还会通过污染食品，食品链富集，对人体产生慢性损害。2000年底，我国对 14个经济发达的省会城市2 110个样品检测，发现蔬菜中农药、重金属和亚硝酸盐均超标，其中尤以有机磷农药残留最为突出，有的甚至使用国家明令禁止生产和使用的甲胺磷、双氟磷、氟乙酰胺、毒鼠强和克伦特罗（"瘦肉精"）等。如2001年6月13日发生在广东省中山市的78人食物中毒就是食用了含有大量有机磷农药残留的通心菜引起的。据估计，人类肿瘤的85%~90%为环境因素所致，通过食物链的富集，人类从食品中摄取了种类繁多且浓度高的有毒、有害物质。按美国毒物控制法登记的化学物质，大约有66 000种，且每年有300~700种新化合物引入经济用途，而这些化学品的安全性评价与在动、植物体内残留规律及其对人体健康的危害有待人们深入研究。

4.新技术、新工艺、新资源的安全性问题

随着食品加工技术的不断发展，大量食品新资源、食品添加剂新品种、新型包装材料的出现，使用一系列的新工艺和现代生物技术、酶制剂新技术，也会带来一系列新的食品安全问题。如转基因食品安全性的不确定性、辐照食品副解产物的安全性问题。食品工业用菌的安全性（在生产加工中的产毒污染问题）亦是一个备受关注的问题。传统加工工艺的食品也不断被发现具有安全隐患，如油炸淀粉类食品的丙烯酰胺、油条中的铝残留等安全性问题，一定程度上影响了消费者的信心。

中国是世界上物种最为丰富的国家之一，丰富的物种为野生资源的食品开发提供了基础。如我国是世界上昆虫物种最为丰富的国家，可以进一步挖掘昆虫食品资源的潜力，但也存在昆虫食品的安全性问题。

保健食品的安全性得到广泛关注。至2011年底，卫生部已经批准 近万种保健食品产品，其中不少原料成分并未经过系统的毒理学评价，如芦荟甙、银杏酸、葛根素、甘草酸、姜黄素等。作为保健食品长期和广泛食用,其安全性是值得关注的。此外,藻类作为保健食品原料被广泛应用,但由于环境污染而造成了淡水湖泊中藻类的微囊藻毒素污染。因此,食品主要原料的安全性已成为十分重要的食品安全问题。

5.食品企业违法生产、加工食品现象不容忽视

一方面,少数不法分子违法使用食品添加剂和非食品原料生产加工食品,掺假制假,牟取暴利,甚至添加有害的违禁物质,假冒标签、包装、装潢,采取欺骗和误导的手段坑害消费者,危害严重,影响恶劣;另一方面,我国现有的食品行业的整体素质仍处于较低水平。

6.食品安全性问题严重影响了我国的国际贸易

近年来我国食品被进口国拒绝、扣留、退货、索赔和终止合同的事件时有发生。2011年12月份,我国就有93批出口食品,因不符合美国政府的技术法规,遭到美国食品和药物管理局(FAD)扣留。我国畜禽肉(特别是冻鸡)长期因兽药残留问题而出口欧盟受阻,茶叶由于农药残留问题而出口多国受阻,输韩鸡肉因含有禽流感病毒而受阻,酱油由于氯丙醇污染问题而影响了向欧盟和其他国家出口。

在国际贸易中,发达国家凭借其经济实力和食品安全研究水平,设置的技术法规与标准,使得出口国难以应对。其主要表现一是技术标准、法规繁多;二是技术标准要求严,发展中国家很难达到;三是有些标准经过精心设计和研究,针对某些国家的产品形成技术措施。这些措施具有名义上的合理性、提法上的巧妙性、程序上的合法性和手段上的隐蔽性,增加了我国应对国外技术措施的难度。

7.目前我国食品中的污染情况处于“家底不清”状态

目前,由于缺乏系统完整的监测资料,我国食品中农药和兽药残留以及生物毒素等的污染状况尚不够明了。对进口大米、蔬菜、茶叶,国外要求检测100多种农药,且检测方法非常灵敏检测限量极低。由于缺乏相应的基础数据和快速灵敏的检测技术,已严重影响我国产品的出口。令人担心的是,一些对健康危害大又十分敏感的污染物,如二恶英及其类似物(包括多氟联苯)和某些真菌毒素的污染,我国尚未广泛开展污染状况调查,至今仍然处于“家底不清”的状态。

四、食品安全问题存在的主要原因

食品安全问题产生的原因是多方面的,主要表现为:

(一)我国食品安全的标准制定工作滞后

目前国际通行的食品安全标准是CAC,它是联合国粮农组织237种食品的检测标准和41个卫生安全标准,对158种农药、54种兽药、1 005种添加剂和25种食品污染物进行了评估,一共有8 000个左右与食品相关的标准。包括农药和兽药残留物限量标准、添加剂标准、各种污染物限量标准、辐照污染标准、感官和品质检验标准、检测分析方法标准、取制样技术设备标准以及检验数据的处理准则等。

1980年初,英、法、德等国家采用国际标准已达80%,日本国家标准有90%以上采用国际标准,发达国家目前采用的某些标准甚至高于现行的CAC标准水平,并且基本垄断了国际标准的制修订工作。我国国家标准只有40%左右等同采用或等效采用了国际标准,覆盖面远远不够,标准化工作也有差距。

(二)我国食品生产和加工尚未形成规范化运作,食品检测体系还不完善

食品生产和流通链中存在严重的食品安全隐患。从原料的生产、收购和批发、食品加工、零售到消费,以及和食品安全问题密切相关的农药销售,各个环节都存在问题。在流通过程中,由于包装、储藏、运输等设施落后和管理不善,也容易造成食品的二次污染。究其原因:(1)由于本身的素质和利益驱使,农民购买并使用剧毒的农药,这是食品安全问题最初的源头。(2)在粮食收购过程中,由于质量控制不够严格,劣质粮食进入流通市场,是食品安全问题产生的一个重要原因。(3)食品加工过程的质量控制不严,使得生产过程进一步加剧了食品安全的问题。中国食品产业整体生产力水平不高,中小企业和家庭作坊式企业数量众多,这些企业卫生状况堪忧,主要表现在:小型食品加工企业和小作坊卫生管理制度不健全,企业自身管理不到位;食品加工偷工减料、粗制滥造的现象时有发生,食品卫生质量达不到国家卫生标准;食品添加剂使用混乱,添加剂含量严重超标;食品加工车间狭小,生产设备陈旧简陋,工艺落后,生产环境较差;三分之二无产品质量检验实验室,产品做不到批批检验,合格出厂;从业人员文化素质低,卫生意识差,流动性大,做不到体检合格持证上岗;无食品定型包装和商标等,厂名、厂址、生产日期、保质期等与卫生质量有关的资料不全。此外,在谋求暴利驱使下,企业还会故意生产假冒伪劣食品,而现实中存在的地方保护主义更进一步加剧了制假造假的行为。(4)消费者在购买食品过程中难于鉴别是引发食物中毒、导致食品安全问题的直接原因。我国食品质量检测体系还不完善,目前全国已获得授权许可的食品质检部门不但数量不多,且都分布在大中城市,在人口众多的偏远县乡缺乏应有的质量检测机构;同时我国食品质量检测手段有限,一些在国内检测合格的出口产品却达不到国外标准,检测水平也有待提高。

(三)我国食品质量安全管理缺位现象突出

我国在食品质量安全管理上形成了多部门管理格局,而且不同部门仅负责食品链的不同环节,职责不清,相互矛盾,管理权限与所承担的责任大多不对称、不匹配,难以形成协调配合、运转高效的机制,加之相关法制不健全,导致执法主体缺失,监管效率低下。

(四)执法力度上还存在偏差

我国现行的和食品安全有关的法律法规主要是《中华人民共和国食品卫生法》和卫生部为配合该法律的实施而制定的《食品卫生行政处罚办法》。从这两部法律法规来看,目前对于违反食品卫生规定而导致食品安全问题的处罚是比较轻的。《食品卫生法》第三十九条规定"违反本法规定,生产经营不符合卫生标准的食品,造成食物中毒事故或者其他食源性疾患的,责令停止生产经营,销毁导致食物中毒或者其他食源性疾患的食品,没收违法所得,并处以违法所得一倍以上五倍以下的罚款;没有违法所得的,处以一千元以上五万元以下的罚款";相应的卫生部颁布实施的《食品卫生行政处罚办法》第九条规定:违反《食品卫生法》的有关规定,造成食物中毒事故或其他食源性疾患的,根据《食品卫生法》第三十九条的有关规定,卫生行政部门应当责令停止生产经营,销毁导致食物中毒或者其他食源性疾患的食品,没收违法所得,吊销卫生许可证,并同时按下列规定处以罚款:(1)造成中毒或者疾患人数10人以下,有违法所得的,处以违法所得一至五倍的罚款;没有违法所得的,处以一千元至三万元的罚款;(2)造成中毒或者疾患人数在11人至30人,有违法所得的,处以违法所得二至五倍的罚款;没有违法所得的,处以五千元至四万元的罚款;(3)造成中毒或者疾患人数在31人至100人,有违法所得的,处以违法所得三至五倍的罚款;没有违法所得的,处以一万元至五万元的罚款;(4)造成中毒或者疾患人数101人以上或者人员死亡,有违法所得的,处以违法所得四至五倍的罚款;没有违法所得的,处以三万元至五万元的罚款。

英国1990年出台的《食品安全法》规定,销售和供应不适合人类食用的食品以及使用虚假和误导消费者的食品标签属于非法,违者将受到法律的制裁。《食品安全法》对食品的生产、销售以及各种食品、饮料所包含的具体成分和卫生标准都有详细规定,实施检查的则是地方政府的食品卫生官员。他们主要监督食品标签所列出的成分是否与食物一致、生产和销售食品的场所是否符合卫生标准以及食品本身是否受到污染,是否有损消费者健康。食品卫生官员经常对餐馆、外卖店、超市、食品批发市场进行不定期检查,发现问题就得罚,罚款额动辄就是2万英镑(约合22万人民币),问题严重的业主将被吊销营业执照,甚至被起诉。

(五)执行的过程缺乏规范化与持续性

目前,我国在打击假冒伪劣食品、促进食品安全的执行过程中缺乏规范化和连续性。往往是在出现了重大食品安全事件之后,由上级行政机关发布行政条文,进行一阵风式的检查、处理。当这场风过后,打击假冒伪劣食品的行动偃旗息鼓,在风头上隐匿起来的制假造假分子又开始重新行动起来,制假造假再度泛滥。这种缺乏规范和连续性的打击假冒伪劣商品的过程,使得中国的食品安全问题难以摆脱"食品安全问题泛滥—打击—暂时缓解—再度猖獗—再打击"这样的怪圈,无法从根本上解决食品安全的问题。

(六)新原料、新技术的应用带来的新挑战

各生产厂家实现机械自动化的同时,他们使用的机械化设备也带来了一些安全隐患,如生产过程中机械零件磨损造成掉屑或零部件的直接掉落等。这些不受欢迎的金属异物不但影响产品的口味及品质,而且含有铅、汞等多种有害的物质,体积小,用肉眼很难发现,非常容易被消费者误食,对消费者的健康形成了威胁。

五、我国应对食品安全采取的主要措施

面对频繁发生的食物中毒事件和各种食品质量问题,我国政府高度重视,采取了许多行之有效的措施来提高食品安全水平。2001年4月,农业部启动"无公害食品行动计划",从生产源头抓起,提出了从"田地到餐桌"的全面监控,从产地环境、农业投入品、生产过程、包装标志、市场准入五个环节上全面加强农产品质量安全管理。同时加强农产品质量安全体系建设,积极开展绿色食品认证工作,目前已形成无公害农产品、绿色食品和有机食品三位一体的认证体系。在2004年召开的全球食品安全论坛上,我国政府表示将借鉴国际经验,进一步理顺食品安全监管体制,建立统一、高效的食品安全监测体系,对食品供应链进行全程监控。主要做法有:

(一)建立食品生产企业危害分析与关键控制点(HACCP)管理体系

近年来国内外各界十分看好的行之有效的食品安全控制体系是危害分析与关键控制点(HACCP)管理体系。为了提高食品生产企业的安全质量管理水平,规范"危害分析与关键控制点(HACCP)"认证工作,扩大食品出口,保护消费者的健康安全,2002年3月20日,国家认证认可监督管理

委员会公告发布《食品生产企业危害分析与关键控制点(HACCP)管理体系认证管理规定》,希望企业按照该规定的要求建立、实施、认证和验证HACCP管理体系,不断提高我国企业的管理水平和食品的安全卫生质量,保证消费者的生命安全与健康,同时扩大我国食品的出口。这也是我国政府部门以公告形式第一次提出了食品企业建立、实施、认证和验证HACCP的概念,明确了管理机构验证和第三方认证的区别,为推动和规范全国HACCP认证工作奠定了良好的基础。

2002年,国家质检总局发布了《出口食品企业卫生注册管理规定》,要求出口罐头、肉类、水产品、速冻方便食品、速冻蔬菜和果蔬汁等企业建立HACCP体系。上述企业在申请出口卫生注册时要由检验检疫部门验证其HACCP体系。这是我国政府部门以规章形式第一次提出了出口食品企业建立HACCP的强制要求。

HACCP以下列七个原理为基础:一是进行潜在危害分析,确定工序中的显著危害和预防措施;二是确定关键控制点;三是确定关键限值;四是建立关键控制点的监控程序;五是建立纠偏行动;六是建立有效的记录保持程序,对HACCP体系运行的情况进行记录;七是建立企业自我验证程序,确认HACCP体系能否正确运作,并不断予以完善。

HACCP具有以下特点:

(1)HACCP不是一个孤立的体系,它建立在企业传统的良好的食品卫生管理基础上,不是空中楼阁。如果企业卫生很差,首先要建立良好的规范加以改善。

(2)HACCP是预防性食品安全控制体系,要对所有潜在的生物的、物理的、化学的危害进行分析,确定预防措施,重在预防危害发生。

(3)HACCP要根据不同的食品加工过程来确定,要反映出某一种食品从原料到成品、从加工场所到加工设施、从加工人员到消费方式等各方面的特性,针对具体问题具体分析,实事求是地制定预防措施。

(4)HACCP强调的是关键控制点,在对所有潜在的生物的、物理的、化学的危害进行分析的基础上,要确定那些显著危害,找出关键控制点,在食品生产中将精力集中到加工过程中最易发生安全危害的环节上,重点加以控制。这里存在一个资源合理配置的问题,要集中力量解决关键问题,不能面面俱到,都是关键点,等于没有关键点。

(5)HACCP是一个基于科学分析建立的体系,需要强有力的技术支持。当然可以寻求外援,也可以利用他人科学研究的成果,但企业根据自己的实际情况所做的实验数据、分析结果等尤为重要。

(6)HACCP并不是一个零风险的体系,只是可以尽量减少食品安全危害的风险。因此企业需配合检验、卫生管理等部门来控制食品生产过程,进而保证食品的安全。

(7)HACCP不是一个僵硬的、一成不变的、一劳永逸的教条和框框,而是与实际密切相关的发展变化的体系,企业生产中任何实际因素的变化都可能导致其HACCP体系的更改。那种不顾企业实际情况,照搬他人模式或一类企业、一类产品搞一种通用的HACCP体系的做法则更行不通。

(8)HACCP不是一个时髦的摆设,企业在制定了HACCP计划后,要积极推行认真实施,不断对其有效性进行验证,在实践中加以完善和提高。管理层的重视很重要,企业只有持之以恒地采用HACCP体系进行食品安全控制,不断提高HACCP运行的有效性,企业的安全卫生管理水平才会有长足的进步。

(二)广泛开展食品安全认证

食品安全认证种类较多,下面就一些最基本的食品安全认证作一简单介绍。

1.食品良好生产规范(GMP)

GMP——食品良好生产规范,要求食品生产企业(公司)具备合理的生产过程、良好的生产设备、先进科学的生产规程、完善的质量控制以及严格的操作程序和成品质量管理体系,并通过对其生产过程的正确控制,以达到食品营养与安全的全面提升目标。其具体要求为:生产加工每个操作环节的科学合理布局;先进科学的生产加工的硬件设施装备;连续化、自动化、密闭化的操作流程;包装、贮存、配送的优质保安运行系统;完备的卫生、营养、质量等生产环节控制系统;健全的卫生、营养、质量“三级检测网”;严格的员工操作规程管理制度;食品质量的综合管理监控系统。

2.QS市场准入认证

所谓市场准入,一般是指货物、劳务与资本进入市场的程序的许可。对于产品的市场准入,一般的理解是,市场的主体(产品的生产者与销售者)和客体(产品)进入市场的程度的许可。

(1)QS是食品“质量安全”(Quality Safety)的英文缩写,即食品质量安全市场准入制度,是国家质检总局所创建的一种新的食品质量监管机制。食品质量安全市场准入制度就是,为保证食品的质量安全,具备规定条件的生产者才允许进行生产经营活动、具备规定条件的食品才允许生产销售的监督制度。因此，实行食品质量安全市场准入制度是一种政府行为，是一项行政许可制度。

食品质量安全市场准入制度包括3项具体制度：

①对食品生产企业实施生产许可制度。对于具备基本生产条件、能够保证食品质量安全的企业，发放《食品生产许可证》，准予生产获证范围内的产品；未取得《食品生产许可证》的企业不准生产食品。这就从生产条件上保证了企业能生产出符合质量安全要求的产品。

②对企业生产的食品实施强制检验制度。未经检验或经检验不合格的食品不准出厂销售。对于不具备自检条件的生产企业强令实行委托检验。这项规定适合我国企业现有的生产条件和管理水平，能有效地把住产品出厂安全质量。

③对实施食品生产许可制度的产品实行市场准入标志制度。对检验合格的食品要加印（贴）市场准入标志——QS标志，没有加贴QS标志的食品不准进入市场销售。这样做，便于广大消费者识别和监督，便于有关执法部门监督检查，同时，也有利于促进生产企业提高对食品质量安全的责任感。

我国从2004年1月1日起开始实施食品质量安全市场准入制度，首批强制性实施食品安全市场准入制度的有小麦粉、大米、食用植物油、酱油、食醋等五大类食品。第二批启动的是肉制品、奶制品、饮料、调味品（糖、味精）、方便面、饼干、罐头、冰冻饮品、速冻结米面食品和膨化食品新十类食品。据悉，国家质检总局计划用三到五年的时间全部完成食品市场准入制度的实施。

（2）QS标志及主要特征。QS标志的作用是表明产品质量的水平，是实物产品的质量信誉标志。它与厂名、厂址、商标等有着显著的区别。后者具有专用性、专有性，必须依法注册登记，质量标志无此特征。

质量安全

图5-2　质量安全标志

QS标志必须由发证机关或组织颁发，并须经过一定的评审、考核程序，获准后方可使用（见图5-2）。

(3)QS标志的含义。QS标志属于质量标志,食品外包装加印(贴)QS标志代表着生产加工企业对所生产食品作出的明示保证。

①食品生产加工企业使用QS标志的条件。属于国家质检总局按照规定程序公布的实行食品质量安全市场准入制度的食品;从事该食品生产的企业已经取得食品安全许可证,并在有效期内;出厂的食品经检验合格。

②食品加印QS标志的含义。一是该食品的生产加工企业经过了保证食品质量必备条件审查,并取得了食品生产许可证,企业具备生产合格食品的环境、设备、工艺条件,生产中使用的原材料符合国家有关规定,生产过程中检验、质量管理达到国家有关要求,食品包装、贮存、运输和装卸食品的容器、包装、工具、设备安全、清洁,对食品没有污染。二是该食品出厂已经经过检验合格,食品各项指标均符合国家有关标准规定的要求。未取得食品生产许可证以及未经出厂检验合格的食品不得使用QS标志。出厂食品的检验,一般由生产者自身设置的、经审查符合要求的检验部门进行检验。对于不具备检验能力和条件的企业,可以委托合法的产品质量检验机构进行检验。

3.绿色食品认证

(1)什么是绿色食品。绿色食品是遵循可持续发展原则,按照特定生产方式生产,经专门机构认定,许可使用绿色食品标志商标的无污染的安全、优质、营养类食品。绿色食品的优质特性不仅包括产品的外表包装水平高,而且内在品质优良,营养价值和卫生安全指标高。无污染、安全、优质、营养是绿色食品的特征,但允许有限制使用化肥、农药、激素等。

绿色食品分为A级和AA级两个等次。

A级绿色食品,系指在生态环境质量符合规定标准的产地,生产过程中允许限量使用限定的化学合成物质,按特定的生产操作规程生产、加工,产品质量及包装经检测、检查符合特定标准,并经专门机构认定,许可使用A级绿色食品标志的产品。

AA级绿色食品(等同有机食品),系指在生态环境质量符合规定标准的产地,生产过程中不使用任何有害化学合成物质,按特定的生产操作规程生产、加工,产品质量及包装经检测、检查符合特定标准,并经专门机构认定,许可使用AA级绿色食品标志的产品。

(2)绿色食品标志。为了与一般的普通食品区别开,绿色食品由统一的标志来标识。绿色食品标志由特定的图形来表示。

绿色食品标志是指“绿色食品”、“Green Food”、绿色食品标志图形及这三者相互组合等四种形式(见图5-3),注册在以食品为主的共九大类食品上,并扩展到肥料等绿色食品相关类产品上。

绿色食品标志图形由三部分构成：上方的太阳、下方的叶片和蓓蕾，象征自然生态；标志图形为圆形，意为保护、安全；颜色为绿色，象征着生命、农业、环保。整个图形描绘了一幅明媚阳光照耀下的和谐生机，告诉人们绿色食品是出自纯净、良好生态环境的安全、无污染食品，能给人们带来蓬勃的生命力。绿色食品标志还提醒人们要保护环境和防止污染，通过改善人与环境的关系，创造自然界新的和谐。

该标志由中国绿色食品协会认定颁发。

标志图形如下：

图5-3 绿色食品标志

A级绿色食品标志与字体为白色，底色为绿色；AA级绿色食品标志与字体为绿色，底色为白色。

绿色食品商品标签必须标注以下几方面内容：食品名称；产品类型；配料表；净含量及固形物含量；制造者、经销者的名称和地址；日期标志（生产日期、保质期或保存期）；贮藏指南；质量（品质）等级；产品标准号；特殊标注内容。

绿色食品的编号十分重要，它是鉴别绿色食品真假的重要标志。绿色食品的编号一般都由12位数组成，最前面的“LB”为“绿色标志”的汉语拼音缩写，接下来的两位数字是按食品类别的分类编号，如粮油为“18”，它后面的10位数字则代表不同含义。以LB-18-9901053711为例，“99”是该产品经中国绿色食品发展中心认定的年份，“01”代表中国，“05”代表内蒙古自治区，“371”是该产品被认定时的序号，最后一位“1”则指该绿色食品为A级，如果是“2”则代表AA级。

绿色食品标志许可使用编号的含义：

以LB—××—×× ×× ×× ××××A为例：

LB	XX	XX	XX	XX	XXXX	A
标志代码	产品分类	批准年度	批准月份	省份国别	产品序号	产品分级

(3)绿色食品应具备的条件。绿色食品必须具备以下四个条件:绿色食品必须出自优良生态环境,即产地经监测,其土壤、大气、水质符合《绿色食品产地环境技术条件》要求;绿色食品的生产过程必须严格执行绿色食品生产技术标准,即生产过程中的投入品(农药、肥料、兽药、饲料、食品添加剂等)符合绿色食品相关生产资料使用准则规定,生产操作符合绿色食品生产技术规程要求;绿色食品产品必须经绿色食品定点监测机构检验,其感官、理化(重金属、农药残留、兽药残留等)和微生物学指标符合绿色食品产品标准;绿色食品产品包装必须符合《绿色食品包装通用准则》要求,并按相关规定在包装上使用绿色食品标志。

(4)如何识别绿色食品。绿色食品应通过"四位一体"的外包装识别。"四位一体"是指:图形商标、文字商标、绿色食品标志许可使用编号和绿色食品防伪标志同时使用在一个包装产品上。

4.有机食品认证

(1)什么是有机食品。有机(天然)食品是指经有机食品颁证机构确认的,符合《有机(天然)食品生产和加工技术规范》要求的一切可食用的农副产品,包括粮食产品、蔬菜、水果、茶叶、畜禽产品、水产品、野生天然食品等及其加工产品。

(2)有机食品标志。有机食品标志采用人和叶片为创意元素,我们可以感觉到两种景象,其一是一只手向上持着一片绿叶,寓意人类对自然和生命的渴望;其二是两只手一上一下握在一起,将绿叶拟人化为自然的手,寓意人类的生存离不开大自然的呵护,人与自然需要和谐美好的生存关系。

标志整体为圆形,代表地球,养育着包括人类在内的一切生物;人类维持生态平衡和生存环境,呵护地球。中间空白为变形的"o"、"f",即有机食品英文Organic Food的缩写(见图5-4)。

图5-4　有机食品标志

有机食品概念的提出正是这种理念的实际应用。人类的食物从自然中获取,人类的活动应尊重自然的规律,这样才能创造一个良好的可持续的发展空间。有机(天然)食品标志是用来证明食品的生产、加工、贮藏、运输和销售符合《有机(天然)食品生产和加工技术规范》要求的专用性标志,可以和食品商标同时使用。

国家环境保护总局有机食品发展中心负责有机(天然)食品标志和有机(天然)食品证书的审批和管理,监督标志的使用,定期向社会公布授予有机(天然)食品标志的食品目录。

有机食品(Organic Food)是国际通用的名称,这里的"有机"非化学上的概念,它是指采取一种有机的耕作和加工方式。绿色食品是普通食品向有机食品发展的一种过渡产品,两者之间存在五个方面的不同:

①不同的标准。对于有机食品各国的标准不尽相同。我国的有机产品认证标准是由国家环境保护总局有机食品发展中心制定的。我国的绿色食品标准是中国绿色食品发展中心制定的统一标准,分为A级和AA级。A级标准是参照发达国家食品卫生标准和联合国食品法典委员会(CAC)的标准制定的;AA级的标准是根据国际有机农业运动联合会(IFOAM)有机产品的基本原则,参照其他有关国家有机食品认证机构的标准,结合我国的实际情况制定的。

②不同的标志。有机食品的标志在不同的国家、不同的认证机构其标志不相同。我国国家环境保护总局有机食品发展中心在国家工商局注册了有机食品标志。绿色食品标志在我国是统一的,也是唯一的,与有机食品是不同的。

③不同的级别。有机食品无级别之分。有机食品在生产过程中不允许使用任何人工合成的化学物质,而且需要3年的过渡期,这期间生产的产品为"转化期"产品。绿色食品分为A级和AA级两个等级。绿色食品产地环境质量要求评价项目的综合污染指数不超过1。A级绿色食品要求在生产加工过程中,允许限量、限品种、限时间地使用安全的人工合成化学农药、兽药、鱼药、肥料、饲料及食品添加剂;AA级绿色食品则要求在生产过程中不得使用任何人工合成的化学物质,且产品需要3年过渡期。

④不同的认证机构。有机食品的认证一是由国家环境保护总局有机食品发展中心进行综合认证;二是由中国农科院茶叶研究所有机茶研究与发展中心认证有机茶;三是一些国外有机食品的认证机构在中国开展有机食品的认证。绿色食品的认证由中国绿色食品发展中心负责全国绿色食品的统一认证和最终认证审批,各省、市、区绿色办公室协助认证。

⑤不同的认证方法。有机食品和AA级绿色食品的认证实行检查员制度,在认证方法上是以实地检查认证为主、检测认证为辅,有机食品的认证重点是农事操作的真实记录和生产资料购买及应用记录等。A级绿色食品的认

证遵循检查认证和检测认证并重的原则，同时强调从田地到餐桌的全程质量控制，在环境技术条件评价方法上采用调查评价与检测认证相结合的方式。

5.无公害食品认证

(1)什么是无公害食品。从直接意义上讲，即长期食用，不会对人体健康产生危害的食品称为无公害食品；广义的无公害食品包括有机食品、自然食品、生态食品、绿色食品、无污染食品等等。

我国现在所称的无公害食品已不是广义上的无公害食品，而是专指产地环境、生产过程和最终产品符合无公害食品标准和规范，经专门机构认定，许可使用无公害农产品标志的食品。这类产品生产过程中允许限量、限品种、限时间地使用安全的人工合成的化学农药、兽药、鱼药、肥料、饲料添加剂等。这类食品符合国家食品卫生标准，但比绿色食品标准要宽。各种可食用的农林牧副渔农产品及其初级加工品均可申请无公害食品，达到一定生产规模的可申请无公害食品生产基地。

无公害食品产品标准与绿色食品产品标准的主要区别是：二者卫生指标差异很大，绿色食品产品卫生指标明显严于无公害食品产品卫生指标。以黄瓜为例：无公害食品黄瓜卫生指标11项，绿色食品黄瓜卫生指标18项；无公害食品黄瓜卫生要求敌敌畏≤0.2 mg/kg，绿色食品黄瓜卫生要求敌敌畏≤0.1 mg/kg。另外，绿色食品蔬菜还规定了感官和营养指标的具体要求，而无公害蔬菜没有。绿色食品有包装通用准则，无公害食品没有。

无公害食品、绿色食品和有机食品的标准各不相同，但总的可以分为三个档次，即无公害食品是基本档次，A级绿色食品是第二档次，AA级绿色食品、有机食品为最高档次。

(2)无公害农产品认证标志(见图5-5)。无公害农产品标志由绿色和橙色组成。图案主要由麦穗、对勾和无公害农产品字样组成，标志整体为绿色，其中麦穗与对勾为金色。绿色象征环保和安全，金色寓意成熟和丰收，麦穗代表农产品，对勾表示合格。标志图案直观、简洁、易于识别，涵义通俗易懂。

图5-5　无公害农产品标志

六、解决我国食品安全问题的对策

(一)完善以《中华人民共和国食品卫生法》为核心的食品卫生法律法规体系

多年的执法实践证明,《中华人民共和国食品卫生法》是适合我国国情、实施效果较好的食品法律。《中华人民共和国农产品质量安全法》颁布后,进一步完善了"从农田到餐桌"全过程的食品安全法律体系。

当然,随着社会的发展,需要借鉴国外食品安全管理的先进经验。结合《中华人民共和国食品卫生法》实施以来所取得的经验,对我国食品卫生安全管理法律体系要进行适当的修订。要从几个方面予以完善:一是强化食品生产经营单位食品安全第一责任人制度;二是加大处罚力度,提高法律的威慑力;三是科学界定《中华人民共和国食品卫生法》与《中华人民共和国产品质量法》的法律关系,做好与《中华人民共和国农产品质量安全法》的衔接;四是尽快出台《中华人民共和国食品安全法》。

(二)推行食品安全行动计划,提高食品卫生安全控制水平

根据WHO的提议,2003年8月14日卫生部制定并发布了《食品安全行动计划》,作为指导卫生部门食品卫生安全工作的宏观政策。《食品安全行动计划》是在充分借鉴其他国家食品卫生安全控制经验,结合我国食品卫生安全薄弱环节的基础上制定的。采用危险性分析的科学手段,从危险性评估、危险性管理、危险性交流三个方面入手,确立了行动目标、行动政策及评价指标,以逐步和分阶段解决食品卫生安全领域存在的问题,提高食品卫生安全控制水平。要积极应用危险性分析的理论,认真组织做好食品卫生安全行动计划的实施工作。

(三)完善我国食品安全标准体系

我国食品卫生标准体系已基本与国际标准接轨,已建立起基础标准、产品标准、行为标准、方法标准和管理标准所组成的标准体系,有的食品卫生标准还严于国际标准。标准是动态管理的过程,应结合对消费者的健康保护水平和国内食品安全的总体情况,采用危险性分析方法进行综合评估,使之既与我国社会经济发展水平相适应,又与国际食品标准体系吻合,同时还能满足保障人民健康和进出口贸易的需要。因此,根据《食品安全法》和《食品安全国家标准管理办法》规定,为做好食品安全国家标准清理完善工作,卫生部向社会公开征求2012年度食品安全国家标准立项建议。

(四)完善我国食品安全危险性评估体系

食品安全危险性评估体系依赖于几个方面：一是卫生系统的食品检验机构开展的食源性疾病、食品污染物监测、居民膳食调查数据；二是对食品生产加工企业日常监管的情况；三是依赖于食品中毒、食源性疾病的处理。要做好危险性评估工作，必须加强评估能力建设。包括引进先进食品监测设备，扩大食品监测、食源性疾病监测、食品污染物监测的范围，加强技术培训，建立业务精干的监测和危险性评估队伍。

(五)完善我国食品安全应急反应机制

自20世纪50年代初建立国家卫生监督制度起，各级卫生防疫站和医疗机构承担了食品中毒处理职能，形成了符合中国国情的食品安全应急反应机制。近十多年来，我国在食品安全突发事件应急反应机制建设方面取得了新的进展。建立了食品安全应急反应处理指挥系统、预警系统、信息报告系统、发布系统、应急反应处理队伍，各级都制定了涵盖食品卫生安全事件的公共卫生应急处理预案。

由于食品安全应急处理包括监测、流行病学调查、信息报告、医疗救治、检验检测、污染食品的控制和召回、信息发布等，涉及多方面工作，应考虑进一步完善。一是强化政府责任，建立政府危机联合处理机制，统一领导食品安全突发事件应急反应工作；二是完善协调统一的信息监测、报告、管理和发布工作机制；三是做好信息发布和宣传工作，避免不必要的恐慌，提高消费者食品消费信心。

(六)开展法制、诚信教育，强化行业自律与社会监督

开展多形式、多层次的教育宣传工作，提高全社会的食品安全意识。要通过多种途径向企业大力宣传食品卫生安全法律，不断强化企业是食品卫生安全的第一责任人，让企业充分了解和掌握食品卫生安全法律法规、规范和标准以及卫生知识，增强企业法律意识和自律行为。要充分利用各种媒体对社会进行宣传，以引起全社会的关注，营造全社会监督食品安全的良好氛围。

(七)建立科学，有效的食品安全管理体制

当前食品管理秩序的混乱和无序，主要表现在：一是监督部门职能不清，重复监督和监管漏洞并存；二是检验机构重复建设，造成了巨大的资源浪费；三是食品安全应急反应机制运行不畅，多头指挥导致难以高效、迅速地开展处理工作。因此，必须尽快理顺职责，参照国际上一般由卫生和农业部门承担主要食品安全监管责任做法，按照精简、统一、效能原则，建议调整管理职能，提高政府的管理效能，同时加大地方政府在食品安全监管方面的责任。

(八)继续开展并扩大在食品安全领域的国际合作

1.加强食品安全领域的国际合作

随着经济全球化的迅速发展,尤其是食品贸易不断地扩大,食品的安全问题也就越来越国际化。食品科技的发展在丰富人民食品消费的同时,也带来了一些新的安全问题,而打击食品的非法生产和非法贸易更是各国政府的一项共同的任务。作为食品进出口贸易的大国,中国将加强和世界各国的交流与合作。发达国家应帮助发展中国家提高标准化的水平,改良食品的生产技术,加强食品安全的生产和监管能力的建设,共同促进全球食品安全整体水平的提高。

2.高度重视食品产地的环境保护

安全的食品离不开安全的水源、土壤、空气等产地的环境,这是保障食品安全质量的一个前提,也是一个基础。世界各国都应该自觉地遵循有关环境保护的国际公约,更加重视食品产地的环境保护,加强种植、养殖污染治理和农药、兽药残留的治理。大力提倡绿色生产、绿色消费,积极发展生态农业,努力建设一个环境友好型的社会。

3.尽快建立国际食品安全信息的通报机制

各国应该逐步建立包括动物和人、食品以及总膳食的计划在内的完整的监测系统,同时尽快建立畅通的食品安全突发事件国家之间的信息通报机制,使各国都能够及时的获得关于疯牛病、禽流感的食源性疾病以及相关食品安全生产信息。在发生重大食品安全事件的时候,要及时的向WHO的国际组织和相关国家通报、协调行动,共同妥善应对。

4.通过友好协商解决国际食品安全问题

当前,利用标准、质量安全作为技术性贸易壁垒,抓住个别有问题的食品,为进口加以限制,已经成为国际贸易保护主义的一个新特点。对国家之间在食品安全问题上存在的分歧,我们主张要本着客观、公正、科学的态度,依照国际的规则通过对话、谈判、调查来实事求是的加以解决。不赞成对食品安全问题进行不顾事实,以偏概全的炒作和一味地指责,反对通过食品安全来设置贸易壁垒,甚至把食品安全问题政治化。

5.要正确发挥新闻媒体的舆论监督作用

新闻媒体的舆论监督作用的发挥对于确保食品安全是至关重要的。只有及时的曝光和揭露食品安全的事件,才能保证公众的知情权和监督权,才能最大限度地减少损失。同时,也要防止少数的媒体不顾事实、违背道德、以偏概全、蓄意炒作、制造事端。对食品安全的不实报道,各国都有义务来采取有效的措施及时加以解决，以保护生产者和消费者的合法权益。

小资料　近几年食品药品安全事件回顾

近几年围绕食品药品安全和卫生问题，发生了太多的是是非非。从畜产品到禽产品再到水产品，从食品到药品，婴幼儿奶粉含三聚氰胺、馒头中含香精和色素、鸭血含膨大剂……让人们不禁质问：如今还有什么东西能吃？

一、“口水油”事件——细菌、病毒

2006年8月，媒体曝光南京“XX沸腾鱼乡”采用“口水油”问题。该店将有食客口水、纸巾、鱼刺等残渣，甚至烟头的油，简单过滤后再给客人食用，这样重复用油可以为饭店每月节省数万元成本。

“口水油”含有大量细菌和病毒，如果客人之中有人患有传染病，这些传染病就会通过“口水油”进行传播。“口水油”在反复高温烹煮过程中也会产生一些致癌物质。

二、毒烧烤——亚硝酸盐、大肠杆菌

2006年12月初，在记者的暗访中，广州的烧烤档黑幕也渐渐浮出水面。他们把从街头流动小贩处购来的14种常用烧烤原料及成品送交广州市卫生检验中心进行了检测。结果让人触目惊心——烧烤后的茄子、韭菜所含大肠菌落是标准值的30余倍，原料肉肠含强致癌物质亚硝酸盐超标11倍。记者在调查中还发现，大量烧烤档使用的鸡腿、鸡翅等原料大部分来自未经检疫的“问题肉”。而烧烤用的辣椒粉配料添加色素、食用油多使用潲水油等也严重危害着消费者的健康。

亚硝酸盐是一种强致癌物质，大量食用含有亚硝酸盐食物，致癌率将会极高，而在误食大肠菌群严重超标的食物后，会引发腹泻及肠胃炎等病症。

三、人造“新鲜红枣”——色素、糖精

2008年8月，乌鲁木齐头屯河区卫生、药监等部门联合执法，在辖区内查获一起人造“新鲜红枣”的黑窝点。现场查获10 t原料及成品，同时还发现14袋甜蜜素、11袋糖精钠以及1袋明矾。乌鲁木齐头屯河区卫生监督所当即对这些物品取缔没收，并将这些人造“新鲜红枣”送往垃圾场填埋销毁。

据悉，人造“新鲜红枣”主要经过两道工序：着色和着味。首先铁锅里放进酱油，使青枣变成红色，并保持光泽。再放到加入大量糖精钠和甜蜜素的水池中浸泡，使其口感泛甜。造假者没有工商执照、食品加工许可证和卫生许可证，加工环节卫生条件差，加工工艺等不符合食品卫生法的要求。同时，过量食用甜蜜素和糖精钠将对人体产生直接危害，尤其是糖精钠短时间内过量食用会引起血小板减少，酿成急性大出血。

四、“问题奶粉”事件——三聚氰胺

2009年12月，“2008年的三鹿奶粉三聚氰胺事件”刚刚画上句号。2010年7月，三聚氰胺超标奶粉事件又“卷土重来”：在青海省一家乳制品厂，检测出三聚氰胺超标达500余倍，而原料来自河北等地。事件发生后，有关部门要求严肃查处，杜绝问题奶粉流入市场，彻底查清其来源与销路，坚决予以销毁，并依法追究当事人责任。

三聚氰胺俗称密胺、蛋白精，是一种含氮杂环有机化合物，被用作化工原料。在奶粉生产某环节中添加三聚氰胺可能主要是来提高食品的“氮含量”，但三聚氰胺可造成患儿多发泌尿系统结石。

五、双汇“瘦肉精”事件——瘦肉精

2011年3月15日，据央视报道《每周质量报告》的3·15节目《“健美猪”真相》报道，河南孟州等地养猪场采用违禁动物药品“瘦肉精”饲料，有毒猪肉部分流向河南双汇集团下届分公司济源双汇食品有限公司。“十八道检验、十八个放心”的字样随处可见，但却不包括“瘦肉精”检验。

瘦肉精学名盐酸克伦特罗，是一种平喘药，添加到饲料里，可提高猪的瘦肉率，现已禁用。人食用含瘦肉精的肉类后，可能出现肌肉震颤、头晕、呕吐、心悸等中毒症状。

六、“染色馒头”事件——香精、色素

2011年4月初，《消费主张》节目指出，在上海市浦东区的一些联华超市和联华超市的主食专柜都在销售同一个公司生产的三种馒头，高庄馒头、玉米馒头和黑米馒头。这些染色馒头的生产日期随便更改，食用过多会对人体造成伤害。而后，温州等地也发现类似染色馒头。染色馒头是通过回收馒头中加香精和色素加工而成。

食用色素包括两类：天然色素和人工合成色素。许多天然食品具有本身的色泽，这些色泽能促进人的食欲，增加消化液的分泌，因而有利于消化和吸收。为了改善食品的色泽，人们常常在加工食品时添加食用色素。但人工合成色素容易对人体造成伤害，危害包括一般毒性、致泻性、致突性与致癌作用。

七、超标“毒胶囊”事件——重金属铬

2012年4月15日，央视《每周质量报告》曝光河北一些企业用皮革废料作原料，用生石灰、工业强酸强碱进行脱色漂白和清洗，随后熬成工业明胶，卖给浙江新昌县药用胶囊生产企业，最终流向药品企业，进入消费者腹中。记者调查发现，9家药厂的13个批次药品所用胶囊重金属铬含量超标。

铬是银白色有光泽的金属，铬的毒性与其存在的状态有关，六价铬比三价铬毒性高100倍，并易被人体吸收且在体内蓄积，三价铬与六价铬还可以相互转化。三价铬对人体就不产生有害作用，但六价铬对人体是慢性毒害。它可以通过呼吸道、消化道、皮肤和黏膜浸入体内，主要积聚在肝、肾和内分泌腺中。长期使用含铬药品，引起鼻炎、咽炎和喉炎等，严重时甚至致癌。

第三节 饮品安全

我国饮品种类繁多，与人民生活密切相关的各种饮用水、软饮料、奶制品、啤酒、黄酒、白酒、葡萄酒以及冰淇淋等超过十二大类上万个品种，涉及的企业数以万计。尽管大多数产品和产品安全都是合格的，但仍然有相当一部分的企业饮品安全不达标。如2004年10月28日晚，央视《焦点访谈》栏目播出了以“瓶里到底装了什么？”为题的新闻报道后，引起了浙江省委省政府和国家质量监督检验检疫总局领导的高度重视。国家质检总局要求浙江省质量技术监督局对此类问题采取有效措施，全面进行检查整治，并在全国加大整治力度。10月28日晚8时，当地质检、卫生、工商等部门迅速出击，对《焦点访谈》所曝光的两家企业责令停业整顿，对库存产品（燕窝饮品和复合蜂蜜）实行封存，并对已售产品开展追缴行动。同时，对兰溪市全部燕窝饮品和蜂类产品等饮料生产企业实行全面停业整顿，对库存产品实行抽查、送检，凡是质量不达标、不符合卫生要求的，该吊销执照的吊销执照，该关停的坚决关停，决不手软。自2003年非典以后，人民对安全与健康问题引起了前所未有的重视，安全饮品开始成了各级政府和社会公众关心的重要问题。

一、安全饮品认证及其意义

随着市场经济的发展和人民生活水平的不断提高，市场需求促进了饮品工业的发展。与此同时，伪劣假冒现象也时有发生，不仅扰乱了市场秩序，也危害到消费者的身体健康和生命安全。为了保障消费者的合法权益，适应入世后与国际经济运行规则接轨的需求，我国引进了国外早已运行成熟了的产品质量认证机制，“打鬼借助钟馗”，这个钟馗就是“第三方认证”机构，即生产企业为第一方，消费者为第二方，认证机构为第三方。

认证机构介于政府和企业之间，与企业没有经济关系，而政府通过管理认证机构，间接进行市场管理，认证机构则发挥政府助手的作用，维护市场的正常秩序。为此，我国于2002年成立了国家认证认可监督管理委员会，2003年11月1日正式实施了《中华人民共和国认证认可条例》，从组织体制和法律上确认了认证行业。根据国务院关于整顿市场经济秩序的精神和国家质检总局、卫生部、国家认监委等部门有关加强食品企业卫生规范的监督管理的要求，针对饮品消费面广，直接涉及消费者健康、安全问题，为了强化饮品质量的监督管理，加大安全饮品认证力度和推广“认证标志”，切实维护广大人民群众的切身利益，2003年初，经国家认证认可监督管理委员会批准，依法注册成立了中国饮品行业唯一的安全饮品认证机构——中饮标（北京）安全饮品认证中心。该中心负责对在我国境内生产和销售的饮品，从原辅材料的标准要求、生产技术标准、工艺流程的质量控制、包装、标志、贮存及运输等各环节，各方面进行“独立公正、规范准确、权威性、专业化”的安全饮品认证。

安全饮品认证，是依据国家规定的安全饮品标准，按系统的程序和方法，对饮品质量的安全保证能力进行审核、评估、检测的产品认证。从生产饮品的原辅材料购进，到饮品生产、包装、储运、销售全过程，控制影响饮品质量安全的各个环节，建立健全完整的饮品质量安全体系，将饮品中的危害人体健康因素控制在可接受水平或完全消除。

据悉，安全饮品认证采用了国际认证标准八大模式中最严格的一种。凡达到该项认证标准的企业将被授予使用统一的“安全饮品”标志，有效期为3年，每年要进行一次审核。如果消费者发现已通过认证的产品有质量安全方面的问题，可以将生产企业与认证中心一并告上法庭，认证中心要担负连带责任。因此，认证中心对整个认证过程将会把控得格外严格。

对于消费者来说，可以通过“安全饮品”标志识别安全饮品。选择“安全饮品”，如同选择了安全屏障。对于消费者，这与识别劣质饮品同样重要。没有“安全饮品”标志不一定是劣质饮品，但有“安全饮品”标志的饮品则可以放心饮用。

对于饮品生产企业，“安全饮品”认证则有更深远的意义。“安全饮品”标志，是饮品安全的有效证明，可以增强企业饮品安全的信誉度。这无疑会增加产品的附加值，增强消费者和需方对该产品的信心，提高企业的形象，有助于产品的销售，给企业带来更大的经济效益；“安全饮品”认证，为企业的产品在国际市场上公平、自由竞争创造了条件，也是国际市场的准入证明；认证过程也是规范生产经营行为，建立健全完整的饮品质量安全体系，提高产品质量安全水平的有效途径。所以说，“安全饮品”认证是饮品市场健康发展的又一契机。

二、安全饮品标志及内涵

“安全饮品”标准作为证明商标已在国家工商行政管理总局注册，图形绿色麦穗代表健康、安全，中间的杯是饮品的汉语拼音的第一个字母YP的拼写，杯外底蓝色代表纯净水（见图5-6）。

图5-6 安全饮品标志

三、安全饮品认证与QS认证的区别

（一）认证性质不同

QS认证是国家强制性认证；安全饮品认证是企业自愿性认证。

（二）认证对象不同

QS认证是面向所有食品生产企业，不分大小；安全饮品认证则是面向管理较好的饮品生产企业，扶优限劣。

（三）认证产品的检验方法不同

QS认证对企业生产的产品一般采取自行检验方法。若企业提供的自检数据符合国家规定，即可示为合格产品，就可通过认证。安全饮品认证需要对认证产品进行安全性调查评估，降低或消除产品配方和生产工艺等环节的危害因素，并且把产品送到国家认可的实验室进行检测评估，经鉴定合格的产品，方可通过认证。

（四）认证标志的使用效力不同

产品包装上加贴QS认证标志是生产企业对其产品质量进行自我声明的一种表达方式，而不是政府监管部门对生产企业产品质量作出的承诺和保证。产品包装上加贴安全饮品认证标志，证明该企业产品已通过安全饮品认证，是中饮标（北京）安全饮品认证中心对其质量安全作出的承诺与保证，可为消费者界定饮品质量是否安全提供有效依据和消费保障。

饮品企业通过QS认证是申请安全饮品认证的必备条件之一。安全饮品认证是对生产企业从原材料采购到生产加工以至最终产品检验的一系列过程给出严谨、科学的要求与评价。如果说QS认证是英语四级考试，那么安全饮品认证就是英语六级考试，所以说安全饮品认证是较全面、更专业的产品品质认证。

四、安全饮品认证与管理体系认证的区别

安全饮品认证是产品认证的一个类别，ISO 管理体系认证及 HACCP 食品安全管理体系认证在我国食品行业已经非常普遍了。但产品认证，尤其是安全饮品认证在我国还未得到全面推广，那么安全饮品认证和管理体系认证有什么主要区别呢?

(一)认证对象不同

安全饮品认证的对象是批量生产的定型产品，管理体系认证的对象是企业的质量体系。确切地说，是企业质量体系中影响持续按需方的要求提出产品或服务的能力和某些要素，即质量保证体系。

(二)认证依据不同

安全饮品认证的依据除了认证机构确定的质量管理体系要求外，还包括技术依据，即申请认证产品的相关国家或行业产品标准、卫生标准。管理体系认证的依据一般按 ISO 系列标准的有关国家标准，它的作用是能够提高顾客对供方的信任，增加订货，减少顾客对供方的检查评定，有利于顾客选择合格的供方。

(三)证明的方式不同

安全饮品认证的证明方式是安全饮品认证证书及安全饮品认证标志，证书和标志证明产品质量符合产品标准；管理体系认证的证明方式是质量体系认证证书和体系认证标志。证书和标志只证明该企业的质量管理体系符合某一质量保证标准，不证明该企业生产的产品都符合产品标准。

(四)证书和标志的使用不同

安全饮品认证证书不能用于产品，标志可用于通过认证的产品上，管理体系认证证书和标志都不能在产品上使用。

(五)申请企业类型不同

申请安全饮品认证的企业是生产特定的饮品型企业，申请管理体系认证的企业可以是生产、安装型企业，也可以是设计、开发、制造型企业，还可以是出厂检查和检验型企业。

五、安全饮品认证与其他产品认证的区别

虽然产品认证的对象是特定的产品，但一般都是根据认证产品表达的特性不同进行不同性质的认证，如产品的品质特性、功能特性。目前，我国食品行业涉及产品认证有“绿色食品”、“有机食品”、“无公害农产品”“安全饮品”

认证,这些产品认证对象都是食品,但是他们认证的产品品质特性、功能特性都是不同的。

(一)认证产品品质特性控制的不同

(1)绿色食品认证是对认证产品生产的自然资源和生态环境基本条件及生产过程的控制;

(2)有机食品认证是对认证产品的有机农业生产体系及生产过程的控制;

(3)无公害农产品认证是对认证产品的产地环境、生产过程的控制;

(4)安全饮品认证是对认证产品的饮品安全保证体系(生态环境、生产过程)及对人体危害安全指标的控制。

(二)认证产品定位的不同

"绿色食品"、"有机食品"、"无公害农产品"认证产品定位为农产品及农产品加工产品;安全饮品认证产品定位为工业化生产的产品。

(三)认证产品质量水平要求的不同

(1)绿色食品 —— 达到发达国家普通食品质量水平;

(2)有机食品 —— 达到生产国或销售国普通农产品质量水平;

(3)无公害农产品——中国普通农产品质量水平;

(4)安全饮品 —— 达到中国饮品质量优良水平。

六、安全饮品认证与HACCP认证的关系

HACCP 食品安全管理体系是食品生产企业的一种控制危害的预防性体系,其强调的重点在于危害预防,而非针对最终产品检验;安全饮品认证除了要对组织的管理体系进行评定以外,还要对产品做型式试验,以确定产品质量符合指定标准要求,其重点在于对最终产品的检测。可以说安全饮品认证为HACCP体系认证在最终产品检验方面的不足作了有力的补充,这两种认证双管齐下才能将饮品生产企业的产品质量安全风险降到最低。

第四节　药品安全

药品是一种特殊的商品,直接关系到人的生命安全和健康。随着人民生活水平的提高和健康意识的增强,人民群众对安全用药、药品安全的要求也越来越迫切。

一、药品安全的典型事件

(一)欧洲历史上的“反应停(thalidomide)事件”

20世纪60年代初,欧洲历史上发生的“反应停事件”(孕妇因服用“反应停”用来减轻在妊娠期间的恶心和呕吐等症状,使得许多孕妇所生的婴儿发生严重的畸形,出现缺肢或肢体严重变形等恶果,俗称“海豹胎”)曾经轰动一时,是药物不良反应中最有代表性的事件之一。

后来才发现,只有它的R-异构体有镇静作用,而其S-异构体则是致畸的。惨痛的教训使人们对药物的手性有了深刻的认识。

(二)“齐二药”假药案

2006年4月,发生了使用齐齐哈尔第二制药有限公司生产的亮菌甲素注射液导致多名患者肾衰竭,其中9人死亡的事件。此事引起了国务院、国家食品药品监督管理局的高度关注和重视。经查实:主要是齐齐哈尔第二制药有限公司购入了标志为江苏省中国地质矿业公司泰兴化工总厂的丙二醇作为药用辅料,用于亮菌甲素注射液生产,该辅料经检验是假“丙二醇”实为“二甘醇”,其在购销活动中还存在伪造药品注册证、药品生产许可证等违法行为;齐二药生产和质量管理混乱,检验环节失控,检验人员违反GMP有关规定,将“二甘醇”判为“丙二醇”投料生产;“二甘醇”在病人体内氧化成草酸,导致肾功能急性衰竭。

二甘醇(Diethylene Glycol)又称乙二醇醚或二乙二醇醚,分子结构式HO-CH_2-CH_2-O-CH_2-CH_2-OH,是具有无色、无臭、透明、吸湿性的黏稠液体,有着辛辣的甜味,无腐蚀性,低毒。沸点245 ℃,熔点-6.5 ℃,凝固点-10.45 ℃,闪点123.9,折射率1.447 2,相对密度1.118 4,黏度0.30泊,易溶于水、醇、丙酮、乙醚、乙二醇等其他极性溶剂,二甘醇分子结构中含有醚键和羟基两种官能团,使它具有独特的物理性能和化学性能。因此,以二甘醇为原料,可制取醚、酸、酯、胺等多种化工产品,其主要产品有吗啉及其衍生物,如1,4-二恶烷(1,4-二氧环己烯),二甘醇单(双)醚,二甘醇酯类(饱和酯和不饱和酯)等,被广泛应用于石油化工、橡胶、塑料、纺织、涂料、黏合剂、制药等行业,用途十分广泛。

丙二醇(Propylene Glycol)又可称为丙烯乙二醇,为无色液体,无臭味,尝起来有甜味,能完全溶解于水,适合人体小剂量的使用。在美容用品中的化妆水、乳液、面霜中常可看见包含此成分,用作保湿剂,但过度使用会造成接触性皮肤炎、落发、知觉异常。

(三)“欣弗”惨案

据悉,“欣弗”批准文号为国药准字H20010813,属于抗生素类药,适用于敏感细菌引起的感染性疾病,临床上主要用于敏感的革兰阳性菌和厌氧菌引起的多种感染。该药的不良反应主要为胃肠道反应、过敏反应,也可出现肝功能异常,肾功能异常等。2003年12月,国家药品不良反应监测中心曾发布通报,提示克林霉素注射液可引起严重的不良反应,提醒医生严格掌握,避免不合理使用。

2006年7月27日晚,国家药监局接到青海省药监局欣弗不良反应报告。患者在输入克林霉素注射液后,出现胸闷气短症状,不一会儿便开始抽搐、咳嗦、呕吐。7月28日起,该事件迅速扩展至广西、安徽、黑龙江等10个省份。国家药监局组织3个专家组分赴青海省、安徽省协助进行事件调查工作。同日,安徽省药监局接到情况通报后,组织人员随国家药监局派出的调查组一起进驻生产商——安徽华源进行调查。8月4日,国家药监局监督停止克林霉素磷酸酯葡萄糖注射液的生产,查明该品种的生产批号、批量和流向,监督药品回收工作。8月15日,国家食品药品监督管理局召开新闻发布会,通报了对安徽华源生物药业有限公司生产的克林霉素磷酸酯葡萄糖注射液(欣弗)引发的药品不良事件调查结果:经查,安徽华源生物药业有限公司未按批准的工艺参数灭菌。降低灭菌温度,缩短灭菌时间,增加灭菌柜装载量,影响了灭菌效果。按照批准的工艺,该药品应当经过105摄氏度、30分钟的灭菌过程,但厂方却擅自将灭菌温度降低到100摄氏度至104摄氏度不等,将灭菌时间缩短到1到4分钟不等,无菌检查和热源检查不符合规定。安徽华源生物药业有限公司违反规定生产,是导致这起不良事件的主要原因。8月20日,安徽省食品药品监督管理局责令华源生物药业有限公司8月31日前召回所有涉案“欣弗”。

二、药品安全存在的主要问题

“齐二药”假药案余波未消,安徽华源生产的“欣弗”注射液又造成重大用药不良事件。无论是齐二药还是华源,频发的医药事件不得不引起人们对医药安全的担忧。药品安全既包括药品本身的安全,也包括用药安全。目前,我国在药品本身的安全及用药安全等方面都存在不少问题,主要表现在:

(一)药品本身的安全

1.检测技术、手段、设备不完善

据了解,全国食品药品监督管理系统目前从业人员仅有3万余人,远低于其他监管部门。目前在药监部门,检测技术、设备都不完善,现有的检测手段有时会导致某些问题发现不了。更有甚者,在齐齐哈尔第二制药厂,药品原辅料检验部门在该厂仅仅是个摆设,分析测定原辅料成分的设备红外图谱仪被束之高阁。工作人员只有初中文化,从未接受过任何的岗前培训,他们不做任何检验,却能按领导吩咐,在检验单上写下"符合规定"的字样。检验形同虚设,致使具有强烈毒性的工业溶剂"丙二醇"能堂而皇之地进入生产线,制成"毒药"送入市场,成为致人死亡的杀手。

2.绿色认证通道存在漏洞

齐二药和华源,均是通过国家GMP认证的正规药品制造企业,他们生产和销售的不是"三无"药品,而是通过合法渠道流通的"国药准字"号。日常生活中,我们很少看到药监部门在现场检查、日常检查、跟踪检查或监督抽查中严令企业消除隐患的报道。能够获得GMP认证的企业,都是有相当实力的正规企业,但这并不能作为药监部门放松监管的理由。由此可以看出绿色认证还存在明显的漏洞。

3.安全药理学研究有待加强

安全药理学(Safety Pharmacology)研究是新药非临床安全性评价的一项重要内容。其法定概念最早出现于1997年,主要研究药物在治疗范围内或治疗范围以上剂量时,出现潜在的不良影响,并研究观察到的或推测的药物不良反应机制。从而,最大限度地保障新药进入临床研究之前或上市之后,及早发现可能出现的治疗作用之外的不良反应。

我国国家食品药品监督管理局2005年发布了《化学药物一般药理学研究技术指导原则》和《中药、天然药物一般药理学研究技术指导原则》,首次在法定文件中提出了安全药理学的概念,并指出该指导原则所指的一般药理学仅限于安全药理学研究的内容。而以前的一般药理学主要定在主要药效作用以外的广泛药理作用,其研究目的是发现没有预测到的对器官功能的作用和寻求其他药理学作用,但未提及可能发现新的作用与不良反应。从而,使一般药理学研究首次从法规上纳入到安全性评价的范畴,其主要原因是国际上已把一般药理学归为药物安全性评价的重要组成部分。

从多年来国内新药研究中涉及的一般药理学研究来看,实际完成的结果亦仅是对三大重要生命功能系统有无不良反应的观察。查阅有关中西药物一般药理学研究结果,其结论几乎无例外地均是对精神神经系统、心血管系统和呼吸系统未见明显影响,无1例发现有与新药临床适应证无关的、期望出现的作用和作用模式。

以现有的技术手段、评价方式和管理策略，在对药物进行审批以前，我们不能了解其安全性的全部信息，在一定程度上的不确定性导致存在药物安全性的风险。

4.存在假冒伪劣药物

药品本身安全的另一个因素是市场上存在劣质药物，这些产品的组成和成分不符合正确的科学规格，不仅无效而且常常对病人造成危险。疏忽、人为失误、人力和财力资源不足可造成劣质产品的出现。

假冒药物是广泛的劣质药品现象的一部分。差别在于假冒药物在内容或来源方面的标志不当是故意和欺骗性的。假冒范围既涉及品牌产品、也涉及一般产品，而假冒药物可包括成分正确但假造包装的产品、成分不对(其中有些可有毒)的产品、无有效成分或有效成分不足的产品。

在较富裕国家，近期最常见的假冒药物是降胆固醇药、用于治疗生长激素缺乏症和癌症的药物。在发展中国家，最常见的假冒药物是用于治疗威胁生命的疾病(例如疟疾、结核和艾滋病)的药物。

(二)用药安全

1.家庭自购用药安全隐患大

主要表现在药物不良反应情况严重。所谓药物不良反应，是指合格药物在预防、诊断、治疗疾病过程中，在正常用法用量的情况下出现的与用药目的无关的有害反应。据世界卫生组织统计，各国住院病人发生药物不良反应的比例在10%至20%之间，其中有5%的患者因严重药物不良反应而死亡。国内医学资料显示，中国每年5 000多万住院病人中，发生较严重药物不良反应的约250万人，因此而死亡者近20万人；中国的180多万聋哑儿童中，由于不合理用药造成的耳聋占60%以上，达100多万。

上海市2006年一项抽样调查显示，上海有80%左右的家庭备有存药，其中72%的家庭从未注意过药品的储存条件，23%的人服药时从未注意查看有效期。在上海市开展回收过期药活动中，短短一周，回收过期药品数量高达250万支(片、粒)。

一种属于国家二级控购药物的中枢神经兴奋药———哌甲酯，竟被上海一些中小学生家长奉为“聪明药”，让孩子服用。因为上课思想不集中，一些家长就自以为孩子得了多动症，好心好意弄来哌甲酯给孩子服用，结果导致许多孩子服用后不思饮食，面色苍白，有的甚至产生了抑郁等不良反应。这些反应程度不同地损伤了人体健康，甚至危及生命，必须理性对待。

2.抗生素滥用现象严重，已成为一大社会问题卫生部发布《抗菌药物临床应用管理办法》以前，我国门诊感冒患者约有75%使用抗菌药物，外科手术使用抗菌药物的情况更是高达95%，住院患者的抗菌药物使用率为79%，远远高于英国的22%和世界平均水平的30%。据我国某医院调查，该院住院患者中使用抗生素的占80%，其中使用广谱抗生素或联合使用两种以上的占80%，大大超过了国际用药标准。

滥用抗生素最可怕的后果是“二多一高”，即耐药菌数量增多，难治性感染越来越多，治疗感染性疾病的费用也越来越高。每年仅抗生素滥用引起的耐药菌感染造成的经济损失就达百亿元以上。世界卫生组织警告：“滥用抗生素将使人类回到无抗生素的时代。”正是由于滥用抗生素，一些原本容易治疗的细菌感染性疾病现在有了新的变化，原本有效的抗生素或全盛抗菌药物已经不能有效控制感染了，一些致病菌耐药性发生和传播的势头令人瞠目。目前，结核等传染病的死灰复燃就敲响了警钟。

抗菌药物的使用不当，不仅会因加速抗药性微生物的进化，危及人类健康，同时其他危害也相当严重。如儿童使用四环素造成牙釉质发育障碍、骨生长受抑；庆大霉素、卡那霉素、多粘菌素长期使用致肾伤害，甚至造成肾衰竭。在我国的8 000万残疾人中，1/3有听力残疾，其中七成以上的致聋原因与使用过氨基糖甙类抗菌药物有关。有关统计显示，这种态势仍以每年2万至4万人的速度增长。

据上海药品不良反应监测中心统计，上海2003年上半年由抗生素引起的不良反应报告共248例，占药物不良反应总数的41%，其中六成以上发生在10岁以下儿童和50岁以上中老年人身上。

有关专家透露，除了滥用抗生素外，滥用麻醉药品、精神药品和解热镇痛类药品的现象也十分严重。

“早一粒，晚一粒，消除感冒困扰”。曾经是家喻户晓的广告语，但是，人们还是发现原先康泰克的主要成分PPT有可能导致死亡，此事随即得到了安全有效的处置。前几年，一种曾经被认为是最有前途的降血脂药——拜斯亭，被发现可能会引起严重的“横纹肌溶解症”致人死亡而被停用。

一些牛皮癣患者服用乙双吗啉、乙亚胺等药物后，会导致急性或亚急性白血病、肝癌、胃癌、膀胱癌、鳞状上皮癌、恶性淋巴瘤等；镇静剂巴比妥、安定、安宁、利眠宁等可引起婴儿畸形；而治糖尿病的胰岛素可引起骨畸形，交替使用抗癌药白血宁、马利兰、氯巯基啉，副作用将危及全身。在我国，药源性瘾癖、药源性畸形以及药源性失明、休克、肾损害、细胞变异等药源性疾病的发病率高达30%。

(三)药品生产企业员工的安全

化学合成制药是产生危险因素较多的行业。化学合成制药属于精细化工领域,这一领域涉及诸多的有机、无机化学物质。这些化学物质普遍具有易燃、易爆、易中毒、高温、高压、腐蚀性强等许多潜在危险因素,安全生产的要求十分严格。

有毒、刺激性化学物质会对员工的身体健康造成直接危害。如光气、五氧化二砷、氰化钾、氰化钠、氯气等化学物质以及其他刺激性或毒性气体、粉尘、蒸汽等,都会通过直接接触以及吸入途径对员工造成危害。而目前许多化学合成药物生产企业的GMP车间,其通风状况受制于GMP洁净要求,通风量相对较小,无法及时将有害物质稀释至安全浓度。常用呼吸过滤器材也无法保证能够将所有的刺激性物质过滤掉,这意味着员工将可能暴露在一定浓度的刺激性气体环境中。目前多数化学合成药物生产企业在招聘员工时不进行气体敏感性实验,这也为员工在生产过程中埋下了安全隐患。

生物制药企业员工面临生物危害的威胁。生物危害是指在药物研究与药物生产中某些微生物所造成的对人类健康有害的影响。生物制药企业经常会利用细菌、病毒等微生物及其他生物来制备血清、抗体等相关生物药物,这些细菌、病毒等微生物在造福人类的同时,也可能带来潜在的生物危害。一些操作可能使少量微生物悬浮在空气中,形成微生物气溶胶,这种气溶胶微粒进入员工呼吸道就可造成感染。如进行细菌液的振荡培养,离心微生物培养液后倾倒上清液,匀浆搅拌,接种取样,打开胶皮塞或棉塞,注射器注射或抽吸混合样品等,都很容易导致微生物气溶胶形成。如果操作不是非常的小心谨慎,很可能损害员工的身体健康;如果生产环境中的微生物由员工的活动而带出扩散,还可能进一步危害社会。此外,我国制药企业普遍对生产过程中的药物不良反应认识不足,缺乏相关防护知识和措施。药物都具有不良反应,这是药物的天然属性。由于药物在生产过程中会经过粉碎、混合、研磨、干燥等工序,一些药物微粒会混合在生产环境的空气中,形成药物气溶胶。这些气溶胶微粒是无法被物理过滤性质的防护装置完全清除的,这就使得药物生产操作员工暴露在药物气溶胶环境中,员工通过呼吸道不断摄入空气中的药物微粒,并通过呼吸道入血,使血液中具有一定该药物的血药浓度。尽管其血药浓度不高,短时间内很可能无法表现出异常,但是该药物的不良反应会随着药物量的累积而逐渐显现,或者在生产员工脱离生产环境后突然显现,很容易损害员工身体健康,甚至造成员工死亡。专家介绍说,长期从事硝酸甘油等硝酸酯类药物生产的操作员工,通过呼吸道长期摄入少量的硝酸酯类药物，心血管尤其是冠状动脉会长期呈扩张状态。身体为了适应，便产生多于正常人的血管紧张素来颉颃硝酸酯类药物的作用。为此，长期从事硝酸酯类药物生产的员工，一旦因为探亲或其他事由突然离开原工作岗位，脱离硝酸酯气溶胶环境后，身体来不及减少血管紧张素的分泌，就可能导致冠状动脉突然收缩、痉挛，很容易死于冠心病。这种不良反应类似于长期用药后突然停药造成的反跳。因此，长期从事硝酸酯类药物生产的员工突然离开工作岗位时，应口服一段时间的硝酸酯类药物，并逐渐减量，最终停服，这是应对生产过程药物不良反应的一种策略。

三、药品安全问题的主要对策

(一)加强药物临床试验质量管理

药物临床试验质量管理（Good Clinical Practice for Drugs，简称GCP）是关于药物临床试验全过程（包括方案设计、组织、实施、监察、稽查、记录、分析总结和报告）管理的标准，目的是为了保证药物临床试验过程规范、结果科学可靠，以保护受试者的权益并保障其安全。20世纪60年代的“反应停事件”在医学界引起极大震动，使人们对加强新药临床试验管理有了进一步认识，各国政府开始重视加强对新药临床实验的法规管理。1964年在芬兰赫尔辛基召开的第18届世界医学大会（World Medical Assembly）上宣读的指导医生进行人体生物医学研究的建议，即“赫尔辛基宣言”，被大会采纳。1975年在日本东京举行的第二十九届世界医学大会上正式通过此宣言，并于1983年、1989年和1996年分别经第三十五届、四十一届和四十八届世界医学大会进一步修订补充。我国1998年3月由卫生部颁布了《药品临床试验管理规范》（试行），后经多次修改，参照国际公认原则，重新制定了《药物临床试验质量管理规范》，于2003年9月 1日正式颁布实施。加强我国GCP的管理，实施符合GCP的高质量临床试验，将有力地促进我国新药发展与国际接轨，提高药品安全。

在实施GCP的过程中，要充分运用安全化学品设计方法，通过毒性作用机理、构效关系、生物利用度最小化分析等方法，加强对临床结果的评估研究，从而提高临床疗效的客观显示度。

(二)启动药品安全科技行动

2006年10月19日，科学技术部、国家食品药品监督管理局和国家中医药管理局联合在北京启动七大药品安全科技行动：一是实施药品安全标准完善科技行动，完善、补充涉及药品安全技术的标准，建立健全与国际接轨的药品安全技术标准体系，加速全国药品研发、生产经营中的技术规范与国际标准接轨；二是推进临床前安全性评价科技行动，建立1～2个符合国际GLP规范的实验室，大幅度提高我国药品临床前安全性评价技术水平与国际竞争力，在实验室阶段保障药品安全；三是推进规范的临床评价科技行动，力争建立健全1~2个符合国际标准的GCP基地，保障药品临床评价阶段的安全问题；四是推进药品安全生产科技行动，力争建立健全2~3个符合国际标准的GMP基地，开展药品生产GMP规范研究，大幅度提高我国药品生产的国际竞争力；五是开展安全用药监测与预警科技行动，进一步健全药品上市后监管的技术体系，为建立国家药品安全预警及快速反应体系提供技术支撑；六是开展安全用药科技行动，加强药品安全使用的临床方案研究，重点开展临床药理学研究，切实减少临床使用中药品不良反应事件的发生；七是推动中药安全科技行动，开展中药特别是涉及中药注射剂安全的关键技术与临床研究，建立完善适合中药特点的安全性评价方法和技术，完善中药注射剂质量控制和合理用药标准。

（三）增强用药安全意识，合理用药

合理用药是以当代系统的医学、药学、管理学知识，合理地使用药物，以符合安全、有效、经济的综合目标。为了保证合理用药，医、药、护、技、管理者、病人或其监护人要在职责范围内参与用药流程，并形成完善的用药系统。完整的用药流程包括正确诊断、对症下药、正确开方、妥善配药、病人遵嘱、治疗得到跟踪处置等环节。合理用药反映了为民谋利、以人为本的科学理念。违反安全、有效、经济的综合用药目标就是不合理用药，其主要原因是医患双方合理用药的概念不明确，药物治疗未形成完善的系统，以及用药流程中有脱节现象。一些人将药物看做“灵丹妙药”，甚至认为药物有病可以治病，没病服药也可健身，这都是极其错误的用药观，不合理的随意使用，甚至追求包治百病的万能药恰是健康杀手。另一方面，也有些患者视药物为洪水猛兽，因害怕不良反应，盲目不服药或少服药，延误治疗时机，导致不应有的损害，这也是对生活中药品安全的片面认识。正确合理地使用药物，要求人们理性地看待药物和药物不良反应，不依赖、不惧怕、遵医嘱、多留心。

此外，加强药品生产从原料到产品的全过程监控，加强药品流通过程的监管，加强药物安全评价监测，适时进行药物安全性检查，公开药物安全信息，加大安全用药宣传力度、增强公众的参与意识等也是应对药品安全的重要措施。

第五节 日用品安全

据温州新闻报道，2007年2月，温州市消费委在全市范围内开展了"2007年消费者关注的十大消费问题征集活动"。最终评出2007年度最受温州市消费者关注的十大消费问题，分别是商品房、卫生用品、家具产品、化妆用品、手机、房屋装修建材、电脑、医疗、空调、电视机。其中卫生用品、化妆用品属日用品范畴，由此可见，日用品的安全问题得到了社会公众越来越多的关注。

一、日用品安全的内涵

日用品是指日常生活中需要用的物品，如毛巾、肥皂、洗涤剂、牙膏、化妆品等。日用品安全是指日用品在使用过程中的安全及日用品本身的安全。既包括日用品质量安全，又包括日用品卫生安全等。

由于日用品种类多、数量大，本书仅就化妆品、牙膏等安全问题作初步介绍。

二、化妆品风波

2005年3月，江西一位女性消费者购买了一支SK-Ⅱ紧肤抗皱精华乳，使用28天后导致皮肤瘙痒和部分灼痛，为此向法院提起了诉讼。经检测，产品含有腐蚀成分，使用后有可能导致皮肤瘙痒和部分灼痛，为此，南昌市工商局依据规定，对SK-Ⅱ经销商作出停止使用该宣传手册并处罚款20万元的决定。SK-Ⅱ从日本远道而来，1998年进入中国内地。几年来，它以"亚洲出品"、"美白革命"的旗号不断地攻城略地，并成功地在中国消费者心中树立了高端护肤品牌的形象。然而在2006年9月，国家质检总局发出声明，来自日本的SK-Ⅱ品牌多项化妆品中被查出含有对人体有害的禁用成分铬和钕。广东入境检验检疫部门在对一批SK-Ⅱ重点净白素肌粉饼进行检验后发现，其钕成分含量高达4.5 mg/kg。此外，SK-Ⅱ清透防晒乳液、SK-Ⅱ多元修护精华霜、SK-Ⅱ护肤洁面油、SK-Ⅱ护肤精华露、SK-Ⅱ重点净白肌粉底液OB-2、SK-Ⅱ护肤面膜、SK-Ⅱ重点净白素肌粉底液OD-3、SK-Ⅱ润采活肤粉凝霜OB-2系列进口产品中均被检出禁用物质铬，其含量为0.77至~2.0 mg/kg。按照我国《化妆品卫生标准》(GB7916)的有关规定，化妆品中不能含有铬、钕等禁用物质。据介绍，铬为皮肤变态反应原，可引起过敏性皮炎或湿疹，病程长，久而不愈。钕对眼睛和黏膜有很强的刺激性，对皮肤有中度刺激性，吸入还可导致肺栓塞和肝损害。我国和欧盟等有关国家的相关规定中均把这两种元素列为化妆品禁用物质。此项声明在全国范围内引发SK-Ⅱ退货浪潮，然而宝洁方面在退货时设置各种门槛，使得公众对宝洁的负面情绪达到了高潮。随后，SK-Ⅱ撤柜并宣布暂时退出中国市场。2006年12月，SK-Ⅱ在北京、广州、上海等地开始恢复销售，其宣传手册中很大篇幅在解释"铬"和"钕"广泛存在于水和空气中，化妆品中有微量残留是不可避免的。然而许多消费者对此持保留意见，恢复营业第一天的SK-Ⅱ专柜也很少有人问津。

(一)如何正确选择及保管化妆品

随着人们对化妆品的使用越来越广泛和频繁，化妆品已成为人们日常生活中的必需品。但是，当你面对琳琅满目的化妆品时，你该买什么好呢？买回家的化妆品又该怎样保存它呢？

1.正确选择化妆品

选择化妆品，要从以下两方面来考虑：

(1)化妆品的质量。首先，选择化妆品最重要的是看质量是否有保证。一般来说选择名厂、名牌的化妆品比较好，因为名厂的设备好，产品标准高，质量有保证，而名牌产品一般也是信得过的产品，使用起来比较安全。不能买无生产厂家和无商品标志的化妆品，同时要注意产品有无检验合格证和生产许可证，以防假冒。还要注意化妆品的生产日期，一般膏、霜、蜜类产品尽可能买一年内出厂的。其次，学会识别化妆品的质量。①从外观上识别：好的化妆品应该颜色鲜明、清雅柔和。如果发现颜色灰暗污浊、深浅不一，则说明质量有问题；如果外观浑浊、油水分离或出现絮状物，膏体干缩有裂纹，则不能使用。②从气味上识别：化妆品的气味有的淡雅，有的浓烈，但都很纯正。如果闻起来有刺鼻的怪味，则说明是伪劣或变质产品。③从感觉上识别：取少许化妆品轻轻地涂抹在皮肤上，如果能均匀紧致地附着于肌肤且有滑润舒适的感觉，就是质地细腻的化妆品。如果涂抹后有粗糙、发粘感，甚至皮肤刺痒、干涩，则是劣质化妆品。

(2)根据个人和环境因素选择化妆品，除化妆品的质量外，还要考虑到使用者和环境因素。①依据皮肤类型：油性皮肤的人，要用爽净型的乳液类护肤品；干性皮肤的人，应使用富有营养的润泽性的护肤品；中性皮肤的人，应使用性质温和的护肤品。②依据年龄和性别：儿童皮肤幼嫩，皮脂分泌少，须用儿童专用的护肤品；老年人皮肤萎缩，又干又薄，应选用含油分、保湿因子及维生素E等成分的护肤品；男性宜选用男士专用的护肤品。③依据肤色：选用口红、眼影、粉底、指甲油等化妆品时，须与自己的肤色深浅相协调。肤色较白的人，应选用具有防晒作用的化妆品。④依据季节：季节不同，使用的化妆品也有所不同。在寒冷季节，宜选用滋润、保湿性能强的化妆品；而在夏季，宜选用乳液或粉类化妆品。

2.妥善保管化妆品

保管化妆品时，须谨记化妆品有“六怕”：

(1)怕热：温度过高的地方不宜存放化妆品。因为高温会造成化妆品油水分离，膏体干缩，引起变质；

(2)怕晒：阳光或灯光直射处不宜存放化妆品。因为光线照射会造成化妆品水分蒸发，某些成分会失去活力，以致引起变质。阳光中的紫外线还能使化妆品中的一些物质发生化学变化，影响使用效果，甚至发生不良反应；

(3)怕冻：化妆品可放在冰箱的保鲜冷藏室保存，不能放在冷冻室保存。寒冷季节，不宜将化妆品放在室外或长时间随身携带到室外。因为冷冻会使化妆品发生冻裂现象，而且解冻后还会出现油水分离、质地变粗，对皮肤产生刺激作用；

(4)怕潮：有些化妆品含有蛋白质，受潮后容易发生霉变。有的化妆品使用铁盖，受潮后容易生锈腐蚀化妆品，使化妆品变质；

(5)怕久放：一般化妆品的有效期限为1~2年，开封后存放的期限更短些。因此，化妆品最好在有效期限内用完，不可停停用用直到过期。再好的化妆品，再精心的保管，如果过了保质期，便会一文不值；

(6)怕污：化妆品使用后一定要及时旋紧瓶盖，以免细菌侵入繁殖。使用时最好避免直接用手取用，可以用干净的棉棒等工具取用。如果一次取用过多，可涂抹在身体其他部位，不可再放回瓶中。

小资料　如何正确选择化妆品

化妆品接触人体面部、眼睛、嘴唇、头发等，其品质一定要好，否则不仅起不到护肤作用，反而影响皮肤健康。因此，美容化妆首先要注意选择适宜的、质量上乘的化妆品。

一、雪花膏的选择

1.膏体色泽应洁白光亮，如暗淡无光，或发黑，发花，则说明质量有问题，忌用其搽用；

2.膏体组织应稀稠适中。质地细腻，没有流体状或结块现象，搽开来无微粒。如开瓶后，膏体干缩，或像石块，即已失效；

3.香气清新,芬芳扑鼻,无异味,酸败油腻味;

4.包装牢固,整洁,美观,图案清楚,色彩鲜艳。

二、胭脂的选择

1.粉质细腻,无粗粒;

2.附着力强,不易脱落,不褪色;

3.粉块应结实不碎,与盒底不分离;

4.粉色鲜艳。

三、奶液的选择

1.蜜体细腻滑爽,既有一定稠度,又能流动;

2.蜜体色泽柔和,光亮,无暗淡,冷泛白或变色现象;

3.香气纯正,符合各种香型,无其他杂味;

4.从瓶外观察,瓶底应无水分分离。

四、香水的选择

1.香水文雅、浓郁,持久也无强烈酒精味或其他杂味;

2.液体应澄清透明,无沉淀和混浊现象;

3.色泽柔和,美观,洒在织物上不沾染本色;

4.瓶身要晶莹透明,无瑕疵,透明度好。香水越陈越香。

五、唇膏的选择

1.膏体应逊色亮,表面光洁无瑕疵;

2.色泽鲜艳,香气纯正,附着力好;

3.涂时滑爽,且无油腻味。

(二)化妆品中所含重金属汞铅的危害性分析

英国女王伊丽莎白一世晚年呈现铅中毒的症状,研究者认为这可能与她使用的化妆品中铅含量过高有关。

1.起因:美丽需要添加剂

理查德·本斯(Richard Bens)是一名生物化学家,他将自己的研究定在了时髦之物——化妆品上。三年的研究工作中,本斯将眼光盯在了各类化妆品及日常清洁用品中化学成分的分析上。

研究结果发现,欧洲女性每年将平均吸收约2.3 kg化学物质。与此同时,《化妆品》杂志也于近日公布一项与之相似的研究结论。该杂志认为,欧洲女性每年从化妆品中吸收的化学物质平均达1.98 kg。郭德纲相声中的著名包袱“四斤粉”,终于成了现实。

现在的问题是,组成这“四斤粉”的大都是化学合成物,其中的相当部分物质被认为对人体有益，而另一些则属性尚不明确，还有少量物质被认为必须将用量控制在临界点以下，科学家将为我们逐渐揭开美丽背后的秘密。

本斯表示，女性在使用化妆品时，化学物质经皮肤进入体内，就会被人体吸收，相比之下，直接食用这些化学物质对人体造成的伤害可能更小，“如果口红被直接吃掉，其中的化学成分会被唾液和胃液中的酶分解。但抹在嘴上以后，化学物质就会透过皮肤被吸收，直接进入血液”。此外，本斯还指出，某些癌症的出现可能与某类化妆品的大量使用有关，一些化妆品还可能对皮肤造成刺激，甚至加速老化。

对于这样的结论，研究人员并不感到意外。北京工商大学化学与环境工程学院徐宝财教授指出，化妆品中的物质肯定是被吸收了，这与化妆品本身所要起保湿、抗衰老等功能有关。然而，徐宝财对英国科学家的研究成果还是表示了不同意见：“2.3 kg，这个量有点多，毕竟我们平常使用的化妆品，都是以毫克为单位的。”

事实上，一种化妆品到底是否安全，不能仅根据化妆品中的一种或几种物质含量多少来决定，还要参考其与人体接触的水平。也就是说，使用者使用的频率、每次使用的量、持续使用的时间等，都是决定其是否安全的参考数据。

北京工商大学化学与环境工程学院副教授何聪芬也指出化妆品中也有起功效作用的，这就需要加入功效成分，使其渗透进皮肤，这样皮肤肯定是吸收了一些东西。皮肤也是一个生物体，也需要代谢，也需要活动。水是皮肤表皮角质层重要的塑性物质之一，角质层中水分含量约10%~15%。为了维持这一比值的相对恒定，主要依靠皮肤角质层中存在的自然润泽因子（NMF），包括尿素、有机酸、氨基酸等成分的作用。自然润泽因子能够维持住角质层内水分恒定，由此在保湿化妆品中便需要加入这种能起到自然润泽因子作用的成分。我们知道，皮肤吸收了这些成分。

为了验证皮肤是否吸收了化妆品的功效成分，研究人员通常会做一个试验。试验中，研究人员会在化妆品中添加荧光标记，然后涂抹在被测试者的皮肤上，再通过仪器进行探测，就可以得知这种荧光标记进入了皮肤的哪一层。不过，尽管有试验能证明皮肤吸收到了化妆品中的化学成分，然而对于究竟吸收了多少，中国的研究人员却还是无法给出答案。

2.问题1：不“美丽”的重金属

化妆品的历史与天然动植物资源密不可分，那也就是化妆品的第一代。彼时的人们会知道用天然的动植物油脂对皮肤做单纯的物理防护。据说，古埃及人4000多年前就已在宗教仪式上、皇朝贵族个人的护肤和美容上使用了动植物油脂、矿物油和植物花朵。

然而,化妆不仅仅是件自然天成的事。即使在人类还无法正确了解化学物质时,化妆品便已经与这些化学物质为伍了。

至迟到商代,古代中国人就发现了铅的化合物有增白的效果,于是,“铅华”成为古代化妆品的重要部分,并成为化妆品的代名词。不过,作为一种重金属,铅对人体的损害也很快就显现出来。到唐代,中国人发现了“铅华”的副作用。由于长期使用铅粉化妆,造成妇女铅中毒,脸色发黑。于是,米粉的地位得到提高,花式和品种有了发展。

在西方,情况也是如此。铅的氧化物具有一定遮盖作用,因此被大量使用到化妆品中。到今天,在一些化妆品中还可以找到微量的铅。这主要还是因为铅的美白效果非常明显。

事实上,除了铅还有汞、砷等重金属,都能增强化妆品的祛斑及美白效果。比如,汞化合物就可以抑止黑色素的形成。不过,重金属虽然是美丽的“天使”,同时也是美丽的“恶魔”。

研究人员早已知道,如果化妆品中汞、砷、铅等重金属含量超标准将会对人体造成危害。比如汞会对皮肤造成刺激,影响到中枢神经系统,使人出现记忆力衰退、失眠等症状;而铅则会导致神经衰弱加重,影响消化系统;砷能引起皮肤色素沉着,也会引起神经系统病变。

中国卫生部2002年出台了《化妆品卫生规范》,规定了化妆品中砷、汞、铅的限量分别为10 mg/kg、1 mg/ kg、40 mg/kg。不过,化妆品重金属含量超标的事件还是时有发生。中国日用化学工业研究院工程师罗毅指出,对化妆品产品的监测可能会忽略原料中所含重金属的成分,因此,其中的含量往往不会计算在内。由此,也引发了一些重金属超标的情况。当然,一些美容厂家为了追求美容效果,刻意加大铅、汞等重金属含量的事情还是存在的。

3.问题2:防腐剂是否引发癌症

本斯在研究中指出,在个人清洁用品中大量使用的对羟基苯甲酸脂可能会对人体造成一定伤害。对羟基苯甲酸脂主要在肥皂、香波、除体臭剂和婴儿洗液等产品中用作防腐剂。

添加对羟基苯甲酸脂是由化妆品的特性决定的。化妆品中富含各种有效成分,不过这些有效成分却也为微生物的生长提供了一个优良的环境,化妆品生产和使用过程中难免会有微生物的侵入。由此,化妆品中如不加入某种有抑菌作用的物质会极易腐败变质,对使用者的健康构成威胁。

在对化学物质的分析中，科学研究人员发现许多化学物质具有抗菌效果，但可用于化妆品的并不多，最常见的是对羟基苯甲酸酯类。而正是这种对羟基苯甲酸酯类被本斯列入了化妆品“毒素”行列中。本斯指出，目前科学研究人员已经对“对羟基苯甲酸酯”是否会引发癌症发生了争议，尽管没能找到相关的证据，然而研究人员却已经在乳腺癌的肿瘤细胞样本中找到了这种对羟基苯甲酸酯类的化学成分。

在本斯研究的化妆品“毒素”阵营中，还有一种名叫“十二烷基硫酸钠”的化学成分，可能对人体皮肤造成刺激。罗毅指出，这种化学成分主要用于制造泡沫，存在于香皂、洗发水、剃须膏等产品中。

不过，对于对羟基苯甲酸酯类是毒素的认识，中国研究人员却表示出了不同的意见。罗毅指出，对羟基苯甲酸酯类在清洁用品中使用，往往都有量的规定，在限量范围内使用，并不会引起毒害作用。她指出，对羟基苯甲酸酯类的防腐作用并不会因为用量的增加而增强，所以在化妆及清洁用品中不会有超量的情况出现。

何聪芬也对“对羟基苯甲酸酯类会引发癌症”的判断表示怀疑。化妆品中的防腐剂，用量本身就极少，能被皮肤吸收的就更少了。“有人在乳腺癌的肿瘤细胞样本中找到了这种对羟基苯甲酸酯类的化学成分。不过，这种化学成分究竟是如何进入人体的，是怎样被人吸收的，这都是问题。在这些问题未能说清之前，很难就判断说对羟基苯甲酸酯类是有害的。”

4.问题3：特殊功效成分标准待定

在塑造美丽神话时，保湿、美白、防晒、祛痘和抗衰老等特殊功效成分是最有号召力的。究竟是哪些元素能使化妆品发挥这样的功效呢？何聪芬指出，元素的增加往往是根据生命细胞活动的规律来定的。

一般而言，美白类化妆品一般是加入了一些具有抑制酪氨酸酶活性的物质。因为酪氨酸酶是黑色素形成的关键酶，其活性程度对色素的沉积起主要作用。所以，茶多酚、金银花提取物和葡萄籽提取物等均可达到效果。“酵素”的美丽神话也是一个著名案例。日本科学家在参观清酒酿造厂时偶然发现，酿酒的老婆婆皮肤好得惊人。受此启发，科学家开始研究借助天然酵母，提取出高档化妆品的功效成分。何聪芬指出，这种酵素能够分解皮肤中的黑色素，由此美白效果很好。

防晒类化妆品中则加入了防晒剂，而防晒剂又可分为两类，一类是化学性紫外线吸收剂，另一类是物理性紫外线屏蔽剂，它们都是利用减小紫外线对皮肤的直接照射达到防晒效果。一般用于防晒功效的添加剂有二苯酮类、邻氨基苯甲酸酯类、滑石粉和陶土粉等。除了化学制剂,还有一些从芦荟等植物中获得的天然提取物。

抗衰老类功效添加剂也是根据对皮肤的作用机理来添加。皮肤中黑色素是怎样产生的,这早已在科学界引起了关注。何聪芬指出当生命科学揭示了人类变黑与自由基的关系时,如何抑制清除导致皮肤老化的因子也成为生物化学研究的重头。超氧化物歧化酶(SOD)就是清除导致皮肤老化的因子,它是一类广泛存在于动植物体内的金属蛋白酶,能清除皮肤表面的氧自由基,防止皮肤老化。

纷繁的功能性元素虽然颇有效果,不过在用量上依然还是有个界限。目前,国内相关主管部门正在制定化妆品中各种功效成分的标准。

5.问题4：鸡尾酒效应

本斯的研究发现,用来增加香水、彩妆和染发剂的香气并发挥防腐作用的苯甲醇也被认定可能会刺激皮肤。然而,化妆品最大的危险之处还不仅仅在这一点。本斯认为,这只是些特定化学成分可能导致的后果,我们现在还不清楚多种化学物质配在一起会产生什么样的反应。如果它们之间发生某种化学反应,对人体的伤害可能会更大。本斯所说的化学物质配伍,其实也就是我们常说的多种物质的混合。本斯觉得,自己这个担忧并非杞人忧天,因为现在还没有试验证据证明这一切,我们必须认真审视那些抹到脸上的东西,而不应一味相信它们是安全的。

不过,来自欧洲化妆品、个人护理用品、香水工业协会(Colipa)的克里斯托夫·弗劳尔(Christopher Flower)博士并不认同本斯的看法。他指出:“根本没必要担心产品的安全问题。整个欧洲的化妆品生产企业都接受严格监管,每个企业都必须保证自己的产品是安全的。”而在本斯的研究成果公布后,英国化妆品协会的一位发言人也表示:“所谓的鸡尾酒效应只是一个都市神话。我们确实知道,每种化学成分的作用都不一样。不过,我们完全有能力预测将它们混合在一起时会造成怎样的结果,在考虑产品的安全性时我们就已经评估了这一点。”

对此,罗毅表示化妆品的安全监管是必需的。然而对于这种未知效果的担忧可能并不只限于对多种化学成分的配伍。事实上,研究人员对化妆品有明显副作用已经了然于心,由此重金属的量必须得到严格限制。不过,有些化妆品、洗涤用品的成分是可以造成深层次影响的。然而,在这方面,科学界还只能给出一个未知数。

6.结论:尽量少用

尽管化妆品安全之争不断发生,美丽神话还是要继续的。那么,我们能否将危害降至最低呢?

国际土壤学会(ISSS)发言人克利奥·特顿(Cleo Triton)有个直截了当的解决办法,那就是减少化妆品使用量。有些女士一天使用的化妆品超过20种,因此接触到大量化学物质。其实,她们在化妆时应先想想——是不是一定要涂睫毛膏呢?

不过,在何聪芬看来,对于一些特殊职业,为了皮肤健康,他们该做的不是减少化妆品的使用,而是增加——增加特殊化妆品的使用。

游泳队员就是这样一种职业。他们常年在游泳池中,游泳池的水是循环用水,极易受到游泳者本身的污染。同时,为了消毒,游泳池水必须使用大量消毒剂,使得游泳池的水含有大量对人体有害的物质。由此,在化妆品中便需要采用专业成膜技术,在皮肤与水之间形成一层透气的保护膜,隔离泳池水中化学物质(强氧化性消毒剂)、微生物和污垢等有害物质,从而避免对皮肤的刺激与侵害。

小资料 化妆品简史

公元前3500年在埃及古墓中就发现了化妆品,那时,埃及妇女把泥涂在头上做发型,脸颊上敷胭脂,眉毛和眼角上绿色。

古希腊人用烟黑涂描眼睫毛,然后涂上黄白色的天然橡胶浆,以美化睫毛。妇女们还从指甲花里萃取红色染料,涂抹嘴唇和两颊。到了公元前460年至公元前146年间,希腊文化达到巅峰,人们大量使用香水和化妆品,同时还发明了保养皮肤与指甲的绝佳方法。

在中国,殷商时期已开始烧制“铅白”,这是最早的扑粉,丝绸之路把丝绸和香料从东方带到欧洲,也把化妆品带到古希腊和罗马帝国。公元

1世纪古罗马帝国著名暴君尼禄和妻子波佩亚就用铅粉和白垩粉抹皮肤,使皮肤白皙,还在眼圈上涂眼圈墨,在面颊和嘴唇上涂胭脂。13世纪之前,波斯人、希腊和罗马人从杏仁、橄榄和其他天然物中提炼油脂,涂抹身体。十字军东征以后,欧洲人从中东带回化妆品,面霜、油彩、染发剂、香水才逐渐流行起来。

中古时期的美容学与医学在英国大学里是一门课程,并不分开教授,美容与医学正式分离是在16世纪末期。

16世纪,英国伊丽莎白一世女王宫廷的贵妇受文艺复兴时期意大利贵妇的影响,大量使用铅白粉抹皮肤,赤褐石粉做胭脂,洋红混合剂做唇膏。到17世纪化妆在社会各阶层流行开来,同时期的中国,扑粉已广为流行,而且传到了日

本。但铅白是扑粉的主要成分,有毒,而用来制取口红和胭脂的红花,却是安全的天然原料。直到20世纪以后,以合成方法制造具有自然效果的化妆品才成为一门科学。

(三)染发剂选购常识

染发剂是一种能改变头发颜色的特殊化妆品。根据配方和附着时间的长短,染发剂分暂时性、半耐久性和耐久性(永久性)三种。暂时性染发剂主要包括彩光香波、彩色润丝和喷发胶;半耐久性大多指液、膏一类植物性染发剂。耐久性染发剂属氧化染料染发剂,这种染发剂色彩极其丰富,附着力也很强。

专家建议,选购时要注意产品标签上要注明:产品名称、制造者名称和地址、生产日期、生产许可证号、卫生许可证号、产品标准号、特殊化妆品卫生批准文号、安全警告和使用指南、满足保质期和安全性要求的储存条件等。

使用前最好做皮肤过敏试验,要严格按照说明书上的配比和操作步骤执行。

小资料　17种化妆品等日用品安全替代品方案

英国伦敦国王大学环境科学系斯蒂芬·史密斯教授在接受《每日邮报》的采访时指出,家里不是最安全的地方,到处都潜伏着有毒物质。他还列举了17种日常家居用品,并逐一给出了较为安全的替代方案。

化妆品通常含有一些有毒的化学物质,如护肤乳液中的二甲苯是导致流产的高危因素。

替代方案:在包装上寻找环保标志,明确其成分。

去头屑洗发水通常含抗真菌成分,其中最常用的就是吡啶硫铜锌,它可能会引起皮肤敏感。

替代方案:尝试用橄榄油按摩头发十分钟。

各种研究已证明,染发剂能够通过头皮,吸收到体内。早前,欧盟委员会曾禁止22种化学制品用于染发。

替代方案:相信自然就是美。

指甲油清洗剂通常含有丙酮溶剂,长时间使用,能导致头痛和精神错乱。

替代方案:不涂抹指甲油,自然也就不用清洗剂了。

洗碗液和洗衣粉含有碳酸钠和磷酸盐,都容易导致过敏反应。

替代方案:用不含磷酸盐的产品。

空气清新剂大多含有苯酚,人体吸入后,会产生呼吸困难和头痛,并刺激眼睛,接触皮肤后,还可能导致脱皮,引发麻疹。

替代方案:用自然方法清新空气,如养盆栽植物,或摆放柚子皮。

大部分漂白剂都含有一种名为次氯酸钠的化学物质,它具有很强的腐蚀性,会释放出具有刺激性的有毒气体,过度接触可能对肺部和头发造成损伤。漂白剂和氨水产品(常用作家庭清洁剂)同时使用尤其危险,因为两者会发生化学反应,释放出氯气。

替代方案:对于一些难以洗净的污点,可以用柠檬反复擦拭。

人造地毯大多含有不稳定的有机化合物,长期接触可能会导致过敏性疾病。

替代方案:购买使用天然纤维,如羊毛、棉花制成的地毯。

许多电器,如电视、计算机和电热毯,通常含有溴耐燃剂。溴耐燃剂释放到空气里,有可能被人体吸入,而且不易排出体外。目前,溴耐燃剂已经被证实能导致老鼠流产,在瑞典等欧洲国家被禁用。

替代方案:用热水袋代替电热毯,把电器搬出卧室,避免在睡觉时吸入溴耐燃剂。

许多用来清洁玻璃窗的清洁粉,含有特殊的氨气味,这会刺激和腐蚀皮肤,造成眼睛和肺的不适。长期与氨接触,还会造成肝脏损伤。

替代方案:用两汤匙的醋,兑上一升热水,再用布蘸湿后擦玻璃。

家用篝火炉会产生"二恶英"。比利时鲁汶大学的一项研究表明,经常使用篝火炉的青少年,其睾丸或乳房要比其他地区青少年小许多。

替代方案:避免在家里生篝火。

根据美国皮肤病学会的一项最新研究显示,含镍的珠宝、首饰可能会造成接触性皮炎。

替代方案:尽量佩戴黄金或铂金制成的首饰。

厕所清洁剂里通常含有萘,这种有毒物质会刺激皮肤、眼睛和呼吸道,大量吸入后,人的肝脏和肾会遭到损害。

替代方案:将250毫升白醋倒入便池内,隔天再刷。

塑料玩具里可能含有邻苯二甲酸酯。美国一项研究发现,长期接触邻苯二甲酸酯会造成生殖器畸形。

替代方案:选用一些木质玩具。

鞋油中含有硝基苯,具有中枢神经系统毒性,可引起头痛和嗜睡。

替代方案:用棉布蘸橄榄油,再加几滴柠檬汁,涂抹在鞋子上,几分钟后擦干净即可。

化纤床单中可能含有甲醛,这种物质能刺激皮肤和呼吸道,而且永远不可能被清洗干净。

替代方案:尽量使用百分之百纯棉的床单。

三、牙膏含氟是否危害健康

(一)"牙膏风波"的起因

"牙膏风波"的发生,源于2004年一则媒体报道:比利时政府将禁止销售含氟保健用品,包括含有氟化物的口香糖、口含片、口腔喷雾液等。原因是比利时卫生部接到研究报告称,过度使用含氟物品可能会引起氟中毒,如损害神经系统、引发骨质疏松症。其实含有氟化物的口香糖、口含片、口腔喷雾液在中国市场上并不多,倒是"氟加钙"、"双氟"类牙膏已进入千家万户。

(二)氟化物与人体健康

科学研究发现,氟是人体必需的微量元素之一,微量氟有促进儿童生长发育和防龋齿的作用。有些国家在低氟地区饮水中加氟,以预防龋齿,但有些国家反对这种做法。通常情况下,人体内的氟直接来自饮水、食物和空气,成年人体内氟的总含量约为2.57g,其中96%以上蓄积在骨和齿等硬组织中。

在自然状态下,土壤、海水、地面水和地下水都含氟。氟多以化合态存在于自然界中,主要有萤石、氟磷灰石、冰晶石等,它们都是重要的化工原料,广泛应用于炼铝、磷肥、钢铁以及有机氟高级润滑油。不过在这些工业生产的过程中所排出的含氟废水、废气和废渣都能造成环境污染,煤的燃烧也会排放出大量含氟废气。氟是积累性毒物,植物叶子能够持续不断地吸收空气中极微量的氟,被吸收的氟离子随蒸腾流转移到叶尖和叶缘,在那里积累至一定浓度后会使组织坏死。

高浓度氟污染可引起皮肤灼伤、皮炎、呼吸道炎症,低浓度氟则能造成人体牙齿和骨骼的氟中毒,导致出现牙质缺损、脱落或腰腿疼、关节畸形、钙化等。近年的研究还发现,氟化物对人体的毒作用不仅局限于骨和齿,还能引起物质代谢紊乱,甚至间接导致一系列更为严重的后果。目前,人体中的氟化物对生命健康的影响机理和确切结果等许多研究仍在进展中,但体内氟化物过量对健康有害则是定论。

为了控制过量氟对人体健康的危害,中国政府同许多国家一样,早就制定了一系列的相关标准,对诸如居住区的大气氟化物、生活饮用水中的氟化物浓度等作了严格的规定。据《中国大百科全书》,中国规定生活饮用水中氟化物最高容许浓度为1.0 mg/L(即1ppm,一百万分之一),适宜浓度为0.5 ~1.0 mg/L。

(三)使用含氟牙膏引发的争论

1.长时间过量的使用含氟牙膏有害

现在市面上的牙膏琳琅满目,其中相当一部分是含氟牙膏。

2007年1月12日央视《新闻30分》报道引用专家的话指出“长时间使用含氟牙膏,会对人体、尤其是儿童造成伤害”。第四军医大学口腔医学院教授史俊南在接受央视记者采访时称:“经常使用含氟牙膏,会产生耐氟菌株,再怎么刷牙,也不会防龋。”

专家指出,实际上氟是一种有害物质,过量的氟不但会造成牙齿斑驳,更会减低骨头的硬度,甚至导致氟骨症,氟已经被世界卫生组织、国际粮农组织列为“人体可能必需,但有潜在毒性的微量元素”,和铅、汞等物质排在一类。高浓度的氟对人体的危害很大,轻则影响牙齿和骨骼的发育,出现化骨症、氟斑牙,重者会引起恶心、呕吐、心律不齐等急性氟中毒,如果人体每千克含氟量达到3 264 mg就会导致死亡。据介绍,饮用水含氟浓度超过1 PPM时,就会引起氟斑牙,而国内很多含氟牙膏的氟浓度达到1 000 PPM。

值得注意的是,六岁以下的儿童由于吞咽功能尚不健全,有可能出现咽下较多牙膏的情况,使用含氟牙膏存在较大风险。据介绍,目前我国有二十多个省市属高氟地区,在这些地区使用含氟牙膏,无异于雪上加霜。

2.合理使用含氟牙膏是安全的

针对一些媒体关于含氟牙膏有害的报道,为了科学地帮助广大群众认识使用含氟牙膏的安全性与有效性,澄清群众对使用含氟牙膏的疑虑,中华口腔医学会医学专业委员会组织了预防口腔医学、公共卫生学、毒理学、地方病防治、医学地质学以及医学教育学等多方面的专家,于2006年12月15日在北京召开了“使用含氟牙膏的安全性与有效性研讨会”。与会专家在全面审核国内外相关科研成果的基础上达成以下共识:

(1)经过半个多世纪的科学研究和数十亿人的长期使用,已经有充分的证据证明了的安全性及其预防龋齿的有效性。使用含氟牙膏可以降低恒牙龋齿23%~24%,也就是说,使用含氟牙膏的人比不使用含氟牙膏的人少得四分之一的龋齿。同时明确了没有直接证据表明使用含氟牙膏刷牙会产生氟牙症(斑釉牙)。

(2)3~6岁儿童在成人的正确指导下使用适量(每次用量黄豆大小)的含氟牙膏是安全的。不论成人还是儿童,不论在高氟区还是低氟区,适量使用含氟牙膏使口腔局部接触氟,而不是吞咽,都不会发生任何危害性问题。只有在儿童经常发生牙膏吞咽的情况下,含氟牙膏才存在风险。 6岁以下的学龄前儿童,他们的吞咽反射还不完善,有可能在刷牙时吞咽牙膏。然而,即使对于这些学龄前儿童,只要在正确的监督指导下使用含氟牙膏也是安全的,不会引起任何急性或慢性氟中毒(包括氟骨症和氟牙症)。根据我国目前的实际情况,儿童3岁以前由家长帮助擦牙或刷牙,此时,不宜使用含氟牙膏。从3岁开始,儿童自己刷牙时,也就是在3~6岁期间,必须在成人的监督指导下使用少量含氟牙膏刷牙。每天早晚各1次,每次用量为黄豆粒大小(约0.5 g)。刷牙时不要吞咽,刷牙后清水漱口,尽量吐净。这样就能确保使用含氟牙膏刷牙的安全性。6岁以上的正常儿童用含氟牙膏刷牙,一般都不会发生吞咽的问题。当然,如果一次性大量吞咽了含氟牙膏,例如,1岁幼儿(体重10 kg)1次吞咽了45 g牙膏,或者5~6岁儿童(体重20 kg)1次吞咽了90 g牙膏,才有可能导致急性氟中毒。然而发生这种情况的可能性是微乎其微的。

(3)在我国约有3%的人口患有氟斑牙,有0.2%的人口患有氟骨症,大多分布在农村地区,主要原因是由于长期饮用高氟水(饮水型)和燃高氟煤造成的室内空气污染(煤烟污染型)导致的,与使用含氟牙膏无关。

3.牙膏企业不得用二甘醇作原料

国家质检总局2007年7月11日发出《关于禁止用二甘醇作为牙膏原料的公告》,全文如下:

近期,美国、日本、加拿大等国家先后禁止含二甘醇成分牙膏销售。鉴于目前国际上没有明确的二甘醇在牙膏中使用及限量标准,我国绝大部分牙膏企业已不在生产中使用二甘醇作为原料,为保证消费者科学使用牙膏,也避免出口企业不必要的损失,国家质检总局特发布公告如下:从即日起,禁止含二甘醇成分的牙膏产品出口和进口。出口牙膏因其他原料带入而致牙膏产品中含有二甘醇的,其含量必须符合进口国家或地区的要求;从即日起,牙膏生产企业不得使用二甘醇作为原料;卫生部门组织专家对牙膏中二甘醇的危害性进行的评估表明:长期使用二甘醇含量低于15.6%的牙膏不会对人体健康产生不良影响。目前,没有资料显示因使用二甘醇牙膏而直接导致人体中毒的案例。从近期国家专项监督抽查结果看,国内生产的牙膏绝大多数未检出二甘醇,少部分检出的,二甘醇含量也在10%以下。请消费者不要因使用过含二甘醇牙膏而担心健康受到影响。

(四)怎样正确选用含氟牙膏

正确选用含氟牙膏要了解氟与一些化学物共通的两重性,即适量为必须物,过量为毒物。含氟牙膏是局部外用剂,刷牙后有极少量氟吸附在牙齿和口腔表面,发挥防龋作用。学龄前儿童刷牙时如果误吞氟牙膏,可以引起氟牙症问题,必须防止。由此可见,它的使用要有恰当的地点、时间和剂量。

目前,药物牙膏层出不穷,品种繁多,消费者无所适从,特别是选用含氟

牙膏要谨慎,使用要更加小心。选用氟化物牙膏必须具备以下条件:

(1)在低氟区可用,高氟区禁用。饮水中含氟量低于1 PPM可以使用,高于2 PPM不宜使用。

(2)少年儿童慎用,学龄前儿童禁用。因为少年儿童自我保护能力差,多数为被动刷牙,敷衍了事,牙缝中残留的牙膏刷不干净,4岁以下的幼儿甚至将漱口水和牙膏一起吞下去,危害性更大,每次刷牙必须要由大人监督。

(3)重工业密集地区不能用。在生产过程中,氟随"三废"扩散污染环境,使该地区氟含量增高。据统计,一个年产40 000 ~50 000 t的磷肥厂,每小时要排出废气35 000 m^3,其中含氟约50 kg,大大超过安全量。

(4)建议生产厂家在牙膏盒上标明"氟化物有毒,刷牙后不能残留"字样的警句,提示人们防患于未然。

(5)老人慎用。50岁以上的人各器官功能降低,出现内分泌失调,极易产生骨质疏松症,如果再用含氟牙膏,无疑是火上加油。

(6)在使用含氟牙膏之前,必须进行防止氟中毒的教育,正确掌握刷牙方法,刷完牙后必须将牙缝中残留的牙膏彻底清除干净,更不能将牙膏和漱口水吞入腹中。

第六节 室内装潢安全

近年来,随着我国经济的发展和人民生活水平的提高,百姓购置房屋、装饰居室已成为社会的消费热点之一。与此同时,室内的家具、家电以及装饰装修对室内环境的污染,已成为继煤烟污染和光化学烟雾污染之后的第三次污染,直接影响着人们的身体健康。

世界卫生组织公布的一项数据表明:全世界每年有10万人因为室内空气污染死于哮喘病。美国的一项调查显示,在室内空气中可检出500多种挥发性有机物,室内空气中有害物质比室外高出几十倍。加拿大一卫生组织调查显示,68%的疾病源于室内空气污染。日本约有30%的住宅因为使用有害的化学物质而引起"新居综合征"。在英国、西班牙、澳大利亚、美国以及其他工业发达国家都曾暴发因室内空气污染引起的军团病,并导致大量人员死亡。在我国,据中国室内装饰协会环境监测中心统计,中国每年由室内空气污染引起的死亡人数已达11.1万人。鉴于对人们健康构成了极大的危害,世界卫生组织已将室内污染列为对公众健康危害最大的五种环境因素之一。

一、室内化学污染物产生的原因及危害

室内化学污染物按其污染源有以下几方面：

(一)人类活动

人类和宠物呼吸产生二氧化碳；人们的吸烟行为会产生烟雾，其中含有大量的尼古丁、焦油、氮氧化物、一氧化碳；厨房做饭使用的燃气灶在燃烧时产生的黑烟含有一氧化碳、二氧化碳、氮氧化物、二氧化硫、甲醛等有害气体；烹调时产生的油烟气体含有一氧化碳、二氧化碳、氮氧化物以及致癌物苯比芘等许多有害气体。

(二)室内主要建材污染源

室内建材主要包括室内装修、装饰材料以及家具等。室内装修装饰材料及家具产生的污染是当前造成室内空气污染的主要原因。据国家卫生部、建设部和环保部门抽查表明，目前具有毒气污染的材料占68%。油漆、胶合板、刨花板、泡沫填料、内墙涂料、塑料贴面等材料均含有甲醛、苯、甲苯等有机物，以上物质都具有相当的致癌性。家具的黏合剂及板材中都含有甲醛等有毒气体。如果室内通风状况不佳，使家具造成的空气污染难以及时净化，就会对人体健康造成不良影响。

此外，建筑物如果是在冬季施工，将可能用到大量的混凝土防冻剂，随着气温的升高及湿度的加大，墙体中便会缓慢释放出氨气，严重时造成室内环境中氨浓度超标。

(三)生活用品

家具、橱柜等制品的黏合剂、防腐剂可产生甲醛、甲苯、氯乙烯、氨气及其他大量的挥发性有机化合物；人们在地板下，衣物中使用的防虫剂、防腐剂、卫生球和室内使用的清洁剂等化学药品可以产生甲醛、氨气、甲苯、氯仿、氯乙烯及其他大量的挥发性有机化合物；电冰箱、计算机、空调器会产生臭氧。先进的办公用品，如复印机、传真机、打印机等产生氮氧化物、甲苯和二甲苯等有害气体。

(四)室外污浊空气

如汽车、摩托车等排放气体中含有一氧化碳、二氧化碳、氮氧化物、碳氢化合物等有害气体；工业锅炉燃烧产生的烟尘中含有二氧化硫、二氧化碳、氮氧化物等有害气体。

二、室内建材中主要化学污染物及其危害

室内建材造成的空气污染,大体上可以概括为两大类:一是有毒物质的污染,二是放射性污染。有毒物质主要包括甲醛、苯等有机物及氨气;放射性物质主要是放射性气体氡以及各类石材中的放射物。

(一)甲 醛

甲醛又名蚁醛,是一种无色易溶于水的刺激性气体,沸点 - 24 ℃,密度为 1.067 kg/m³,比空气略重。甲醛气体可经呼吸道吸收,其 40 %水溶液“福尔马林”可经消化道吸收。长期接触低剂量甲醛可引起慢性呼吸道疾病,女性会出现月经紊乱、妊娠综合征,新生儿出现体质降低、染色体异常,甚至引起鼻咽癌。高浓度甲醛对神经系统、免疫系统、肝脏等都有毒害。甲醛还有致畸、致癌作用。

甲醛在空气中的质量浓度达 1.2 mg/m³时,人们即能嗅出 ,达到 2.4~3.6 mg/m³ 时 ,开始出现刺激症状。我国《室内空气质量卫生规范》规定室内空气中甲醛 1 小时浓度限值为:办公建筑物内 0.12 mg/m³;居室内 0.08 mg/ m³。表 5–1 列出了一些国家室内甲醛浓度的限值。

表 5–1 某些国家室内甲醛浓度的限值

国家	限值(mg/m³)	备注
中国	0.12(0.1×10^{-6})	公共场所卫生标准
	0.08	居室卫生标准
美国	0.486	联邦目标环境水平
	0.24~0.62	美国几个州的室内空气质量标准
芬兰	0.30 (0.15×10^{-6})	对老/新建筑物(1981 年为界) 的指导限值
日本	0.12(0.1×10^{-6})	室内空气质量标准
新西兰	0.12(0.1×10^{-6})	室内空气质量标准

目前市场上的各种刨花板、中密度纤维板、胶合板、新式家具、墙面、地面的装修辅助材料中均使用以甲醛为主要成分的脲醛树脂作为黏合剂。因此凡是用到黏合剂的地方总会有甲醛气体释放,对室内环境造成危害。脲醛泡沫树脂还常常被制成建筑物的围护结构,使室内温度不受室外的影响,造成了环境污染。

(二)苯及其衍生物

苯是一种具有挥发性的有机物,苯及其衍生物已被世界卫生组织公布为

具有“三致”作用的有机污染物。我国室内苯的每小时平均限值为 $9\times10^{-5}g/m^3$。由于芳香烃类大多带有淡淡的香味,使人一时不易警觉其毒性。实际上苯对皮肤、黏膜有刺激作用,引起皮炎、黏膜出血,血小板及白细胞减少,诱发贫血及白血病,引起中枢神经痉挛,造成新陈代谢紊乱等。苯对女性的危害比对男性更多些,育龄妇女长期吸入苯会导致月经失调,孕期的妇女接触苯时,妊娠并发症的发病率会显著增高,甚至会导致胎儿先天缺陷。

苯及其衍生物主要来自于合成纤维(如涤纶——聚对苯二甲酸乙二酯)、塑料(如聚苯乙烯)、燃料、橡胶(如丁苯橡胶)等,隐藏在油漆、各种涂料的添加剂以及各种胶黏剂、防水材料中(游离的苯、二甲苯等单体残留物)。

(三)氨

氨是无色而具有强烈刺激性气味的气体,浓度达到 $5.3\times10^{-6}mg/m^3$ 时即可被人嗅出,我国室内日平均限值为0.2 mg/m^3。由于氨是一种碱性物质,它对接触的组织都有腐蚀和刺激作用,可以使组织蛋白变性、组织脂肪皂化,破坏细胞膜,所以主要对人体的上呼吸道有刺激和腐蚀作用,减弱人体对疾病的抵抗力。氨被吸入肺后容易通过肺泡进入血液,与血红蛋白结合,破坏运氧功能,严重时会发生肺水肿、成人呼吸窘迫综合征等。浓度过高时还可通过三叉神经末梢的反射作用而引起心脏停搏和呼吸停止。

氨主要来自建筑施工中使用的混凝土外加剂,同时氨还可能来自室内装饰材料,譬如家具装饰时所用的添加剂和增白剂大部分都用氨水,氨水已成为建材市场中必备的商品。

(四)氡及其他放射性物质

氡(Rn)是由镭(Ra)衰变产生的自然界唯一的天然放射性稀有气体,无色、无味。常温下氡及其子体在空气中能形成放射性气溶胶,人体吸入后在肺部不断累积,氡衰变产生的 α 粒子对人体的呼吸系统造成辐射损伤,诱发肺癌。暴露于含高浓度氡的空气中,机体会出现血细胞的变化。此外,氡与人体脂肪有很高的亲和力,特别是氡与神经系统结合后,危害更大。

氡对人体的辐射伤害占人体一生中所受到的全部辐射伤害的55%以上,是导致人类肺癌的第一大“杀手”,其诱发肺癌的潜伏期大多在15年至40年,世界卫生组织把它列为使人致癌的18种物质(黄曲霉素、稠环芳烃类化合物、N-亚硝基化合物等)之一。我国对室内空气中氡及其子体的限值如表5-2所示。

表5-2　室内空气中氡及其子体浓度参考值

建筑物类型	年平均平衡当量浓度（Bq/m^3）
住房	200
地下建筑	400

氡主要是由土壤、岩石、水、天然气、建材等环境介质中的镭－226衰变而成，并通过介质的空隙释放到空气中。由于放射性衰变，会产生钋、铅、铋等放射性金属原子，这些金属原子称为氡子体。空气中处处都有氡及其子体的存在。

石材是室内的重大放射源，主要来自各种天然石材、洁具、瓷砖及混凝土。天然石材中的放射危害主要有两个方面，即体内辐射与体外辐射。各种石材由于产地、地质结构和生成年代不同，其放射性不同。经检测，石材中的放射物主要是镭（Ra）、钍（Th）等放射性元素在衰变中产生的放射性物质（铀－233等）。如可衰变物质的含量过大，即放射性物质的"比活度"过高，则对人体是有害的。从国家质量技术监督总局对石材的抽查结果来看，花岗岩放射性较高，超标的种类很多，大理石放射性结果检验只是基本合格。

三、解决室内空气污染问题的对策与建议

造成室内空气污染严重的原因是多方面的，主要是家具建材、装修和施工工艺等。为了提高室内装潢的安全性，提出如下对策与建议：

（一）绿色环保设计

做到绿色环保设计其实并不复杂，只要能遵循以下几点要求即可：

（1）宜简不宜繁。室内装修力求简洁大方，不要打造过多家具。装修材料尽量多样化，如木材、石材、玻璃或铁艺可以搭配使用。.

（2）巧妙搭配天然材质，创造自然、质朴的生活环境。

（3）尽量减少能源、资源消耗，考虑资源的再生，注意对无毒、无害装修材料的开发利用。室内选材要考虑到防火、防尘、防蛀、防污染等问题。

（4）选用通过健康环保认证的材料，减少设计中色彩鲜艳的石材的运用，多采用优质聚酯漆和环保型硝基漆，减少或杜绝在空气流通较差的房间使用醇酸油漆的数量。

（5）厨房、卫生间设计中尽量减少对防水层的破坏，减少装修中补做防水的工作，如需重做应采用环保型防水材料。

(6)做保温层时选用环保的保温材料，封闭保温层时要严密，阻止保温材料老化过程中散发有害物质。

(7)尽可能将阳光引入室内，发挥阳光杀菌抗霉的作用，避免大面积使用固定地毯，设计中少留死角防止细菌寄生虫滋生。实施绿色照明工程，采用高效节能照明器材，正确合理地设计照明工程，避免用光不当造成的不良视觉刺激。

(8)植物设置根据光合作用原理摆放在空气流通、光照适宜的地方。不宜摆放在卧室等房间，因为夜间植物会释放出CO_2影响空气质量，有些植物夜间排放的气体含有有害成分，严重影响健康。

(9)设计中应考虑生活噪音的问题，通过装修和后期配饰对生活噪音进行有效控制。

(10)色彩设计应考虑人的年龄、性格、工作、生活习惯等因素进行合理配饰，避免随意设置色彩造成的视觉、心理等方面的不适。

(二)绿色装饰材料

如果没有合适的绿色装饰材料，再好的绿色环保设计都是纸上谈兵。

绿色装饰材料是指在其生产制造和使用过程中既不会损害人体健康，又不会导致环境污染和生态破坏的健康型、环保型、安全型的室内装饰材料。

一般来说，装饰材料中大部分无机材料是安全和无害的，如龙骨及配件、普通型材、地砖、玻璃等传统饰材。而有机材料中部分化学合成物对人体有一定的危害，它们大多为芳香烃，如苯、酚、醛等及其衍生物，具有浓重的刺激性气味，可导致人们生理和心理病变。目前市场上不少大芯板、刨花板、胶合板及复合地板使用了含有甲醛的服粉剂，油性多彩涂料中甲苯和二甲苯的含量占20%~50%。这些物质在室内不断挥发，如果空气流通不畅，其浓度就会不断增高，给人健康造成严重损害。为此在选择饰材时，最好选择通过ISO9000系列质量体系认证或有绿色环保标志的产品。尽量选用中国消费者协会推荐的绿色产品，国家卫生部门检验合格的产品更可以放心使用。

(三)绿色环保施工

在使用绿色环保建材的同时，在施工过程之中还要始终保持室内空气的畅通，及时排出有害气体，同时对于建筑垃圾进行妥善分类处理，保证施工过程之中不会对施工人员健康和环境产生影响。

室内装修施工中忽视安全的现象十分突出。如拆墙打洞，破坏楼房整体承重。特别是承重墙，无论改动大小，都会削弱承载力；又如楼上铺地板、楼下装吊顶，一层楼面遭遇上下两面破坏。楼上用户在铺设地面时，用锯子、凿子把原地面弄毛，在铺设时又过量使用砂浆，加大了楼板的荷载。楼下的用户装天花板、吊顶又随意打孔、开洞，楼板遭此两次折磨，此后的隔音、防漏性能可想而知。私改管线后的安全隐患更是令人担心。楼房管线是按安全要求来定位的，因此，水、暖气、煤气管道都是明管，但不少人为了美观擅自拆改管线，不仅影响了水、电、气的正常运行，安全隐患也极大，即使短期内不出恶性事故，也影响了房屋的使用寿命。绿色装饰就是要大量避免类似现象的发生。

（四）绿色环保家具

近年来，随着人们生活水平的提高，购买、更换家具已成热点，而市场上家具质量良莠不齐，有些家具有害物质严重超标，给消费者室内居家环境带来了不同程度的污染，影响了人们的身心健康。与此同时，随着国家相关部门对家具有害物质释放量的关注，绿色环保已成了时下消费者对家具的强烈呼唤。

环保家具严格地说不但要在使用过程中对人体和环境无害，在生产过程及回收再利用方面也要达到环保的要求。环保家具，可以从它的用材来考虑，设计者和消费者宜选择合乎环保材质的家具。环保家具的用料是倾向自然的，本身不含有害物质，不会释放有害气体。即使是不再使用，也不会成为环境的负担，易于回收和再利用。

因为我国目前还没有关于环保家具的专门标准，所以消费者在选购家具时应着重从自身健康角度选用家具。购买以人造板材制造的家具，需注意是否闻起来刺激性气味较大，如味道过大则表示甲醛等对人体有害的化学物质超标，特别是在开关柜门和抽屉时，如果闻到刺鼻的气味，或使让人流泪，则意味家具不符合环保要求，可能是人造板甲醛超标或油漆不合格。

如经济条件允许，自然典雅的实木家具可以作为首选。以藤、竹、柳等天然材质制作的家具也是不错的选择。另外，以天然树脂漆装饰的家具也是较好的选择。我国古代的家具多是以大漆（即天然树脂）涂饰的。据悉，现在已有经过改进的不带色素的油漆，可以对家具进行透明涂饰，可显露出实木家具的天然纹理。

另外，要注意认品牌、签合同。就是消费者在购买家具时注意选择一些名牌产品，并要注意到正规的家具商店购买，不要选择价格特别低的，因为一般价格越低，使用的材料质量越差，有害物质的释放量越高，同时在购买时签订符合国家有害物质限量标准的合同，这既是厂家对消费者的承诺，也是为消费者保护自己的利益提供了依据。

(五)选择合理的自然通风

利用门窗对位的便利条件,促进水平穿堂风的形成;利用风管、风塔或高层建筑的中庭进行灌风或抽风,以促进垂直通风的形成;用变压式公用排气道与其配套运行的深筒油烟机组成排气系统,是解决住宅厨房排气通畅、排除油烟污染、防止串烟串味的有效措施;灶具所处位置应以两面靠墙为宜,以减少进入油烟机的空气量,提高排油烟的效率。

室内装潢安全直接影响着人们的身心健康和生活质量。因此,我们应转变思想观念,重视室内环境的污染问题,积极地去了解有关室内环境污染方面的知识,并采取一些切实可行的防治措施,以保证人类的健康和生态环境的改善。

习　题

1.如何理解食品安全的内涵?

2.什么是绿色食品?如何识别绿色食品?

3.绿色食品与有机食品的不同点有哪些?

4.为什么要选择绿色装潢?

5.影响药品安全的主要因素是什么?

6.如何科学使用含氟牙膏?

7.谈谈你对使用化妆品的看法。

第六章　来自绿色化学的思考

绿色化学的兴起标志着人类社会发展进入更高层次的文明时代。绿色化学明确的价值取向不仅折射出人类对现代科技应如何发展的认识更趋理性化，也引发了人们对未来人类社会如何发展的思考。比如在我国，目前面临着经济社会发展与人口、资源、环境之间日益突出的矛盾，如何解决这一系列矛盾来获得最佳发展呢？笔者认为关键在于科学发展、在于绿色发展、在于建设生态文明。

第一节　谋求绿色发展

纵观人类社会经济发展的历史，从人与自然的关系及环境与发展的关系来看，经历了四个发展阶段，即白色发展阶段、灰色发展阶段、黑色发展阶段和可持续发展阶段。每个阶段的发展都给人类带来了福音，同时也给人类带来了相应的"危机"。21世纪的中国所面对的是：既要保持经济的快速发展，切实解决好地区差距、社会公平等一系列社会发展问题，又要维护生态平衡，逐步还清旧账，不欠新账，切实解决好生态保护与改善问题，其挑战是前所未有的。

20世纪50年代，我们学苏联，走低就业、低消费、高消耗、自我封闭的重工业之路，实践证明这条路不符合我国人均资源匮乏、资本紧缺、人口数量众多的基本国情；20世纪80年代，我们又转过来学欧洲发达国家的传统发展模式，用资源的高消耗和生活的高消费来刺激经济高速增长，这一模式追求资本生产率与利润最大化，而忽视了资源利用率与环境损失；现在，我国已成了世界上自然资源损耗最严重的国家。照这样下去，国家环保总局副局长潘岳认为：45种主要矿产15年后将只剩下6种，5年后60%以上的石油依赖进口，我国单位GDP的能耗是日本的7倍，美国的6倍，印度的2.8倍，单位GDP污染排放量是发达国家平均水平的十几倍，劳动生产率却是人家的几十分之一。新中国成立50多年来，我们的人口从6亿增长到了13亿，多了一倍，而可居住的土地由于水土流失从600多万平方千米减少到了300多万，少了一半。中国在人均GDP为400~1 000美元时，出现了发达国家人均GDP为3 000~10 000美元期间的严重污染。按照目前的污染水平，15年后我们的经济总量翻两番时，污染负荷也会跟着翻两番。尽管中国经济近年来以10%的速度在增长，然而代价是惨重的。“高能耗、高排放、低效益、先污染、后治理”的发展模式已经走到了尽头。因此，谋求绿色发展应成为破解这一发展难题的必然选择。

所谓绿色发展是指，通过社会制度的创新，大力发展和应用具有自主知识产权的、资源节约的、环境友好的科学技术，力求实现规划设计、工业制造以及社会管理的最优化，资源和能源利用效率净现值的最大化，废弃物排放量最小化，形成绿色生产与绿色消费的良性互动，推进城乡、区域协调发展。通过对生活和消费过程进行数字化、智能化的实时监控和调节，使人力资源优势得到充分发挥，经济得以持续增长，人文发展指标水平和社会生活质量稳步提高，从而实现经济增长、社会公平、人类与自然互利共生的持续发展。

“制度”一词，古已有之。中国古代的《商君书》中就有以下叙述：“凡将立国，制度不可不察也，治法不可不慎也，国务不可不谨也，事本不可不抟也。制度时则国俗可化而民从制；治法明、则官无邪；国务壹，则民应用；事本抟，则民喜农而乐战。”按照《辞海》的解释，制度的第一含义就是要求组织成员共同遵守的、按一定程序办事的规程。汉语中的“制”有节制、限制的意思，“度”有尺度、标准的意思，两个字的结合表明：制度是节制人们行为的尺度。本书所指的社会制度的创新不是指宏观层面的社会主义制度而言，而是指对各种各样约束或引导社会成员行为的具体规则的创新。如《中国现代化报告2007》提出建立三个生态制度：生态补偿制度、关键岗位环境责任制和关键项目环境风险评价制度；实施三项生态工程：绿色家园工程、绿色服务工程和绿色消费工程；制定三个生态战略：国家资源安全战略、国家能源安全战略和国家环境安全战略；组建三个政府机构：国家环境部、国家能源部和国家地区开发署等。这些都体现了对社会制度的创新，绿色发展追求体制和机制的不断创新。

大力发展和应用具有自主知识产权的、资源节约的、环境友好的科学技术，就是要依靠科学技术的进步来促进经济社会发展，技术乐观主义和技术悲观主义的观点都有其片面性，历史的发展告诉我们，经济增长的主要源泉不是原材料或劳动力，是先进的科学技术。具体说来，要重点开展以下工作：第一，采用可再生的且不会引起环境污染的资源去代替现行的消耗性资源。

目前普遍认为以植物为主的生物质资源将是人类未来的理想选择。据估计，作为植物生物质的最主要成分——木质素和纤维素每年以约1.64×10^{11} t的速度不断再生，如以能量换算，相当于目前石油年产量的15~20倍，但至今人类只利用了其1.5%。因此要加大木质素降解等方面的基础性研究；第二，大力开拓可再生能源，发展清洁能源。积极利用太阳能、风能、生物能、海洋能等未来新能源，从现在“以煤为主”的能源结构，逐步转向“以可再生能源为主”的能源结构。目前，尤其要注重洁净煤技术的研发；第三，加大科技创新力度，大力发展信息技术，使一大批核心技术拥有自主知识产权；第四，建立和完善对技术的评估和控制体系，预防技术的消极后果。绿色发展坚持科技进步和提高自主创新能力是经济增长的动力，但要预防技术的负面效应。

实现规划设计、工业制造以及社会管理的最优化就是要从国家规划设计开始考虑经济增长、社会发展与保持生态平衡的问题，并将其贯穿于工业制造、社会管理的全过程，以最小的投入实现最大的产出。以工程技术领域为例，最优化现象表现得十分突出和明显。如设计一个机械系统，能够计算调节达到最高的生产效率；建设一个水利工程，能够计划运筹获得最大经济效益；开发一个自然资源，可以精心组织得到最理想的结果。同时，还可以在现有设备和原材料条件下，合理安排工艺技术，使产量最高、质量最好；在保证产品质量和数量的前提下，使消耗最小、生产周期最短；在新产品试制中选取合适的参数，使质量最好、用料最少、选价最低；在科学实验中巧妙安排，使费用最省，时间最短，效果最好等等。他们的共同特点，就是选择最适条件，可以使结果相对于某个标准达到最优。

资源和能源利用效率净现值的最大化就是从控制社会总需求，减小满足需求所使用资源和能源的单位数，降低使用每一资源和能源单位对环境的破坏和影响着手，运用社会总需求的管理，节约资源与使用高效能、高利用率资源，环境保护与使用低污染资源，这三种基本手段，使社会公众的最终决定作用、政府的直接推动作用和企业的主体作用得到充分发挥。

废弃物排放量最小化就是摒弃“先污染、后治理”的理念，强化从源头防止污染和废弃量的循环利用。如在设计化学物质合成方法时，应尽量采用原子经济性高的反应，尽可能不使用、不产生对人类健康和环境有毒有害的物质，选用高选择性的催化剂，使化工产品使用功能终结后，能分解成可降解的无害产物；对已有的非绿色化学产品进行重新设计，在设计新的化学品时不仅要注重功能，更要注重安全；大力开展综合利用，实现废物资源化。

形成绿色生产和绿色消费的良性互动，推进城乡、区域协调发展，就是通过优化社会管理与各种激励政策,来改变生产模式、消费模式,提高自主创新能力,发展新型工业和现代农业,以转变生活方式,提高城镇化水平,增强公众的参与度。

通过对生活和消费过程进行数字化、智能化的实时监控和调节,也可以达到降低各种资源消耗的目的。如对环境污染、节能减排、消费价格指数进行实时监测等。

使人力资源优势得到充分发挥就是控制人口的自然增长率,切实提高人口素质,优化人口结构,调整人口分布,逐步建立符合中国国情的人口与自然资源最优结合的模式。

要达到人文发展指标水平和社会生活质量稳步提高就是要切实转变经济发展方式,在考虑资源承载能力、区域生产能力、环境缓冲能力、进程稳定能力、管理协调能力的基础上实现经济的持续发展;要把人的全面发展放在首位,从而使人文发展指标水平和社会生活质量得到稳定提高。袁方教授在1996年第二届亚洲社会学大会交流的学术论文中拟定了社会可持续发展指标体系,以考核社会反应能力。他将其归为十大指标:其一,社会稳定度。主要用于衡量社会有序的保持能力。其二,社会安全度。主要表现为社会守法的自控能力。其三,社会保障度。体现了社会福利的支配能力。其四,社会舒适度。可持续发展意义下所带来的环境净化能力,人们生活起居和工作学习的环境,应能提供某种清新、愉悦和促进身心健康的功能。其五,社会公益度。是社会中的自助互助能力。其六,社会抗逆度。是整个社会自救互救能力,在突然灾害袭来时,体现社会抗逆的物质准备和精神准备。其七,社会满意度。是指社会准则的认识能力。其八,社会文明度。社会公德的约束能力。其九,社会控制度。它是社会管理公共能力的体现。其十,社会自主度。理解为社会恢复重建能力。这十大指标的高低充分反映了社会生活质量的高低。

经济增长、社会公平、人类与自然互利共生就是把人类赖以生存的地球及其局部区域,看成是由自然、社会、经济、文化等多因素组成的复合系统,它们之间既相互联系,又相互制约,且处于不断变化之中。绿色发展社会把人看做是自然界的一部分,强调人虽具万物之灵,但更是自然之子,人类的发展生存应该与自然的发展生存相一致,即人类在发展,自然界也在发展而不是生态环境的恶化,这就为后代的发展留下了空间。绿色发展社会是一个经济增长、社会公平的社会,经济发展了,才能消除贫困,人民富裕了,才能有利于实现社会公平。

综上所述，绿色发展是在科学发展观指导下形成的一种新的发展理念，是在分析、比较各种发展模式的基础上，针对我国的基本国情，提出的实现经济社会可持续发展的具体发展方式。绿色发展理念认为，环境与发展危机的原因是多方面的，但是最主要的在于发展方式，症结在于利益冲突，包括人类与自然的利益冲突和人类之间的利益冲突。应对危机的办法在于运用系统论的观点，从社会层次和技术层次相结合的角度重新调节和整合人类与自然及人类之间利益关系，以推动社会和经济的健康发展。绿色发展理念的核心在于尊重自然规律、经济规律和发展规律。绿色发展的实现方式是通过社会制度的创新，建设公共服务型政府；通过构建绿色文化，提高人们的文明素养；通过大力发展和应用具有自主知识产权的、资源节约的、环境友好的科学技术，推动绿色改革，进行绿色生产，引导绿色消费，过上绿色生活；通过城乡、区域的协调发展推进工业化、城镇化、农业现代化；通过经济的持续增长，逐步消除物质贫困和知识贫困，使人力资源优势得到充分发挥，公众参与意识显著增强，人本身得到全面发展。绿色发展的最终目标是实现经济增长、社会公平、人与自然互利共生。

第二节　构建绿色文化

历史证明，进步的文化作为一种系统的价值观和方法论，成为人们认识世界的过滤器、参与竞争的导航仪、动员国民的凝聚剂。同时，先进文化本身也成为强大的社会生产力，巨大的经济价值和社会财富。在各种社会思潮的相互激荡中，先进文化更是推动中国社会跨向现代化更高阶段的明亮航标和强大动力，成为增强21世纪中国综合国力的重要因素。

绿色发展，必须构建绿色文化，因为文化的进步既是人类社会发展的标志，也是一个民族兴旺发达的强大动力之一。

一、构建绿色观念形态的文化

（一）以马克思主义为指导思想

马克思认为，价值的本质是事物（客体）的性质、属性对人的需要的满足关系，价值观就是人们对这种关系总的根本看法。马克思主义是我们立党立国之本，也是构建绿色文化之本。我们党在长期的革命和建设过程中，坚持把马克思主义同中国具体实际相结合，走出了一条马克思主义中国化的道路，先后创立了毛泽东思想、邓小平理论，“三个代表”重要思想和科学发展观，这些马克思主义中国化的理论成果，已经成为绿色文化建设的指导理论和灵魂。当前，要大力倡导马克思主义的人化自然观，马克思、恩格斯在批驳了康德、黑格尔等在人与自然关系上的极端认识后，把人与自然的关系问题纳入自己的理论体系，用历史唯物主义观点阐述了人与自然、人与社会、人与人的关系问题，重新摆正了人在自然界中的位置，为绿色发展提供了强大的理论支持。

（二）确立新的天人协调的自然观

汲取中国传统文化中“天人合一”思想中的优秀成分，批判地吸收西方“人类中心主义”的价值取向，既崇尚自然，善待自然，尊重自然规律，又合理适度地利用自然、改造自然，创造绿色的人工自然，使人类与生态自然和人工自然共生共息，共同发展。

（三）确立绿色伦理观

绿色伦理道德的建立，是把人类的善恶、正义、公平、责任等传统的用于人与人关系的道德观念扩大到人与自然的关系。从人与人的利益关系看，破坏环境，侵犯他人利益的行为是不道德的；从人与自然的利益关系看，破坏环境，危害其他物种的生存权利以及危害自然自身的生存与发展权利也是不道德的。绿色伦理观不仅作为调整人与人及相互关系的社会规范，而且作为人与自然及其相互关系的社会规范，既体现了人与人之间最重要和最根本的道德关系，又体现了人与自然之间最重要和最根本的道德关系，维护了人类的根本利益，也维护了自然界的生存和发展的权利。

环境危机给传统的化学敲响了警钟，人类不得不思考化学所带来的负面影响。在对这一负面影响进行反思的过程中，孕育出了绿色化学。事实上，人类反思的不仅仅是化学本身，要弄清楚的也不仅仅是今天的化学家们该做什么、怎么去做，而是整个人类针对于大自然而言，应该做什么，不应该做什么或者说怎样做才是道德的。也就是把人与人之间的“真”与“善”这类道德问题，扩大到人与自然之间“真”与“善”的问题，这就是我们要说的绿色伦理。

环境危机得以使绿色浪潮在全球掀起，人类似乎已经认识到了问题的严重性，并已采取了各种行动。尤为引人关注的是近年来，生物多样性保护运动蓬勃开展（包括：建立就地自然保护区，迁地保护的植物园、动物园、珍稀濒危物种繁育中心，政府制定有关保护政策，加强立法、执法、开展宣传教育和科学研究等措施），绿色化学掀起的绿色技术、绿色化工，促使人们强化绿色意识，打造绿色生活。但问题的关键是人类这一切行动的立足点是什么，是人类为了保护自身的生存和延续,还是立足于对整个生命系统的态度。长期以来,在人与自然关系中,特别在西方,人类中心主义(Ansthropocetrism)占主导地位,认为人是高于自然界或在自然界之外的,人是自然界的主人,是所有价值的来源,自然界的一切应该为人类的利益服务,为人类所使用。它们只具有工具价值(Instrumental Value),而本身没有价值。因此,人类以自然的统治者、征服者自居,以与自然搏斗、战胜自然为荣,以向自然索取及索取的多寡来衡量自己的成功及其大小。在这种传统的人与自然关系观念支配下,人类就像一个不孝的逆子,只顾贪得无厌地吮吸着自然母亲的乳汁,并且无情地伤害着她的躯体,却从来不管她的饥渴病痛,以至于使得今日的地球母亲乳汁干涸、遍体鳞伤,濒临失去养育人类能力的危险程度。我们是不是应当反思一下,人类为什么会给自己赖以生存的地球带来如此的伤害,人类是大自然的一员还是大自然的主宰者,人类如何和大自然和谐相处或者说人类如何对待大自然才是道德呢?

现代科学研究已经告诉我们:生命系统表现为网络格局,不论什么时候我们遇到的生命系统——无论是有机体的部分、有机体本身还是有机体组成的群落(生态系统),它们的组分都是以网格形式排列的,它们基本上相互联系、相互作用和相互依赖。我们在关注任何一种生命时,就是在注视着一种网络。所有生命系统都是由较小的组分织成的网络,而作为整体的生命之网是生命系统的多层结构,较低层次的系统套在较高层次的系统之内——网络之内的网络,犹如人类的大脑是一个由100亿个神经细胞(神经原)互相连接,通过亿万个连接点、以网格方式彼此通讯,从而形成极其错综复杂的网络格局。总之,正是不同层次的形形色色的生命系统的网络共同维持着地球上各种功能的运转,保证了生命的持续繁荣。这就是自然界的和谐、稳定与秩序。从这个意义上说,我们不能砍掉"生命之网"的任何一个环节,以致牺牲其完整性。因此,自然界的一切生态系统不仅是有工具价值,更应该像人类一样存在内在价值,而人类只是这个生命之网中的一个网络。所以,人类应当平等地对待大自然中所有的生命。

(四)确立价值理性与工具理性相契合的绿色科技观

绿色科技观主张科技的适用性,一方面是为了满足人类对物质生活和精神生活的需求,另一方面又要考虑环境的承载力。尤其要重视科学技术自身包含的人文意蕴和科学技术合理运用的道德价值。建构绿色科技观,应从以下几方面入手:

1.摒弃传统的科技观

吐故方能纳新,构建新的科技观必须要摒弃旧的科技观。我们说科技对大自然之所以扮演了两面角色,其主要原因是在于掌握这柄双刃剑的人类囿于传统的科技观,这种科技观把科技当做人类创造物质财富的工具,把科技作为征服自然的法宝。曾几何时,人类骄傲于工厂高耸的烟囱里排放的浓烟,兴奋于那轰鸣的机器声,惊喜于公路上川流不息的各式汽车,陶醉于各种科技产品的使用中。这一切都意味着科技的文明、社会的进步。但可悲的是人类并未意识到其另一面,即自然界所忍受的掠夺和蹂躏。当人类对自然界的强大干预超过了自然界的自我调节能力,致使自然界频频亮出黄牌,一连串的报复和惩罚接踵而至时,人类似乎"醒悟"了一些,开始意识到保护生态环境的重要性。先是发达国家"聪明"地把污染输出到了发展中国家,再是带着污染能力的科技从城市转移到农村。但这并未从根本上解决生态危机问题。因为人类的生态系统是一个完全开放的系统,整个生物圈、大气圈、水圈、土壤圈中不断进行物质循环,生态危机是全球性的。现在,人类已不得不接受这样一个事实:要想从根本上解决生态环境问题,必须摒弃传统的愚昧无知和带有非道德倾向的科技观,建构新的绿色科技观。

2.提高"绿色科技"意识

随着世界经济增长和国际市场的日益"绿色化",发展绿色科技将成为21世纪科技发展的目标。把科技前面惯以"绿色"二字,实际上是在科技中融入了一种理念、一种伦理观和一种价值观,它具体体现了绿色科技观的价值取向,即维护自然生态的平衡,追求人与自然的和谐发展。它是建立在绿色科技观这样一种新的科技价值体系中的一种新的理念,倡导科技发展的方向应该由一味追求征服性力量转向追求对自然的理解,技术应成为保护自然的绿色技术和叩问自然的探索性技术。它给科学技术的发展确立了道德规范,人和大自然是不可分割的有机整体或可以理解为人与大自然共存亡,伤害大自然就是伤害人类自己。

西方发达国家已经率先发展绿色科技。早在1978年,当时的德国首先出现"环境标志"产品,以表明该产品具备无毒害(或少毒少害)、节约资源等环境优势,以引导消费者选购和使用,尔后,美、加、日等国纷纷效仿。1992年里约大会后,发达国家利用其技术和环境的优势实行非关税性的"绿色贸易壁垒",使发展中国家的出口贸易形势面临不利局面,由于一些发展中国家出口的产品及其包装,因不符合某些发达国家的环境法规和相应环境指标的要求,而蒙受经济损失。放眼世界,在西方工业界正在争分夺秒将人类向"可持续性”进步的大趋势转化为国际竞争优势的时候,如果我们不更新观念、跟上形势,就可能落入“道义上被动,经济上吃亏”的境地。因此,要发展,就要靠技术。然而要可持续地发展,就必须靠绿色科技,做到资源的合理开发、综合利用与保护,发展清洁生产技术和无污染的绿色产品,提倡文明适度的消费(绿色消费)和生活方式,而认识到绿色科技的重要性是形成绿色科技观的前提。

绿色化学则是绿色科技发展的前沿,首先是因为化学作为中心学科所产生的作用。化学和化学工业所提供的产品几乎覆盖了人们衣食住行各个方面和社会经济的各个领域。同时,对环境、生态和人类健康构成危害最直接原因也是化学和化学工业;其次是绿色化学作为一门新兴学科其内涵中融入的理念,绿色化学的产生是基于人类对环境危机的反思,它所融入的理念也是绿色科技观的理念,是绿色科技观在化学领域中的具体体现,绿色化学的原理、方法及其理想目标也反映了绿色科技观的价值取向。

绿色化学着眼于从污染的源头开始做工作,它使环境保护的重心,从后期处理转向前期防止,从治标转向了治本。对产生污染多的产品的生产工艺和制造技术进行重新设计研究,化学家把无污染、无公害、无毒性、环保型的化学生产技术纳入了自己的研究范围,开始了多层面、多角度、全方位地推进化学工业的绿色化。绿色化学要求化学品生产的整个过程,包括原料、催化剂以及其他试剂的选择及产品设计都是安全的,其所采用的技术和工艺都是对环境友好的,这在前面我们都作了详细的叙述。

因此,从绿色化学的理念及化学的中心学科作用不难看出,我们大力发展绿色化学必将推动绿色科技。

3.善待大自然

美国科学家J.T.哈代说:“由于我们生活在一个技术化的环境之中,因此不免要遇到这样一些问题:人类是这种新技术的主人还是奴隶?技术使人类的选择和自由得到了发展,还是受到了限制?”到目前为止,从表现来看,人类有能力驾驭和引导技术向需要的方向发展,人类现在掌握的知识,已经赋予人类几乎能摆布自然的本领,因此必须小心地衡量各种技术选择是否合乎需要。这就是说,现代科技发展应当遵循一条重要原则,人必须成为科技发展的主人,科技成果不能贻害于自然并最终贻害于自身。因此,利用科技繁殖物种、养育生物、保护生态环境、才是正义和友善的行为,而乱砍滥伐、任意捕杀、狂采滥挖的行为,则是罪恶的不道德的行为。作为科技活动主体的科技工作者,应该对科技研究及应用的可预见的后果负首要责任。科技工作者对待自然的良心、道德责任感如何,将直接决定科技的生态后果。对此,《中国21世纪议程》已提出要求:建立新的科技职业道德,科技人员要提高环境意识。不论从事何种科技工作,都要有利于可持续发展,而不能不顾环境生态的负担。毋庸讳言,科技是第一生产力,人类要发展,要依靠科技,但绝不能超越环境条件允许的范围。认识到了这一点,就应该善待环境,并从现在起像对待朋友一样,把良心、正义、公正、义务等伦理道德推广到科研工作与生态环境中去,利用科技创造更好的生态环境。

(五)确立以"八荣八耻"为主要内容的社会主义荣辱观

社会主义荣辱观,把中华民族的传统美德、党领导人民在长期奋斗形成的革命道德同社会主义市场经济条件下的道德要求紧密结合起来,既有先进性的导向,又有广泛性的要求,是当今社会生活中确立价值取向、作出道德判断的基本准则。在全社会牢固树立和认真实践社会主义荣辱观,就能够扶正祛邪,扬善惩恶,促进良好社会风气的形成和发展。

二、构建绿色制度形态的文化

绿色制度形态的文化是反映社会主义民主政治、社会主义市场经济基本要求和体现其基本原则的文化。社会主义民主政治体现在政治自由、政治平等、政府诚信、依法治国等方面,社会主义市场经济的基本要求体现在自由的经济、平等的经济、竞争的经济、信用的经济、法制的经济等方面。绿色制度形态文化有利于解决市场失灵和政府失灵的问题。

(一)把科学发展观体现到立法工作中去,变成规范人们行为的准则

相对而言,我国环境资源方面的立法明显滞后,在法律执行上严重不力,项目建设中先建设、后环评,土地利用中先占用、后审批的现象屡禁不止,只有在科学发展观指导下进行立法,使科学发展观渗透到各项法律法规中去,同时,用法律法规来保证科学发展观的落实,才能使社会经济得到又好又快的发展。

(二)建立和完善环境与经济发展综合决策机制

政府在制定发展规划时,要充分考虑我国面临的环境压力;政府在制定政策时,要注意社会效益、经济效益、环境效益的统一;政府在国民经济核算时,要建立资源节约型国民经济核算体系;在地方政府政绩考核时,要实行环境问题一票否决制。

(三)以经济手段为主,深化资源环境管理

建立有效的资源环境产权制度;制定有利于环境保护的税费经济政策;

建立和完善环境保护公共财政体制，加大政府在环保公共投资领域的投入力度；建立生态补偿政策；建立科学合理的转移支付制度等。使市场与政府二者有机结合，市场起基础性作用，政府起主导性作用，使各自的“失灵”最小化，达到比较理想的配置效果。

（四）建立社会公众参与绿色发展的有效机制。

通过多种多样的形式开展绿色意识教育，形成人人关心和人人参与绿色发展的良好氛围。对重大规划、政策及重大项目实行环境影响评价和专家论证制度以及公众听证制度，形成政府、专家和社会公众相互配合的民主决策机制；建立绿色发展状况调查制度，了解公众对环境决策、绿色发展的意见和建议，及时反馈给决策部门，限期整改；建立绿色发展状况公布制度，使社会公众了解真实情况，更多地关注当地社会经济的发展。

三、构建绿色知识形态的文化

绿色知识形态的文化主要是指绿色科学文化知识，绿色科学文化知识是知识形态文化中的先进部分。在社会发展的历史进程中，随着科学文化水平的不断提高，科学文化对社会经济发展的推动作用越来越大。中国近代社会长期动荡，闭关锁国，导致经济落后、文化落后，受到西方列强一次又一次的侵略，国力大大减弱。而与此同时，文艺复兴后的欧洲国家一次又一次的科技文化革命，使得欧洲国家的国力大大增强，两者形成了鲜明的比照。党的十一届三中全会以来，我国大力发展科学文化教育事业，实施“科教兴国”战略，为科学文化教育的发展打下了良好的物质基础。今日中国，发展正受到资源和环境两大瓶颈的制约，因此，构建绿色知识文化显得尤为迫切和重要。

（一）要坚定不移地实施“科教兴国”战略

当今世界发展的一个鲜明特点，就是国际竞争越来越表现为科技的竞争和人才的竞争。加速科技进步，优先发展教育才能在国际竞争中立于不败之地。因此，要加大高新技术的开发力度，注重生物技术、能源技术、信息技术等竞争性强的实用技术的研发，缩短科技成果转化为生产力的周期；要抢占科技制高点，大量拥有自主创新的知识产权，提高核心竞争力。美国至今未签订《京都议定书》，其重要原因之一是为了抢占环保产业科技制高点，美国正大力扶持其环保技术的研发，目前已取得丰硕成果，一旦美国签订《京都议定书》，将占据世界环保产业一半以上的市场份额，刺激美国经济的快速发展。这种经济发展策略不一定正确，但要引起我们的深思。要不遗余力地发展教育事业，建立健全教育法规体系，普及九年制义务教育，深化高等教育改革，积极探索与社会主义市场经济体制相适应的办学体制和办学模式，推进教学改革，提高教育质量，大力发展职业教育和继续教育，提高全民族的科学文化素质。

(二)要努力创造能反映时代精神的绿色文化产品

近三四十年以来，我们的经济高速增长，而我们文艺创作却呈现出了一种明显的螺旋式下降的趋势，在世界范围内很少产生出震撼人们心灵的伟大的文艺作品，而一些低级、庸俗的文艺作品却充斥市场，最让人感到担心的是，随着网络的普及和发展，黄色网站和淫秽、暴力的网络游戏严惩影响了青少年的身心健康，影响了社会风气，也污染了我们的生活空间。绿色文化产品源于生活、反映生活，能起到开阔视野、启迪智慧、增长知识、陶冶情操、净化灵魂的积极作用。

(三)重视发掘提升社会心理和民族民俗文化中的优秀成分

精卫填海、女娲补天、大禹治水，都反映了中华民族自强不息，勇于向上的民族精神，很多族规民约、民俗民风中都蕴含着促进社会进步的深刻哲理。我们要把分散的、感性的社会心理，把各地零碎的民间文化、民俗文化提升到应有的层次，形成社会的、民族的、雅俗共赏的绿色文化体系。

四、构建绿色行为文化

(一)要正确处理资源环境与社会经济发展的矛盾

发展是第一要务，但是，我们应坚持科学发展。社会经济发展需要开发利用资源和环境，同时，也会消耗资源和对环境带来不利影响，资源和环境系统的失衡又会阻碍社会经济发展。因此，社会经济发展必须在资源环境承载范围之内，超过这一阈值，必然会引发资源短缺、环境恶化。只有资源环境和社会经济协调发展，才是遵循了发展规律。

(二)控制人口数量，提高人口素质

人口多，增长快，始终是我们的一个负担。直观地说，由于我国把计划生育作为一项基本国策，确实起到了良好的效果。我国2000年开展的第五次人口普查表明，目前我国已是低生育水平国家。但是，由于我国人口基数过大，人口问题仍是制约我国社会经济发展的重要因素之一，我们仍然要“像抓经济工作一样抓生育”，并采取切实措施推动全民教育，提高人口素质，通过控制人口增长，合理有效利用资源，保护和改善环境质量，促进经济发展，社会进步。

(三)牢固树立节约与节制的理念,倡导绿色生活方式。

在日常的工作、学习和生活中,时刻注意自己的行为。如关注"环境标志产品",节约用水,节约用电,节约用粮,节约用地,珍惜纸张,少用一次性筷子和白色塑料袋等,提倡节约消费,保持适度的消费,自觉地节制人类的行为与种群的扩张,用自己的实际行动推动人与自然的健康、协调发展。

第三节 实施绿色生产

绿色生产研究属国际科学技术前沿,近年来相关研究非常活跃。在美国,从一些国家重点实验室到国家研究中心,从东部海岸的麻省理工学院到西部海岸的Berkeley加州大学,大量的研究工作正在进行。如Berkeley加州大学不仅设立了绿色生产的研究机构,而且还在国际互联网上建立了可系统查询的绿色生产专门网站Green mfg。在欧洲,国际生产工学会每年均有不少论文对环境意识制造多生命周期工程等与绿色生产本质一致的问题进行研究。英国CFSD对生态设计、可持续性产品设计等进行集中研究,并开展了相关教育工作,发行了相关杂志。在我国,近年来在绿色生产及相关问题方面也进行了大量的研究,国家自然科学基金和国家863/CMS主题均支持了一定数量的绿色生产方面的研究课题,已经取得不少研究成果。绿色生产涵盖现代生产观的变革、现代生产系统的体系结构以及大生产、大过程等系统生产科学问题,绿色生产研究是一项系统工程。

绿色生产是一种能改善自然环境、适应市场规律、满足人类多样性需求的新型清洁生产方式。对生产过程,要求使用绿色原材料和绿色能源,研发并使用绿色技术,实施绿色管理;对产品,要求实行绿色包装、绿色营销、绿色物流、绿色服务和绿色消费;使产品在整个生命周期中,对自然环境和人体健康的负面影响最小、资源能源利用率最高,生产者利益、消费者利益和生态环境利益的协调达到最优的生产方式。绿色生产的基本要义在于:

一、绿色生产是节约资源和能源的生产

使用绿色原材料,就是指在原材料选择上充分考虑原材料的毒性、生态影响、可再生性、可回收性以及原材料获取的能源强度等。使用绿色能源包含两个层面的内容,一是采用节能新工艺节约能源,充分使用清洁能源;二是研发并使用可再生能源。实施绿色生产,大量使用可再生资源、能源,节约使

用现有的资源、能源，大量回收废弃物并综合利用，最大限度地提高资源和能源的利用率，是建设资源节约型社会的必然要求。

二、绿色生产是环境友好的生产

（一）研发运用绿色技术

研发运用绿色技术，包括两个方面内容：一是绿色产品创新。即开发能节约原材料和能源、少用昂贵和稀有物资的产品，使产品在使用过程中和使用之后少危害或不危害自然环境和人体健康，产品功能完结后易于回收利用和再生或可降解。例如，用异噻唑酮代替有机锡作防污剂。海轮长时间在大海上行驶，船体外壳沉没于海水中的部分会长出海洋生物（海藻和贝壳等），从而增大航行阻力，增加燃料消耗，降低船速。据统计，美国军舰的污垢处理费用每年就高达1亿美元。有机锡防垢涂料虽能有效控制船体污垢的增长，但同时带来了海洋污染。为此，美国环保局（EPA）和海军开展有机锡替代物的研究，异噻唑酮的研发，较好地解决了防垢与污染的矛盾，并获得了1996年（首届）美国“总统绿色化学挑战奖”。又如，绿色杀虫剂的研发。据联合国粮农组织统计，全球每年粮食作物因病虫害而减产达30%，由此而造成的经济损失达1 200亿美元。为了对付病虫害，提高农作物产量，只好大量使用化学农药，而农药的长期使用，会使害虫产生抗药性，农药残留极易造成人畜中毒，且影响土壤肥力，影响农作物品质。二酰基肼的发现，为更安全、更有效地控制农作物害虫技术的研发提供了良好的思路。二是绿色工艺创新。包括减少生产过程中污染产生的清洁生产技术和末端治理技术两方面的创新活动。例如，用高分子气体离子浓缩、回收燃烧废气中的CO_2，能把CO_2浓度浓缩10倍，既减少了CO_2的排放，又能把浓缩的CO_2作为化工原料之用。

（二）实施绿色管理

就是把绿色理念贯穿于生产、经营、服务的全过程之中。尤其要实行两个方面的管理创新：一是实行绿色供应链管理。供应链在20世纪六七十年代已经在世界范围内受到广泛关注。一般认为，供应链是指由原材料加工为产品并送到用户手中这一过程中涉及的合作企业和部门组成的网络。供应链管理就是对由供应商、制造商、分销商、零售商和顾客所构成网络中的物流、信息流、资金流进行管理、计划和协调的工作。绿色供应链管理就是将系统和整合的思想引入到供应链管理中，强调管理不仅是生产环节的问题，而且是一个涉及从资源获得到最终消费全过程的系统问题。二是借鉴国外先进企业的管理经验，遵循“五R”原则：即研究（Research），把环境保护纳入企业决策的要素之中，重视研究本企业的环境对策，在换算产品成本时实现环境成本内在化；减消(Reduce)，采取一定的新技术、新工艺、新方法减少或消除生产流通过程中废物的排放；循环(Recyle)，对废旧产品进行回收处理循环利用；再开发(Rediscover)，变普通商品为绿色商品；保护(Reserve)，积极参与社会、社区的环境保护，推动员工和公众的环保宣传，树立"绿色企业"的良好形象。例如，青岛海尔电冰箱股份有限公司实施了ISO14000环境管理系列标准，财务部门更新核算方法，通过绿色会计将核算扩大到企业的全部经济活动，使环境成本内在化，促使企业不断地开发绿色产品，推动了企业绿色创新。

(三)采用绿色包装

绿色包装(Green Packaging)发端于1987年联合国环境与发展委员会的《我们共同的未来》，又称环境之友包装(Environmental Friendly Package)或生态包装(Ecological Package)。绿色包装是指完全以天然植物和有关矿物为原料制成的，能循环和再生利用、易于降解、可促进持续发展，且在产品的整个生命周期中对生态环境、人体和牲畜健康无害的一种环保型包装。许多发达国家把绿色包装的原则概括为4R+1D，即减少材料消耗量(Reduce)，在保证包装的保护、运输、贮藏和消耗等功能时，首先考虑的因素是尽量减少材料使用总量。当包装的可回收性与减少使用量发生矛盾时，应该优先考虑后者；增大容器再填充量(Refill)，使包装物能得到充分利用；再循环处理(Recycle)，如通过焚烧利用回收物的热能；再加上可降解腐化(Degradation)，有利于消除白色污染。采用绿色包装，一是可以节省原材料、节约能源；二是包装材料可回收再利用，减少废弃物；三是焚烧不污染空气且可能量再生；四是包装材料易于降解，不再产生二次污染。

(四)开展绿色营销

绿色营销(Green Marketing)是在20世纪80年代提出并付诸实践的。目前，科学界对其定义还没有统一的表述。我们认为，绿色营销是指生产者从消费者利益、环境利益、自身利益相互协调的角度出发，以绿色观念作为其经营哲学，以消费者的绿色消费作为出发点和落脚点，制定和实施相应的营销策略，来满足消费者的绿色消费需求。开展绿色营销，关键在于生产者树立绿色营销观，即绿色资源观、绿色需求观、绿色消费观、绿色效益观；核心在于进行绿色营销策略组合，通过关联、反应、关系、回报四个环节，使绿色营销变得更为协调，从而赢得消费者的信赖。

(五)实行绿色物流

2001年出版的《物流术语》对绿色物流给出了定义,绿色物流是指物流过程中抑制物流对环境造成危害的同时,实现对物流环境的净化,使物流资源得到充分利用。绿色物流就是为了避免在储存、运输、装卸、包装、配送等环节对自然环境和人体健康产生危害。

通过研发并使用绿色技术,实施绿色管理,对产品实行绿色包装、绿色营销、绿色服务和绿色消费,节省了资源和能源,减少了污染物的排放,保护和改善了环境,有益于人的身心健康,有益于社会经济的永续发展,是建设环境友好型社会的必然要求,也是建设生态文明的重要举措。

第四节　倡导绿色消费

中国消费者协会确定"绿色消费"为21世纪第一年的消费主题。参照国际上绿色消费的5R原则,即节约资源,减少污染(Reduce);绿色生活,环保选购(Reevaluate);重复使用,多次利用(Reuse);分类回收,再循环(Recycle);保护自然,万物共存(Rescue)。以及西方学者认为,绿色消费行为必须满足3E(Economic、Ecological、Equitable)和3R(Reuse、Recycle、Reduce),其意思是绿色消费必须是经济的、生态的、公正的,所消费的商品是可重复使用和回收利用的,而且消费的数量是尽可能减少的。我国消费者协会认为,绿色消费有三层含义:一是在消费内容上,倡导消费者在消费时选择未被污染或有助于公众健康的绿色食品;二是在消费过程中要注意对垃圾的处理,尽量减少环境的污染;三是在消费观念上,引导人们在追求生活方便、舒适的同时,注重环保,节约资源和能源,实现可持续消费。

我们认为,绿色消费是指生产时自然资源和能源以及有毒有害原材料的使用量最小;生产过程、服务或产品的生命周期中所产生的废物和污染物最少;消费时注重消费者和自然界权益;满足人类提高生活质量需求的一种适度的理性的消费。其基本要义是:第一,绿色消费与绿色生产相得益彰;第二,绿色消费注重改进消费者的消费结构,促进社会消费多样化,满足不同层次的消费需求;第三,绿色消费注重消费者的心理和消费行为分析;第四,绿色消费注重消费者权益保护和自然界权益保护。

绿色消费既满足人类的基本要求,提高生活质量,促进人的全面发展,又注重节约资源,保护环境,是实现绿色发展,推行绿色生产的必然趋势。正如绿色消费宣言所说的,绿色消费是一种权益,它保障后代的生存和当代人的安全与健康;绿色消费是一种良知,它表达了我们对地球母亲的孝爱之心和对万物生灵的博爱之怀;绿色消费是一种时尚,它体现着消费者的文明与教养,也标志着高品质的生活质量。

目前,在欧美、日本等发达国家和地区,绿色消费已蔚然成风,而我国绿色消费尚处于起步阶段,其主要制约因素有:消费者对绿色消费认知不足;消费者的收入水平整体不高;环境污染问题还没有得到有效的遏制;绿色生产滞后,绿色消费市场不规范等。为大力倡导绿色消费,提出如下对策与建议:

一、宣传绿色消费知识,普及绿色消费理念

自1999年商务部等12个部门联合实施"三绿工程"以来,国家和各地方部门采取了多种措施倡导绿色消费。如商务部会同有关部门先后下发了几十份文件,多次召开工作会议、新闻发布会,举办全国性博览会,建立了"全国三绿工程暨食品安全信息网",推介"全国三绿工程畅销品牌",组织编写三绿工程科普宣传系列丛书,组织开展全国宣传月活动,免费发放各类宣传品,举办专家咨询活动,接受现场咨询;安徽省专门组织人力编写《三绿工程四字歌》;南京市将"三绿工程"宣传日活动制度化;中央电视台"新闻联播"栏目先后多次报道三绿工程。通过宣传,消费者的绿色消费意识有所增强,但绿色消费意识到践行绿色消费还有一定的距离。因此,要加大绿色消费知识的宣传力度。

(一)切实转变消费观念

20世纪80年代以来,国际上兴起了一股消费主义的热潮,有研究者将"消费主义"的内容概括为以下几个方面:

(1)为消费而消费。人们不再关心消费的结果,也不再仅为维持生存与发展而消费,而是更追求消费行为本身的社会意义,比如以消费行为显示自己的财富、地位或超前观念等等。

(2)消费就是一切。以消费为人生的支点,人生只有消费,只有及时行乐,要尽可能避免劳作。

(3)一切为了消费。以消费为人生的目的,活着就得想方设法满足自己的消费欲求,即使这种欲求是不正当或不现实的,也要不择手段地设法满足它,哪怕只是一时之乐,也愿意为此而为所欲为,甚至甘冒丧失生命的危险。

(4)消费一切。不管是物质资料、文化艺术甚或人自身(如人的经历、情感甚至人体 等),都可以成为消费的对象供人消费,以至于使整个社会进入了一个完全的消费时代。

(5)不顾一切地消费。比如超前消费、借债消费甚至非法消费等。这些人的消费不再受到个人支付能力的严格限制,从父母处攫取、借债或通过其他正当或非正当途径满足自己过度的消费欲求已成为他们的追求。

"消费主义"者是典型的奢侈消费,它带来的是负面影响。而我国提出一方面鼓励消费、一方面基于节约尺度进行消费是为了发挥作为"三驾马车"之一对经济增长的应有拉动作用,消费作为社会化再生产活动中的一个关键性环节,它既是生产的目的之所在,也是进行再生产的动力之源。提出节约则源于我国目前存在的严重浪费现象和资源环境形势的持续恶化。浪费现象在我国现实生活中普遍存在。有的属于有意识地浪费,如一个关不紧的水龙头一个月流掉1~6 m^3水,一个漏水的马桶一个月流掉3~25 m^3的水;我国餐桌的浪费现象更是惊人,且不说全国每年就能喝掉相当于西湖容量的酒,单就当做垃圾处理掉的剩饭剩菜就高达600亿元。据2007年5月浙江省消保委对全省餐饮浪费现象的调查报告显示,2006年杭州市餐饮消费的总额达119亿元,以餐桌上的浪费数额平均值10%计算,杭州一年餐桌浪费达到10亿元。一位业内人士算了一笔账,如果按每家星级饭店每天生产100 kg剩饭剩菜计算,杭州的200多家星级饭店,每天就要倒掉20多吨的饭菜泔水。消费讲排场、盲目点菜和公款消费是造成餐桌浪费的主要原因。另据2007年6月11日《中国青年报》报道,中国青年报社会调查中心近日完成的一项读者调查(3 602人参与)显示,90.3%的人认为政府的浪费现象比个人更严重。除了大肆修建超高标准豪华办公楼、宾馆外,我国的公车消费、公款吃喝、公费出国旅游等问题也非常突出。

2007年两会期间,全国政协委员冯培恩列出的一系列数据让人瞠目结舌:我国目前有公车数百万辆,每年消耗超过2000多亿元,其中真正用于公务的约占1/3;每年公款吃喝的费用粗略统计达上千亿元;官员出国考察和培训热持续升温,公费出国一年耗资数以千亿元计。有的属于无意识的浪费,以我国拥有1.3亿台空调计算,全国每年仅空调待机能耗就达到30亿度以上,这种无意识的浪费触目惊心。待机能耗是指关掉电器设备后在待机功能下仍然消耗电力能源,与产品在使用过程中产生的有效能耗不同,它基本是一种能源浪费。一台待机状态下的电脑照样有4.8 w的能耗,而普通电视机能耗则高达8.1 w,据专家计算,我国城市家庭的平均待机能耗已经占到总能耗的10%左右,相当于24 h点着一盏30 w的"长明灯"。另外,生产中存在的浪费现象也非常严重。以资源为例,中国目前资源二次平均利用率只相当于世界先进水平的1/4~1/3,如钢铁回收再利用率世界上达到70%,而我国不到50%;有色金属回收率发达国家接近70%,我国不到30%;废纸回收率世界上已达到80%,而我国只有25%;废玻璃再利用率发达国家为50%,我国只有10%。低效的回收率,造成了资源的极大浪费。

绿色消费反对消费主义,拒绝奢侈浪费;但绿色消费又不提倡忽视消费、禁欲主义,而是厉行节约。节约与传统意义上的节俭有着不同的内涵,我们所说的节约是在满足人类提高生活质量需求基础上的节约。绿色消费是一种适度的理性的消费,绿色消费成为主流,才能促进绿色生产,实现绿色发展。

(二)普及绿色消费知识

目前,在中国倡导绿色消费,其观念和行为内容主要包括:(1)节约资源,减少污染。如节水、节纸、节能、节电、多用节能灯,外出时尽量骑自行车或乘公共汽车,减少尾气排放等等;(2)绿色消费,环保选购。选择那些低消耗低排放的绿色产品,如选购绿色食品、无公害农产品、有机食品,选择绿色衣妆,选购绿色家装、绿色家具,选用高能环保电池,无磷洗衣粉,生态洗涤剂等,以扶植绿色市场,支持发展绿色技术;(3)重复利用、多次利用。尽量自备购物包,自备餐具,尽量少用一次性制品;(4)垃圾分类循环回收。在处理生活垃圾时尽量分类,使得像废纸、废塑料、废电池、废电脑、废手机等重新变成资源;(5)救助物种,保持自然。拒绝食用野生动物和使用野生动物制品,制止偷猎和买卖野生动物的行为;(6)适度消费拒绝浪费。从"人类只有一个共同家园——地球"的大处着眼,从"每个人的生命只有一次"的小处着手,从我做起,从现在做起,从身边的小事做起,养成科学的消费习惯,避免和抵制盲目消费、铺张浪费、有害消费等不良消费行为。

二、加强绿色消费理论研究,运用理论成果指导消费

美国著名经济学家马歇尔曾指出:"一切需求的最终调节者是消费者的需求。"消费需求规律也表明,随着社会生产的不断发展,生产力水平的不断提高,人们的消费需求从整体上呈现出逐步上升的趋势。各种需求之间存在一定的非完全的替代关系,其满足过程是递进式发展的。从消费需求的递进特征不难得出,线性消费已不符合人类消费需求特征。物质需求,并不是数量越大、质量越高,其效用满足程度就越高,当其数量、质量达到一定程度后,其边际效用是急剧地递减的,此时继续追加物质需求的数量及质量并不能给消费者带来明显的效用改进。此时更有效的效用改进方式是,以非物质的精神需求、生态需求来替代物质的不断追加。绿色消费遵循了消费需求规律。迄今,

关于推行清洁生产方法,发展循环经济等以促进经济社会的可持续发展的论述较多,而推行绿色生产、实行绿色消费,从而实现经济社会的协调发展的研究显得还不够,尽管从抽象的层面看,影响消费方式变革的基本因素不外乎价值观念、技术、制度等,但从操作层面,对绿色消费方式变革途径的探索无论是在广度上还是在深度上都需要进一步努力。

三、完善激励和约束机制,培育和规范绿色市场

(一)完善激励机制

通过政策导向遏制非理性消费,倡导绿色消费。如制定《国家绿色消费法》和《资源循环再利用法》,从法律层面规范绿色消费行为,推动绿色消费;扩大政府绿色采购范围,对《环境标志产品政府采购清单》实行动态管理,从政府政策层面引导全社会的绿色消费;通过财政补贴、减免税收等政策,鼓励采用绿色技术,生产绿色产品。如对于使用可再生资源、生产绿色产品的企业(个人)给予更大的税收减免,对于使用可再生能源的企业(个人)给予财政补贴;制定产品责任政策,推行包装回收和垃圾处理产业化政策,从企业(个人)层面推行绿色生产性消费;同时提高资源税,使得节约资源的企业(个人)获得间接利益;征收垃圾处理费,从消费者层面鼓励绿色消费。

(二)完善约束机制

通过教育,提高消费者自身的知识水平与基本素质,提高消费者的绿色认知,从而对其消费行为进行自我约束;通过消费者之间的互相监督,舆论环境的相互影响,对消费者的行为进行道德约束;通过立法对不遵守绿色消费行为的给予惩罚,对消费者的消费行为实行法律约束。

(三)构建科学合理的绿色消费制度体系

如控制人口膨胀制度、社会保障制度、绿色生产制度、绿色产品认证制度、政府绿色采购制度、绿色产品市场准入制度、绿色通道制度、绿色消费监管制度等,从绿色消费的源头,消费的具体过程到消费的监管形成强有力的绿色消费保障体系。

(四)培育和规范绿色市场

针对目前绿色消费市场上少数不法厂商生产伪劣产品,损害绿色产品信誉,危及人们身体健康的状况,要从生产和流通两个环节入手,加大打击力度,要调动消费者和消费者协会两个积极性,切实保护好消费者的权益和自然界的权益。

第五节 培养绿色化学人才

21世纪是改善环境的世纪，绿色化学工业将是朝阳工业，为适应这一时代需要，培养绿色化学工业所需要的专门人才已是当务之急。

一、培养目标

为适应21世纪社会经济发展和绿色化学工业的需要，根据“厚基础，宽口径、强能力、高素质”的人才培养要求，绿色化学人才的培养目标应是：有理想、有道德、有奉献与敬业精神；具有相关化学学科综合理论，掌握绿色化学和清洁化工生产工艺，具有环境化学和环境相关材料化学的知识，较强的实践能力、消化国外科技的能力；具有开发、研制与环境相容的高附加值新产品和制造新工艺的能力，利用现代科技进行创新、推动化学工业科技进步；具有较高的文化素质、身体心理素质和较强的环境意识的复合型化学高级专门人才。

二、培养规格

绿色化学的新型人才要掌握化学方面的基础知识、基本理论、基本技能以及相关的工程技术；接受基础研究和应用研究方面的科学思维和科学实验训练，具有较好的科学素养；接受化学工艺与绿色化学综合工程的创造性实践训练，具有科学—技术—经济—环境一体化的观念，具备绿色化学与化工清洁生产的能力；有厚实的人文底蕴、永恒的学习理念，能追踪前沿领域进行应用研究、技术开发、科技创新；有良好的外语基础和运用计算机能力以及经营管理的基本能力。

三、学科体系和知识结构

绿色化学人才的培养要求与“环境保护”专业人才的显著区别在于绿色化学重源头污染，与“应用化学”专业人才相比，在学科体系和知识结构上要新增如下内容：

(1)绿色化学——学习新产品、新工艺、新技术的构思、研究、开发、生产与使用全过程中尽量减少或杜绝污染的原理与方法。

(2)绿色化工——学习符合减量法、再利用和再循环的3R原则的清洁化工工艺，学习无废、少废的绿色化工生产技术，实现生产过程的零排污或产品的绿色化。

(3)绿色化学品的分析及评价——绿色化学品的评价标准和方法,质量指标的测定方法。

(4)环境相容材料化学——以材料化学原理为基础,侧重于环境相容材料的研究与开发。如生物降解与光降解的材料、催化材料等。

(5)环境化学与环境监测——着重污染物的来源、分布、结构和毒性以及在环境中迁移转化的过程,污染物危险性评价方法和环境监测污染物的方法。

(6)能源化学——由于大量污染来源于能源消费,因此能源化学重在论述能源种类、新能源开发、能量转换以及在转换中克服污染物排放的原理和方法。

总之,绿色化学人才应牢固树立污染预防的理念,具有绿色化学、清洁化工生产的厚实理论基础和与之相适应的综合实践技能,具有环境化学和环境相关的材料化学知识,具备研制、开发化工新产品、新工艺的基本素质,具有较强的创新能力。

习　题

1.如何看待人与大自然的关系?

2.你对“科技是一把双刃剑”这种观点有什么看法?

3.谈谈你对绿色化学人才培养重要性的认识。

4.如何从环境观点看待高消费?谈谈你个人意见。

主要参考文献

[1]徐光宪.今日化学何去何从[J].大学化学,2003,18(1):1-6.

[2]唐有祺,王夔.化学与社会[M].北京:高等教育出版社,1997.

[3]张胜义.化学与社会发展[M].合肥:安徽科学技术出版社,2001.

[4]巨勇,赵国辉,席婵娟.有机合成化学与路线设计[M].北京:清华大学出版社,2002.

[5]徐光宪.21世纪是信息科学、合成化学和生命科学共同繁荣的世纪[J].化学通报,2003,(3):3-11.

[6]邵敏.环境化学[M].北京:中国环境科学出版社,2001.

[7]任仁.化学与环境[M].北京:化学工业出版社,2002.

[8][美]P.T.阿纳斯塔斯,J.C.沃纳.绿色化学理论与应用[M].李朝军,王东,译.北京:科学出版社,2002.

[9]闵恩泽,傅军.绿色化学的进展[J].化学通报,1999,(1):10-15.

[10]曲格平.关于可持续发展的若干思考[J].世界环境,1995,(4):3-6.

[11]胡常伟,李贤均.绿色化学原理与应用[M].北京:中国石化出版社,2004.

[12]闵恩泽.绿色化学与化工[M].北京:化学工业出版社,2000.

[13]胡利红,覃章兰,朱传方.绿色化学——十年发展回顾[J].化学通报(网络版),2002,65:1-6.

[14]郝小明,吴巍,闵恩泽.化学工业可持续发展之路——绿色化学[J].当代石油化工,2001,9(7):1-4.

[15]朱清时.绿色化学与可持续发展[J].中国科学院院刊,1997,(6):415-420.

[16]金忠平.国际环境危机分析[J].市场周刊研究版,2005,(8):72-74.

[17]宋心琦.走近化学[M].长沙:湖南教育出版社,1998.

[18]张秀军.全球性环境问题分析[J].科学之友,2006,(1):92-93.

[19]黄勇.联合国报告指出全球水资源严重匮乏[J].世界农业,2003,290(6):60.

[20]胡利红,朱传方,覃章兰.世界各国绿色化学奖介绍[J].化学教育,2003,24

(7):91-94.

[21]王振琪,吴晓明,杨一平.物理化学[M].北京:化学工业出版社,2002.

[22]胡伟光.无机化学[M].北京:化学工业出版社,2003.

[23]寇元."绿色化学中的基本科学问题"论坛纪要[J].中国基础科学,2000,(4):46-47.

[24]贡长生.绿色化学化工过程的评估[J].现代化工,2005,25(2):67-69.

[25]王文君,石碧清,全玉莲.持久性有机污染物的危害现状分析[J].广西轻工业,2007,23(3):82-83.

[26]沈平.斯德哥尔摩公约与持久性有机污染物[J].化学教育,2005,(3):6-10.

[27]邵雪民.善待地球,和谐中国[EB/OL].http://theory.people.com.cn/GB/49167/4409146.html,2006-05-27

[28]陈荣圻.烷基酚聚氧乙烯醚(APEO)的禁用和代用[J].印染,2006,32(12):45-49.

[29]金鲜花.APEO的禁用与环保替代[J].纺织导报,2006,(5):77-80.

[30]胡建立,崔文迪,李云霞.替代联苯胺及其衍生物的染料中间体研究进展[J].精细与专用化学品,2005,13(5):8-11.

[31]杨伟利.印度博帕尔毒气泄漏事件[J].环境,2006,(1):100-101.

[32]李峰.博帕尔灾难20周年祭[J].生态经济,2005,(2):6-9.

[33]钱伯章.生物燃料的国内外发展现状及预测[J].新材料产业,2006,(3):47-51.

[34]路明.开发生物质能发展能源农业[J].求是,2005,(5):58-60.

[35]路明.巴西甘蔗作物的燃料酒精转化和对我国发展燃料酒精的启示[J].作物杂志, 2004,(5):1-4.

[36]肖军,段菁春,王华,等.生物质利用现状[J].安全与环境工程,2003,10(1):11-14.

[37]马一鸣.绿色化学——光气的替代品[J].化工之友, 2006,(9):50-51.

[38]程俊新,喻光荣.绿色溶剂的实用方法[J].江西化工,2002,(4):52-53.

[39]赵喜芝,李晓霞.水——有机化学中的绿色介质[J].化学工程师,2004,(2): 37-38.

[40]钟宏,梁璀.超临界流体技术的应用[J].精细化工中间体,2006,36(1):11-13;20.

[41]谭明臣,邢存章,高菲.超临界流体在生成碳-碳键反应中的应用[J].山东

轻工业学院学报:自然科学版,2007,21(1):48-51.

[42]阎立峰,朱清时.离子液体及其在有机合成中应用[J].化学通报,2001,64(11):673-679.

[43]贡长生,张克立.绿色化学化工实用技术[M].北京:化学工业出版社,2002.

[44]汪群拥,尹占兰.超临界流体二氧化碳——溶剂绿色化[J].现代物理知识,2004,16(6):35-37.750-755.

[67]张巨勇.化学农药的危害及我国应采取的对策[J].云南环境科学,2004,23(2):23-26.

[68]汤长青,卢鑫,杨艳春.绿色化学与绿色农药[J].河南农业科学,2003,(9):35-36.

[69]贺爱军.降解塑料的开发进展[J].化工新型材料,2002,30(3):1-6.

[70]刘江华.氢能源——未来的绿色能源[J].现代化工,2007,17(1):72-77.

[71]万劲波.试论我国环境标志制度的实施与完善[J].环境科学动态,1999,(4):13-16.

[72]徐辉.论绿色环境标志及我国出口贸易可持续发展的对策[J].湖南社会科学,2003,(1):93-95.

[73]张晓明.漫谈绿色标志[J].百科知识,1995,(9):45.

[74]王江波.我国将使用国际统一标准绿色标志[J].食品科技,2006,(5):138.

[75]洪大用.社会变迁与环境问题[M].北京:首都师范大学出版社,2001.

[76]花建,马驰,巫志南,等.文化力[M].上海:上海百家出版社,2006.

[77]郎咸军,钱茜,王玉秋.对我国环境标志制度发展的思考[J].山东环境,1999,91(3):3-4.

[78]潘治.氟化物与人体健康[EB/OL].http://www.pdsxww.com/news/2005-04/06/content_189475.htm,2007-01-16.

[79]丁雪.宣传需要规范——ISO14020系列环境标志国际标准介绍[J].电器杂志,2004,(1):62-63.

[80]孟声,王道,张淑芬.环境标志产品与化学[J].化学教育,1998,(5):1-4`

[81]宋艳波.建设环境友好型社会要从政府绿色消费做起[J].中国政府采购,2007,(1):58-62.

[82]钱伯初,史红.试论安全药理学研究的基本要求及规范化[J].中国新药杂志,2006,15(7):491-494.

[83]苑航.食品包装QS准入:健康安全的守护神[J].中国质量万里行,2007,

(7):50-51.

[84]爱家.食品安全问题令人震惊:1/3的癌症是吃出来的[J].八小时以外,2007,(6):54-55.

[85]冒乃和,刘波.德国食品安全与日常生活用品的法律基础[J].广西轻工业,2003(2):31-34.

[86]未未.吃冷饮请关注"质量安全"[J].精品(健康),2007,(7):025-026.

[87]文人.食品包装市场准入 食品质量安全新起点[J].福建质量信息,2007,(5):21-23.

[88]韩哲.影响食品安全的因素及对策分析[J].农业工程技术·农产品加工,2007,(2):40-42.

[45]张传杰,银建中,胡大鹏,等.MEMS、半导体和精密机械的超临界清洗技术[J].清洗世界,2007,23(5):34-41.

[46]刘景旺,顾炳鸿.超临界二氧化碳流体[J].化学教学,2001,(6):21-22.

[47]彭峰.绿色化学中的新催化方法[J].化工进展,2001,20(4):8-11.

[48]童金辉,李臻,夏春谷.环境友好催化氧化研究进展[J].化学进展,2005,17(1):96-110.

[49]王大枋.国内外ODS替代品的现状和发展[J].化工生产与技术,2006,13(4):1-4.

[50]王颖.为了春天不再寂静——纪念蕾切尔·卡逊诞辰100周年[J].外国文学动态, 2007,(3):12-14.

[51]李慧娟,王国建.船舶防污涂料研究进展[J].涂料工业,2005,35(3):45-49.

[52]王永芳.有机化合物污染及其毒性[J].中国食品卫生杂志,2005,15(3):244-247.

[53]苏燕妮,宋海农,施灏.绿色化学及造纸化学品[J].西南造纸,2006,35(3):35-37.

[54]贡长生.绿色化学——我国化学工业可持续发展的必由之路[J].现代化工,2002, 22(1):8-14.

[55]曾建民.略论绿色产业的内涵与特征[J].江汉论坛,2003,(11):24-25.

[56]孔德新.绿色发展与生态文明[M].合肥:合肥工业大学出版社,2007.

[57]陈哲臣,金步平.一种新型太阳电池的设计[J].太阳能学报,1999,20(3):229-232.

[58]吴建荣,杜丕一,韩高荣.非晶硅太阳能电池研究现状[J].材料导报,1999,13(2):38-39.